高等学校计算机科学与技术教材

计算机系统理解

艾丽华　王志海　于双元　编著

清华大学出版社
北京交通大学出版社
·北京·

内 容 简 介

本书是北京交通大学教材出版基金资助项目。

全书共分5章，第1章介绍计算机系统软、硬件构成，系统层次和性能评测等；第2章介绍硬件数据表示对高级语言程序数据类型的支持及相关概念；第3章针对高级语言程序转化为机器可执行代码过程，介绍程序预处理、编译、解释、库和链接等技术，以及集成开发环境的配置；第4章围绕程序执行，介绍程序存储映像、指令流水化执行、多核处理器对线程级并行的支持，以及基于OpenMP的并行程序设计思想；第5章关于存储对计算机系统和程序性能的影响，介绍计算机存储资源的层次性，程序空间、内存空间和交换空间概念，内存碎片、内存泄露和垃圾回收管理，以及高级语言程序数据组织和访问优化思想。每章后配有习题，并为任课教师提供课件资源和代码资源。

本书适合作为高等院校计算机科学与技术、软件工程、电子信息工程、物联网等专业方向的本科生教材，也可作为计算机工程技术人员的参考书。

图书在版编目(CIP)数据

计算机系统理解/艾丽华,王志海,于双元编著．—北京:北京交通大学出版社:清华大学出版社,2018.9

ISBN 978-7-5121-3584-0

Ⅰ.①计…　Ⅱ.①艾…②王…③于…　Ⅲ.①计算机系统　Ⅳ.①TP303

中国版本图书馆CIP数据核字(2018)第144369号

计算机系统理解
JISUANJI XITONG LIJIE

责任编辑：谭文芳
出版发行：清 华 大 学 出 版 社　邮编：100084　电话：010-62776969　http://www.tup.com.cn
　　　　　北京交通大学出版社　邮编：100044　电话：010-51686414　http://www.bjtup.com.cn
印 刷 者：艺堂印刷（天津）有限公司
经　　销：全国新华书店
开　　本：185 mm×260 mm　印张：12.75　字数：326千字
版　　次：2018年9月第1版　2018年9月第1次印刷
书　　号：ISBN 978-7-5121-3584-0/TP303
印　　数：1～2 000册　定价：31.00元

本书如有质量问题，请向北京交通大学出版社质监组反映。对您的意见和批评，我们表示欢迎和感谢。
投诉电话：010-51686043，51686008；传真：010-62225406；E-mail：press@bjtu.edu.cn。

前　　言

在高校人才培养过程中，各个专业呈现出对计算机系统愈发依赖的趋势。应用级程序设计人员为了使工作更加顺利有效，需要对程序的运行环境有一个系统化的理解。本书以软、硬件结合为出发点，展现了一个适于初级编程人员理解的计算机系统。

本书内容包括计算机系统软硬件构成、编程语言使用的数据类型和机器级数据表示、高级语言程序的翻译和链接、程序的并行执行、计算机系统的存储层次和程序的数据访问优化。考虑到计算机软件和硬件的密切关联，本书内容组织的特点是结合程序案例采取软硬件概念捆绑式介绍。

本书内容能够引领学生从硬件层面去理解程序数据表达，弥补学生仅从高级语言编程规则去认识、编写代码的不足；加强学生对于程序集成开发环境配置的理解，使学生在程序构建和调试过程中思路更为流畅；深入理解程序运行时系统软件对内存的维护和管理，处理器和多级存储对于程序快速执行的支持；从而使学生认识一个立体化、软硬件综合的计算机系统，有助于编写更优化的程序代码。

本书共有 5 章，每章的教学目标如下。

第 1 章——以桌面台式机主板为案例，学习常用计算机部件特征参数，进一步了解计算机部件间的组织方式；通过学习开机启动到应用完成各阶段的软件类型，使学生理解计算机系统的层次关系；结合计算机系统性能度量参数和第三方测试程序，使学生掌握如何评价计算机系统；通过 Amdahl 定律的学习和基本计算机性能公式的分析，使学生深刻理解计算机系统设计决策的量化分析思想。

第 2 章——面向程序中的数和符号，介绍计算机使用的数制和字符编码；通过整型和浮点数据表示的介绍，使学生理解程序中整型和浮点变量长度（或位宽）以及能够表达的数值范围；通过捆绑指针、存储器编址以及寄存器三个概念，使学生深入理解指针类型变量的使用以及快速访问指针变量的方法；通过捆绑结构型变量、存储对齐及字节排序三个概念，使学生深入理解变量声明方式对存储空间占用的影响，以及硬件特性对于多字节数据存放排序的影响；通过介绍 SIMD 数据类型，使学生理解现代处理器对于加速多媒体应用中向量运算的支持。

第 3 章——通过学习程序预处理内容，使学生深入理解程序头文件的作用和条件包含的用途；通过编译、解释及二者结合的翻译方式，使学生了解不同编程语言程序的翻译过程，以 HelloWorld. c 编译产生的目标代码为例，使学生深入理解高级语言语句与汇编和机器指令之间的对应关系；通过学习程序静态、动态链接过程，使学生深入理解集成开发环境关于库指向的配置；结合 HelloWorld. c 的目标代码，使学生理解静态库、动态库、导入库概念。

第 4 章——结合程序存储映像，使学生综合理解程序执行期间程序代码、全局变量、静态变量、局部变量、malloc 动态分配空间所处的存储位置，以及对于栈和堆的具体化认识；通过学习指令级并行和线程级并行概念，使学生了解现代处理器并行执行程序的方式；通过学习 OpenMP 并行编程模型，使学生掌握基于共享存储的并行程序设计原理和方法。

第 5 章——通过多级存储资源的学习，使学生深入理解计算机系统的性能也受到存储层次设计的影响；将程序从虚拟空间到内存空间的映射与操作系统对内存空间的划分相结合，使学生充分理解操作系统管理交换空间和合并内存碎片的意义，程序编写时及时释放动态分配内存的重要性，以及程序运行时垃圾回收的作用；使学生掌握如何利用访问局部性改进高级语言（如 C 语言）程序代码的数据访问次序，从而缩短程序执行时间。

本书可作为计算机及相关专业学生计算机系统课程的教材，建议采用 32~64 个教学课时。对于本书读者，最好具有“高级程序设计语言”或“C 语言程序设计”知识背景，以便对计算机系统有更加全面、透彻的理解。

本书每章都配有一定数量的习题。这些习题的安排是对书中知识点应用的补充案例；也有一些习题是对正文知识点的扩展，以便在突出全书主题、保证思路流畅的同时能够为学生建立更加丰富的知识结构；习题中的代码可以直接运行，配合代码设计的问题能够开阔学生编程视野，从而进一步激发学生的兴趣。本书配有电子课件和相关软件资源，可与本书作者或责任编辑联系。

本书的编写得到了北京交通大学教材出版基金资助，也得到了北京交通大学教务处、计算机与信息技术学院领导的大力支持，在此一并表示衷心的感谢！

由于作者水平有限，书中难免有疏漏与不妥之处，还望广大读者和专家批评、指正。

作　者
于北京交通大学
2018 年 1 月

目　　录

第 1 章　计算机系统构成

计算机系统由软件和硬件综合而成。本章介绍计算机系统的基本部件及其组织、开机启动程序、操作系统、应用软件栈及设备驱动程序、从用户视角认识计算机系统的层次，以及通过执行测试程序进行的计算机系统性能评测。

1.1　计算机组件与特征参数

我们今天使用的计算机仍然沿用了存储程序（stored-program）的思想。即将计算或者处理过程描述为由许多命令按照一定顺序组成的程序，然后将程序和数据一起输入计算机，计算机对已存入的程序和数据处理后，输出结果。

英国科学家艾伦·图灵（Alan Turing）在 1936 年提出了“图灵机”（Turing machine）的设想。他将抽象的数字计算机器描绘为具有无限的存储；读写器可以在存储区域来回移动，并能够读或写；读写器的行为受指令序列控制；程序指令保存在存储区中。这是图灵关于存储程序的思想。

匈亚利科学家冯·诺依曼在 1945 年参与 ENIAC（electronic numerical integrator and computer）项目过程中，进一步强调并发布了存储程序指令的思想。在其之后设计的 EDVAC（electronic discrete variable automatic computer）是第一个采用存储程序思想的计算机。

EDVAC 计算机包括 5 个组件，即中央运算单元（central arithmetic）、中央控制单元（central control）、存储器（memory）、输入（input）/输出（output）设备，如图 1.1 所示。

这是一个以运算器为核心的结构，存储器和输入/输出设备（简称外设）之间的数据交换都要通过运算器，这种单一的通路成为制约系统性能的瓶颈。

目前的计算机在组件连接方面借助系统总线（bus）构成了更灵活的方式，运算器和控制器都被集成在中央处理器（central processing unit，CPU）中。如图 1.2 所示，这是一个以主存储器为核心的结构，外设可以和主存储器直接交换数据，而不再需要运算器的参与。总线是各个部件之间信息交换的公共通路，并且按照传输信息的类别将总线分组为数据总线（data bus）、地址总线（address bus）和控制总线（control bus）。总线不仅降低了组件之间连接的复杂性，而且有助于推进标准化接口的形成。实际上，中央处理器、主存储器和输入/输出

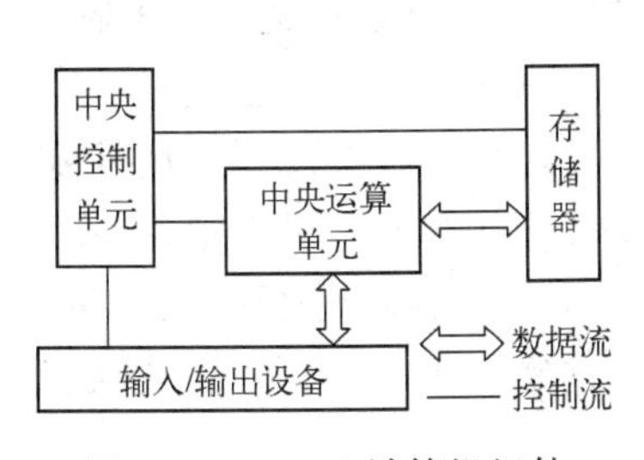

图 1.1　EDVAC 计算机组件

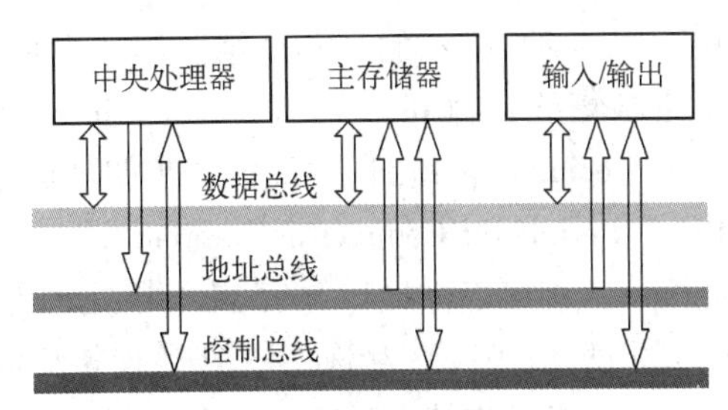

图 1.2　单一总线方式连接的各组件

设备在处理数据的速度上差异很大，这种单一总线的连接方式又会产生一种新的瓶颈。为了克服这种新的瓶颈，需要按照组件之间的速度等级设立多级总线（即多总线）连接系统。

下面结合一款 Intel 台式机主板（motherboard）DB85FL 介绍计算机组成部件及其特征参数。DB85FL 主板如图 1.3 所示。在图 1.3 右侧轮廓图中的字母分别代表放置在主板中的器件的位置。

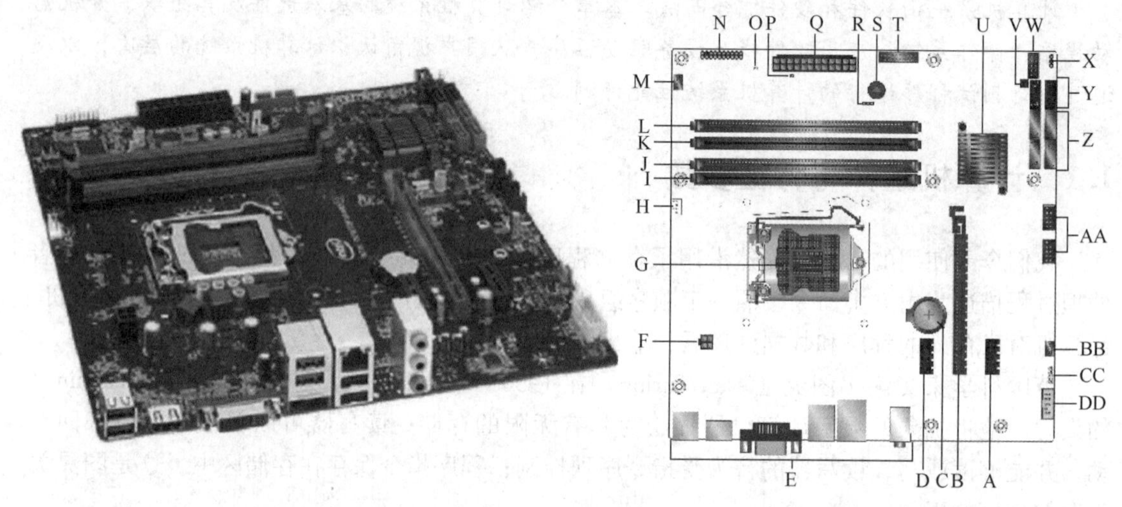

图 1.3 DB85FL 主板

Intel 桌面机 DB85FL 主板由以下部件组成。

（1）中央处理器 CPU（插座）

由于大规模集成电路的发展，芯片制作可以将运算器和控制器集成在一个芯片之内，这就是我们常说的中央处理器（CPU），也称为处理器（processor），它是计算机的核心组件，负责程序的执行。它由完成算术及逻辑运算的运算单元（arithmetic logic unit，ALU）以及控制程序执行的控制单元（control unit，CU）构成。图 1.3 中，线 G 指示的是主板上的 CPU 插座（socket），可插入 Intel 第四代多核处理器如 Intel Core i7-4790s，该处理器主频高达 4.40 GHz，具有 4 个核心（core），可支持 8 线程（thread），处理器内部缓存（Cache）容量为 8 MB。

截至 2016 年第一季度，Intel 已经发布第六代桌面多核处理器系列，例如，Core i7-6700K。第六代处理器可以支持更高速的内存和高性能的显示功能。

（2）芯片组（Chipset）

图 1.3 中，线 U 指示的是芯片组。芯片组是一个连接主板 I/O 通路的中心控制器，主要包括主板控制集线器（platform controller hub，PCH）。PCH 连接 USB 总线、SATA 总线、LPC（low pin count）传统计算机部件（如软驱、串/并口、等）连接总线、LAN 局域网总线以及 PCI（Peripheral Connecting Interface）外部设备接口。PCH 与处理器通过 DMI（direct media interface，直接媒体接口）互连，与处理器集成图形加速器通过 FDI（flexible display interface，柔性显示接口）互连。PCH 还连接集成声卡。这实际上就构成了前面提到的多总线结构！该芯片组可支持高达 1066 MHz 的系统总线。

（3）主存储器（插槽）

图 1.3 中，线 I、J、K、L 指示的是主存储器插槽，主存储器将插入这些插槽。主存储器保存正在执行的程序及所用的数据。该主板支持 4 个 240 引脚的 DDR3 SDRAM DIMM（Double Data Rate-Synchronous Dynamic Random Access Memory-Dual Inline Memory Module）插槽，访问频率可达 1600 MHz，可支持最大为 4 GB 的内存容量，用于存储在线处理数据。

DB85FL 主板支持双通道（dual-channel）、单通道（single-channel）和灵活通道（flex-channel）三种内存组织形式，其中双通道内存组织对于实际应用提供的吞吐率最高。在双通道模式下，该主板上的内存插槽需要成对使用，即 I 和 K、J 和 L，或者说同一颜色插槽需要同时使用；这是典型的双通道内存总线（dual-channel memory bus），也称为双通道结构（dual-channel architecture）。单通道所提供的带宽低于双通道；使用灵活通道通常混合使用单通道和双通道。

（4）PCI Express×16 显卡连接器

图 1.3 中，线 B 指示的是 PCI Express×16 显卡连接器，PCI-Express 又可简写为 PCI-E 或 PCIe，是高速串行总线和接口标准。PCI-Express×16 适于连接高端图形应用的显示部件，显示信息传输带宽可以达到 32 GBps，也记为 PCI Express 3.0；PCI-Express×16 也向下支持 16 GBps 传输带宽，记为 PCI Express 2.x；PCI-Express×16 也支持 8 GBps 传输带宽，记为 PCI Express 1.x。

（5）2 个 PCI Express×1 连接器

图 1.3 中，线 A 和 D 指示的是 2 个 PCI Express×1 连接器，传输带宽可达 500 MBps，可以连接较低速的 PCI 总线设备。

（6）6 个 Serial ATA 接口

图 1.3 中，线 Z 和 Y 指示的是 6 个 Serial ATA（即 SATA）接口，可用于连接硬盘、固态盘。其中线 Z 指示的 4 个端口的数据传输率可达 6.0 Gbps；线 Y 指示的 2 个端口的数据传输率为 3.0 Gbps。

（7）10/100/1000 网络端口

该主板集成了 Intel 10/100/1000 Mbps 以太网卡。图 1.3 并没有具体标出网络端口，线 E 指示的背板连接器中包括了 1 个 RJ-45 网络接口，如图 1.4 所示。

（8）12 个 USB 端口

该主板可连接 12 个 USB（universal serial bus）设备。图 1.3 中，线 E 指示的背板连接器中包括了 4 个 USB 2.0 设备接口，支持的数据传输速率可达 480 Mbps；2 个 USB 3.0 设备接口，支持的数据传输速率可达 5 Gbps。图 1.3 中，线 T 和 AA 指示的分别是前面板连接器中 2 个 USB 3.0 设备接口和 4 个 USB 2.0 设备接口，如图 1.5 所示。

图 1.4　RJ-45 网络接口

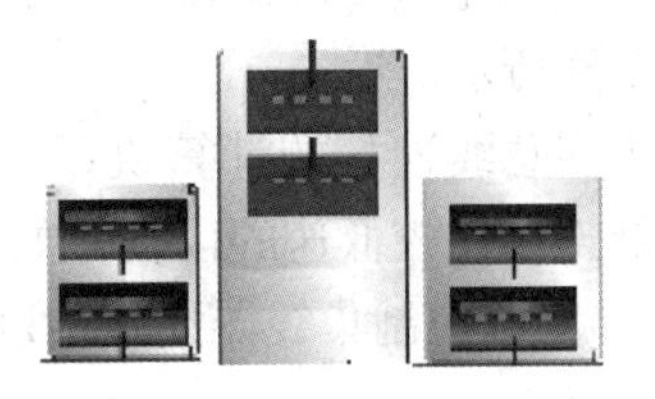

图 1.5　USB 接口

(9) 音频接口

DB85FL 主板集成了 Intel 高保真声音（high definition audio）子系统，支持 8 通道（5.1 +2）声音效果，即包括 6 个数模转换通道、2 个独立立体声通道。其中 5.1 环绕声由 6 个数模转换通道支持，即全频带的左、右、中置、左环绕、右环绕，再加上一个超低音（120 Hz 以下）的声道（又称做 0.1 声道）；所有这些声道合起来就是所谓的 5.1 环绕声。图 1.3 中，线 DD 指示的是前面板音频连接器，用于与主板音频输出端口进行跳线连接；线 CC 指示的是前面板数字音频输出连接器；线 E 指示的背板连接器中包括了图 1.6 所示的模拟音频输出端口。

(10) 主板电池

图 1.3 中，C 是主板上的电池，为实时时钟和 CMOS 存储器（保存基本输入/输出系统）供电，如图 1.7 所示。计算机接通电源时，电池寿命得以延长。如果计算机不接通电源，主板电池约有三年的寿命，可以更换。

(11) 散热风扇连接器

图 1.3 中，H 是处理器风扇接口，M 和 BB 分别是机箱前、后部的风扇接口，如图 1.8 所示。处理器风扇一定要与处理器风扇接口连接，不能与机箱风扇接口相连。

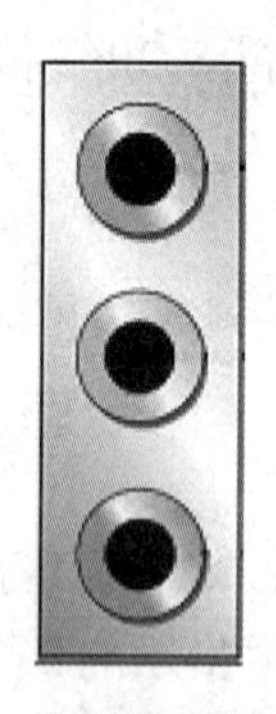

图 1.6 模拟音频输出端口

图 1.7 电池

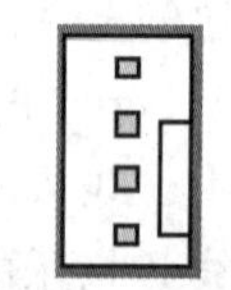

图 1.8 风扇接口

(12) 电源及其他连接器

图 1.3 中，Q 是主电源连接器，F 是处理器电源连接器，W 和 E 分别是前后面板连接器。X、O、P 分别是电源指示灯、电源故障指示灯、待机状态指示灯。该主板提供+5V 待机电源信号，服务于网络唤醒等功能。

(13) 可信平台模块（TPM）连接器

图 1.3 中，N 是 TPM（trusted platform module）连接器。TPM 是一个硬件模块，用来确保开机启动过程的安全性。TPM 模块直接连在主板上，提供密钥和口令等的安全存储。

实际上，Intel 台式机主板 DB85FL 由芯片组将 CPU、主存储器以及各类输入/输出设备连接在一起，如图 1.9 所示。

显然，这是一个多总线连接的计算机系统，并且针对不同速度的组件进行了层次化连接。主板控制集线器连接比较低速的设备，如硬盘、USB 设备、网卡、声卡等。DMI 以点对点互连方式将 CPU 和主板控制集线器连接；FDI 将高清图形控制器（集成在 CPU 中）与主板控制集线器连接。

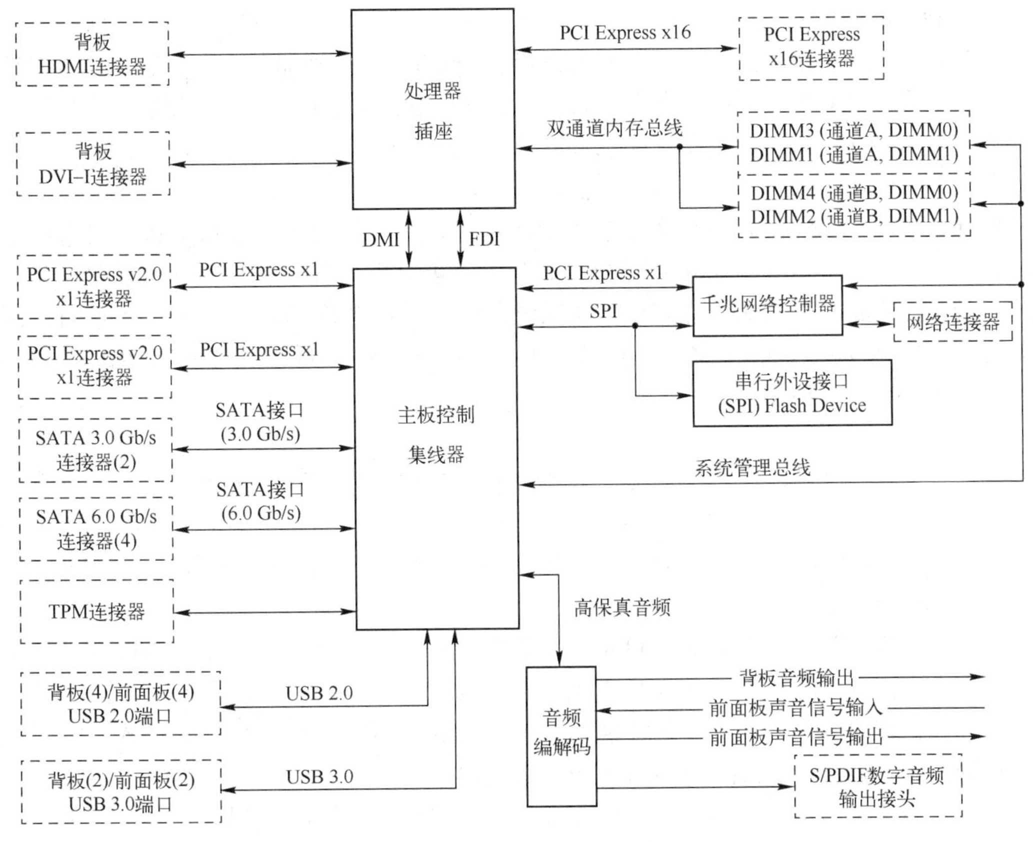

图 1.9　DB85FL 组件连接

1.2　软件

计算机需要软件来指挥控制其工作。完成此类工作的基础软件是基本输入/出系统和操作系统。基本输入/出系统保存在主板的只读存储芯片内，而操作系统通常保存在硬盘上。如果让计算机完成某类指定的功能，还必须在操作系统基础之上安装相应的软件，也将一组实现某个应用目标的软件称为软件栈（software stack），或者应用软件栈。

1.2.1　BIOS

基本输入/出系统 BIOS（basic input/output system）是一个底层软件（low level software），也是计算机系统加电后第一个运行的软件，用于计算机系统初始启动。BIOS 是小程序，占用的存储空间较小。Intel DB85FL 主板上的 BIOS 保存在 SPI Flash 中。BIOS 指令用于加载基本的计算机硬件，以及加电自测试即 POST（power on self test），因此 BIOS 也称为固件（firmware）。如果在开启的时候没有通过 POST 测试，计算机也会发出鸣响声音，用于指示该机目前的错误。POST 测试之后，BIOS 将加载操作系统（operating system，OS），并将控制交给操作系统。

BIOS 包括下述 4 个主要功能。

（1）POST

计算机开机即会跳转到 BIOS 的位置进行硬件检测，如处理器、内存、显示器、键盘等的测试。如果存在问题，例如内存没有插好，测试不通过就会有一些声音提示。通过测试之后，即将控制转交给启动加载器（bootstrap loader）。

（2）Bootstrap Loader

Bootstrap loader 根据 BIOS 配置信息确定启动盘，并将控制转交给启动盘的主引导记录（master boot record，MBR，这里认为从硬盘启动）。硬盘启动扇区中的 bootloader 进一步加载操作系统，然后将控制权交给计算机操作系统。每种操作系统都有自己的 bootloader，例如 Windows 10/8/7/Vista 操作系统的 BOOTMGR、Windows NT/2000/XP 操作系统的 NTLDR、Ubuntu 操作系统的 GRUB 等。

（3）BIOS drivers

设备驱动程序（device driver）如同设备和使用它的软件之间的翻译，提供了计算机系统中硬件与软件的连接。每种设备都需要驱动程序，并且不同的设备驱动程序也不同。BIOS drivers 只包括对于计算机基本硬件的控制驱动，即键盘、内存、硬盘等。

（4）BIOS Setup

计算机开机时刻，如果按下 Del 键（具体参考主板厂商的用户手册），即进入 BIOS 设置（Setup）页面。BIOS Setup 为用户提供了硬件设置接口，用户可以设置引导盘的启动次序、计算机系统的口令、时间、日期等信息。有些高级 BIOS 还提供 CPU 频率或者电压、内存延迟等配置。BIOS 配置信息保存在 CMOS 存储器中。

UEFI（unified extensible firmware interface）是一个新的规范，与 BIOS 的作用相当，解决了 BIOS 对硬盘容量和分区数量的限制，能够加快系统的启动和关闭时间，被预计取代 BIOS。目前的操作系统和新款 PC 已经提供了对 UEFI 的支持！

1.2.2 操作系统

操作系统是计算机系统中最重要的系统级软件，其本身是用于管理计算机硬件资源并且为应用软件提供服务的一组程序。操作系统属于中间层软件（middle level software），通过驱动程序（driver）和 BIOS 与硬件设备交互。操作系统管理硬件和软件资源，涉及内存分配与控制、辨识外部设备输入、将输出传给计算机显示、管理硬盘文件，以及控制外部设备，如打印机和扫描仪等。一个大型计算机的操作系统还要负责监视不同的程序和用户，确保每个程序平稳运行、互不干扰，并且防止未授权用户访问计算机系统。

操作系统有多用户（multiuser）、多处理（multiprocessing）、多任务（multitasking）、多线程（multithreading）及实时（real-time）之分。一个多用户操作系统能够使得多个用户同时运行程序，此类操作系统可能支持几个、成百甚至是上千用户同时运行程序。多处理操作系统允许一个程序在多个处理器上运行，亦即一个系统使用多个 CPU，并且共享主存储器资源。多任务操作系统允许同期运行多个程序，可以有一个 CPU 采用分时方式支持，也可以由多个 CPU 提供同时支持；多线程操作系统允许一个程序的不同部分同时运行，为并行程序设计提供进一步支持。实时操作系统能使计算机即时处理和响应输入请求。一般来说，通用操作系统不强调实时性。

当前的操作系统趋向于图形化用户界面，利用鼠标、触摸屏等点击设备进行输入。常用操作系统包括 Microsoft Windows，MacOS X 和 Linux。

Windows 是微软公司的操作系统，主要定位于个人用户，当然也有服务器版本。微软操作系统经历了 MS-DOS、Windows 1.0、Windows 2.0、Windows 3.0、Windows 3.1、Windows 95、Windows 98、Windows ME、Windows NT 3.1-4.0（Server）、Windows 2000（商用桌面和服务器版）、Windows XP、Windows Vista、Windows 7、Windows 8 以及 Windows 10。操作系统的不断更新为其上运行的软件兼容性提出了很高的要求。

MacOS X 是 Apple 公司的操作系统，它以出色的图形用户界面（graphical user interface，GUI）著称。MacOS 的定位目标是为非技术类用户提供客户端操作系统。这意味着最终用户可以对界面复杂性的容忍度很低，但是 MacOS 的设计者却要成为最擅长设计简洁界面的技术牛人。

与其他操作系统不同，Linux 是免费、开源的操作系统，支持个人用户和服务器用途。Linux 有多种版本，如 Ubuntu、CentOS、Debian、openSUSE 和 Fedora 等。尽管 Linux 用户和开发者都已经适应了它的命令行界面（command line interfaces，CLIs），与商用 UNIX 操作系统相比，近年来的 Linux 版本也不断在 GUIs 和 GUI 工具方面有了很大的改观。

大多数应用程序都是针对某种操作系统而设计的，所以应用软件通常要指明它所赖以支持的操作系统。例如一个视频播放软件会要求它在什么操作系统下运行。软件开发者也通常会发布一些针对不同操作系统的应用软件。

1.2.3　应用软件栈

我们日常所使用的浏览器（browser）、媒体播放器、办公系列化软件都是应用软件，也称为高层软件（high level software），它们都通过操作系统使用硬件资源。

软件栈是指为了实现某种功能所需的一套软件子系统或组件。在强调某种用途时，也会称其为应用软件栈（application stack）。例如，一个典型的企业应用软件栈包括基本的办公功能（如文字处理软件、表单、数据库），Web 浏览器，电子邮件，以及即时消息。选择什么样的软件栈取决于项目的应用需求。

目前比较流行的应用软件栈有：LAMP 栈、WISA 栈、MAMP 栈及 Java Web 应用栈。LAMP 栈是一个流行的开源 Web 平台，一般用于运行动态 Web 站点，LAMP 软件栈包括 Linux 操作系统、Apache Web 服务器软件、MySQL 数据库、PHP 服务器端编程语言。WISA 软件栈是一个基于 Windows 操作系统的 Web 应用平台，使用微软公司的 Web 服务器软件 IIS，SQL Server 数据库，以及 ASP.NET 开发框架。MAMP 栈也用于构建 Web 服务应用，它包括 MacOS X 操作系统、Apache Web 服务器软件、MySQL 数据库、PHP 服务器端编程语言。Java Web 应用栈可以采用 Linux 或者 Solaris 操作系统、Tomcat 应用服务器软件、MySQL 数据库、JSP 编程技术。上面列举的软件栈都在服务器端，包括现成的软件产品（如操作系统、数据库、Web 服务）和编程语言，服务器端编程语言通常有 PHP，Python，Java，和 .NET 框架所支持的语言等；数据库也有若干选择，如 Oracle，MySQL，SQL Server 等。

之所以称其为软件栈，是因为这组软件之间存在相互支持的关系以及需要遵照一定的安装次序，以 LAMP 软件栈为例，其安装次序和依赖关系如图 1.10 所示。

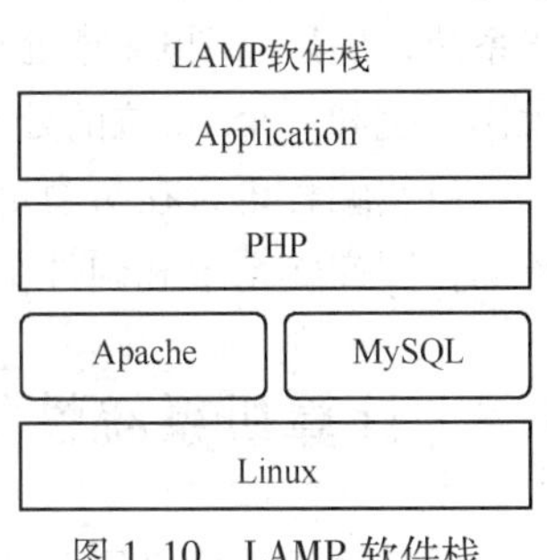

图 1.10　LAMP 软件栈

图 1. 10 表示在建立 LAMP 软件栈时，首先要安装 Linux 操作系统；然后是 Apache Web 服务器和 MySQL 数据库的安装，两者之间没有先后次序限制，但是具体的软件版本（例如 32 位版本还是 64 位版本）与底层的 Linux 版本有关；最后安装应用软件编程语言 PHP，并加载整个应用。PHP 应用代码由 Web Server 解释执行，读写数据库中的信息，并返回结果页面。

1. 2. 4 设备驱动程序

设备驱动程序（device driver）是挂接在计算机上的某种设备的控制程序。设备驱动程序为硬件设备配备了一个软件接口，使得操作系统和应用程序能够使用该设备功能，而不必过度关注其硬件细节，如图 1. 11 所示。

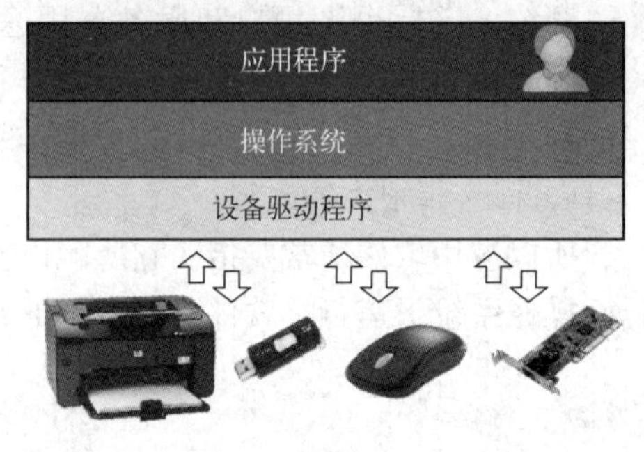

图 1. 11 设备驱动层

设备驱动程序允许操作系统和应用程序与系统硬件交互。没有设备驱动程序，计算机就不能与这个设备进行数据通信。例如，我们将一个新型号的打印机或者扫描仪等设备连入计算机时，就需要安装它的驱动程序。不过，大多数情况下操作系统都能够自动检测与判断设备型号，并自动为其选择适合的驱动程序，即我们常说的即插即用（plug and play）设备，这表明设备驱动程序也是操作系统的一部分。只是有些设备厂商单独提供了驱动程序，并且这些设备驱动程序没有被捆绑在现有的操作系统中，需要用户在使用的操作系统上额外安装该设备驱动程序。

1. 3 计算机系统层次

计算机系统可以简单地表示为三层结构，即计算机硬件、系统程序和应用程序，如图 1. 12 所示。

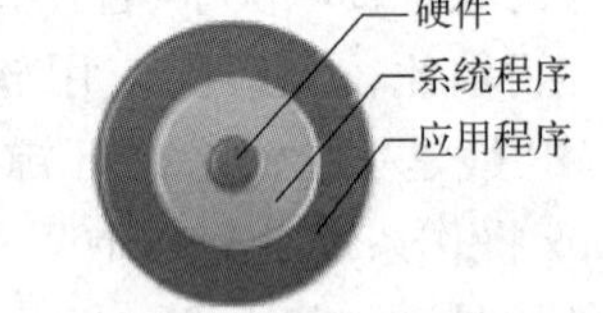

图 1. 12 计算机系统层次

计算机系统最内层核心是硬件，最外层是应用软件。系统程序也称为系统软件，为应用程序提供具体编程环境和硬件资源使用环境。操作系统是一个主要的系统程序，起到了应用软件与硬件资源之间的桥梁作用。集成开发工具作为系统软件为程序的编辑、翻译、调试等提供了支持。

处于硬件之上的操作系统，一方面保护硬件免于被应用程序误用，另一方面为应用程序提供了一个简洁而统一的硬件资源抽象，从而避免繁杂的硬件管理。要运行一个 64 位的操作系统，底层需要 64 位处理器支持；要运行一个 64 位的应用程序，就需要有一个 64 位的操作系统和一个 64 位的处理器支持。

虽然编程语言在努力地独立于底层平台，但是应用程序的开发仍然需要考虑将来的运行环境，即操作系统和硬件平台。

1. 4 计算机系统性能评测

无论对于计算机厂商还是用户，计算机系统性能评测都是非常重要的。计算机组件的特征参数可以作为评测的一个指标，但对系统的综合测试还是要通过测试程序进行。通过执行测试程序，可以获得反映系统性能的度量参数，进而对系统做出综合评价。

1.4.1　性能度量参数与均值

1. 参数

一些评测程序通常使用如下的性能度量参数。

（1）程序执行时间

程序执行时间是指程序运行所花费的时间。该参数主要用于度量计算机系统自身性能。

（2）响应时间

响应时间是指从用户向系统提交任务到系统完成任务所需的时间，这是计算机系统用户关心的参数。实际上，当只有一个用户提交一个任务时，响应时间就是程序执行时间。

（3）吞吐率

吞吐率是指单位时间内完成的任务量，这是大规模数据处理中心系统管理员关心的参数。

（4）MIPS

MIPS（million instructions per second）每秒执行的百万条指令数，反映 CPU 的性能。

（5）FLOPS/MFLOPS

FLOPS/MFLOPS（floating-point operations per second/mega FLOPS）每秒执行的浮点操作数量/每秒执行的百万条浮点操作数量，反映 CPU 的浮点运算性能。

MIPS 与 FLOPS 常被硬件厂商使用，反映其处理器的运算能力或更进一步的浮点运算能力。这两个参数属于吞吐率类别的参数。

2. 均值

对系统进行多次测试后，需要将每次得到的测试结果进行综合，以便给出简洁的评测结果。下面给出常用的求均值的方法。

（1）算术平均值（arithmetic mean）

如果每次的测试结果为 t_i（即程序的执行时间，以下的 t_i 含义同此），则 n 次测试的算术平均值为

$$\frac{1}{n}\sum_{i=1}^{n} t_i$$

算术平均不适用于彼此相差很大的数据，这样反映的均值是不准确的。

（2）加权算术平均值（weighted arithmetic mean）

如果每个测试结果为 t_i，而这个测试在整个测试中的权重是 w_i，则 n 个测试的加权算术平均值为

$$\sum_{i=1}^{n} w_i t_i \text{，并且} \sum_{i=1}^{n} w_i = 1$$

权重是一个相对的概念，是针对某一指标而言。某一指标的权重是指该指标在整体评价中的相对重要程度。当前性能评测中的指标是指测试程序的执行时间。当使用多个不同的程序来评测系统时，应该考虑系统日常应用所处理的程序类别的权重，这会给出一个比较合理的均值。

（3）几何平均值（geometric mean）

如果每次的测试结果为 t_i，则 n 次测试的几何平均值为

$$\sqrt[n]{\prod_{i=1}^{n} t_i}$$

对百分比、倍数描述的量适于使用几何平均求均值。例如，在进行计算机性能评测时，通常会选取一个参考样机，并且用参考样机和测试计算机的测试结果比值作为相对性能的表示，这也被称为归一化（normalization）。当比较两个系统之间的相对性能时，就非常适合用几何平均的方法求解系统性能的均值。

（4）加权几何平均值（weighted geometric mean）

如果每次的测试结果为 t_i，而这个测试在整个测试中所占的权重是 w_i，则 n 次测试的加权几何平均值为

$$\prod_{i=1}^{n} t_i^{w_i}，\text{并且} \sum_{i=1}^{n} w_i = 1$$

（5）调和平均值（harmonic mean）

如果每次的测试结果为 r_i（即速率类的参数，以下的 r_i 含义同此），则 n 次测试的调和平均值为

$$\frac{n}{\sum_{i=1}^{n} \frac{1}{r_i}}$$

当测试结果以速率的形式表示时，例如（执行的）操作数/秒，就非常适合用调和平均的方法求解速率的均值。

（6）加权调和平均值（weighted harmonic mean）

如果每次的测试结果为 r_i，而这个测试在整个测试中的权重是 w_i，则 n 次测试的加权调和平均值为

$$\frac{1}{\sum_{i=1}^{n} \frac{w_i}{r_i}}，\text{并且} \sum_{i=1}^{n} w_i = 1$$

1.4.2 评测程序

用来评价计算机系统性能的程序称为评测程序（Benchmark）。评测程序能够揭示计算机系统对于某类应用的强势或不足。通常有以下类别的评测程序。

① **实际应用程序**：最好的评测程序就是这个计算机在实际使用过程中要运行的程序。

② **内核程序**：从实际应用程序中截取的关键代码。

③ **合成程序**：从应用程序中选取有代表性的操作，按比例组合成新的测试程序。

④ **标准评测组件**：由专业评测机构提供的针对系统某类特征的一组测试程序或测试软件。例如，SPEC 和 TPC 提供的标准评测组件。

在上述种类的评测程序中，标准评测组件越来越受到计算机系统厂商、研发人员及用户的关注。下面对 SPEC 和 TPC 标准评测组件做一些介绍。

1. SPEC

SPEC（Standard Performance Evaluation Corporation）是一个非营利的性能评测机构，其成员包括计算机硬件厂商、软件公司、大学、研究机构、系统集成商、出版单位及咨询部门。它创建的目标是建立、维护及核准相关的标准化评测程序，以便提供公平、有效的测试尺度来评价计算机性能。SPEC 开发评测组件，也审核、发布其成员组织和授权单位提交的测试结果。SPEC 目前提供的评测组件如表 1.1 所示。

表 1.1　SPEC 评测组件

评测组件名称	评 测 目 标
CPU	CPU 性能、存储体系以及编译器的效率
Graphics/Workstations	系统的 3D 图形性能以及图形工作站性能
ACCEL/MPI/OpenMP	硬件加速设备（如 GPU）以及高性能计算
Java Client/Servers	Java 客户端和服务器的性能
Mail Servers	Mail 服务器的消息处理吞吐率和响应时间
Storage	文件服务器吞吐量和响应时间
Power	服务器的功耗
Cloud	IaaS（Infrastructure as a sevice）公有云或私有云平台性能
Virtualization	数据中心服务器的虚拟化性能
Web Servers	模拟用户发送 Internet 浏览请求，评测 Web 服务器的连接性能

表 1.1 列举的测试组件中，CPU 评测组件是 SPEC 最初提供的评测组件。这里只讨论与 CPU 及存储体系设计最为密切的 CPU 评测组件。SPEC CPU2017 是 SPEC 在 2017 年公布的 CPU 评测组件。在此之前，曾经有 CPU2006、CPU2000、CPU95 和 CPU92 版本的评测组件。CPU2017 包含 43 个评测程序，分为 4 组，即 SPECrate 2017 Integer、SPECspeed 2017 Integer、SPECrate 2017 Floating Point 和 SPECspeed 2017 Floating Point。前二者主要评测整型计算性能，后二者主要评测浮点计算性能。各评测程序的名称、使用的编程语言及评测程序的应用背景见表 1.2 及表 1.3。

表 1.2　整型测试组件（SPEC CPU2017 Integer）

测试程序名称 SPECrate 2017 Integer	测试程序名称 SPECspeed 2017 Integer	编程语言	代码行数(K)	应 用 背 景
500. perlbench_r	600. perlbench_s	C	362	PERL Interpreter
502. gcc_r	602. gcc_s	C	1304	GNU C Compiler
505. mcf_r	605. mcf_s	C	3	Route planning
520. omnetpp_r	620. omnetpp_s	C++	134	Discrete Event Simulation-computer network
523. xalancbmk_r	623. xalancbmk_s	C++	520	XML to HTML conversion via XSLT
525. x264_r	625. x264_s	C	96	Video Compression
531. deepsjeng_r	631. deepsjeng_s	C++	10	Artificial Intelligence：alpha-beta tree search(Chess)
541. leela_r	641. leela_s	C++	21	Artificial Intelligence：Monte Carlo tree search(Go)
548. exchange2_r	648. exchange2_s	Fortran	1	Artificial Intelligence：recursive solution generator(Sudoku)
557. xz_r	657. xz_s	C	33	General data compression

表 1.3　浮点测试组件（SPEC CPU2017 Floating Point）

测试程序名称 SPECrate 2017 Floating Point	测试程序名称 SPECspeed 2017 Floating Point	编程语言	代码行数（K）	应用背景
503. bwaves_r	603. bwaves_s	Fortran	1	Explosion modeling
507. cactuBSSN_r	607. cactuBSSN_s	C++, C, Fortran	257	Physics: relativity
508. namd_r		C++	8	Molecular Dynamics
510. parest_r		C++	427	Biomedical imaging: optical tomography with finite elements
511. povray_r		C++, C	170	Ray tracing
519. lbm_r	619. lbm_s	C	1	Fluid Dynamics
521. wrf_r	621. wrf_s	Fortran, C	991	Weather forecasting
526. blender_r		C++, C	1577	3D rendering and animation
527. cam4_r	627. cam4_s	Fortran, C	407	Atmosphere modeling
	628. pop2_s	Fortran, C	338	Wide-scale ocean modeling(climate level)
538. imagick_r	638. imagick_s	C	259	Image manipulation
544. nab_r	644. nab_s	C	24	Molecular dynamics
549. fotonik3d_r	649. fotonik3d_s	Fortran	14	Computational Electromagnetics
554. roms_r	654. roms_s	Fortran	210	Regional ocean modeling

表 1.2 和表 1.3 所示的 SPEC CPU2017 评测程序都来自于实际的应用程序，而不是人造的循环核（loop kernel）或人工合成的评测程序。这里的核是指集中于 CPU 内部操作的代码。从某种意义上说，核程序不能反映出存储层次的设计性能。SPEC CPU2017 Integer 由 20 个应用构成，分别用 C、C++和 Fortran 编写。SPEC CPU2017 Floating Point 由 23 个应用构成，也是分别用 Fortran、C 和 C++编写的。SPECspeed 使用负载完成时间参数衡量评测程序测试的计算机性能，而 SPECrate 使用吞吐率参数衡量评测程序测试的计算机性能。

SPEC 采取用参考样机执行评测程序时间对被测机器执行评测程序时间进行归一化，然后再乘以 100。即计算参考样机执行评测程序时间与被测机器执行评测程序时间的比值（ratio），该比值表示为

$$\text{ratio}=\frac{\text{参考样机执行评测程序时间}}{\text{被测计算机执行评测程序时间}}\times 100$$

然后，对评测组件中所有评测程序执行后获得的 ratio 值进行几何平均，并将这个几何平均值作为评测的分值，即

$$\text{评测分值}=\sqrt[n]{\text{ratio}_1\times\text{ratio}_2\times\cdots\times\text{ratio}_n}$$

这里的 n 就是评测组件中的评测程序总数。评测分值越高，该被测计算机的性能越好。SPEC 为 CPU2017 选择的参考样机是 Sun Fire V490 2，100 MHz Ultra SPARC-IV+ CPU。

通过执行测试组件可以获得程序的执行时间（以秒为单位）。这里选取 SPEC 在 2017 年

公布的测试结果报告：SPEC CPU2017 Integer Speed 如图 1.13 所示，SPEC CPU2017 Floating Point Speed 如图 1.14 所示。评测结果报告中的“Base”是指该测试结果是在对编译过程有严格统一要求的情况下获得的；而“Peak”是指对编译过程的要求宽松，这意味着编译过程可以引入一些优化措施，使得测试可以获得“峰值”结果；Threads 表示运行该测试使用的线程数。

SPEC CPU2017 Integer Speed Result

spec®

Copyright 2017 Standard Performance Evaluation Corporation

Dell Inc.

PowerEdge R940
(Intel Xeon Platinum 8168, 2.70 GHz)

SPECspeed2017_int_base = 9.00

SPECspeed2017_int_peak = 9.32

CPU2017 License: 55
Test Sponsor: Dell Inc.
Tested by: Dell Inc.

Test Date: Oct-2017
Hardware Availability: Jul-2017
Software Availability: Sep-2017

Results Table

Benchmark	Base							Peak						
	Threads	Seconds	Ratio	Seconds	Ratio	Seconds	Ratio	Threads	Seconds	Ratio	Seconds	Ratio	Seconds	Ratio
600.perlbench_s	96	288	6.16	286	6.21	**287**	**6.20**	96	**239**	**7.43**	238	7.45	240	7.38
602.gcc_s	96	**418**	**9.52**	422	9.44	418	9.54	96	**410**	**9.72**	408	9.76	419	9.50
605.mcf_s	96	**437**	**10.8**	429	11.0	442	10.7	96	426	11.1	422	11.2	**423**	**11.2**
620.omnetpp_s	96	237	6.88	**237**	**6.88**	230	7.08	96	239	6.82	225	7.24	**226**	**7.22**
623.xalancbmk_s	96	150	9.44	149	9.52	**150**	**9.46**	96	**141**	**10.0**	141	10.0	141	10.1
625.x264_s	96	148	11.9	**149**	**11.9**	149	11.8	96	150	11.8	**149**	**11.8**	149	11.8
631.deepsjeng_s	96	**286**	**5.01**	286	5.01	285	5.03	96	**287**	**5.00**	287	5.00	286	5.01
641.leela_s	96	394	4.33	394	4.33	**394**	**4.33**	96	392	4.35	392	4.35	**392**	**4.35**
648.exchange2_s	96	222	13.3	**220**	**13.3**	220	13.4	96	**220**	**13.4**	220	13.4	220	13.4
657.xz_s	96	253	24.5	251	24.6	**253**	**24.5**	96	250	24.7	251	24.6	**250**	**24.7**

SPECspeed2017_int_base = 9.00

SPECspeed2017_int_peak = 9.32

Results appear in the order in which they were run. Bold underlined text indicates a median measurement.

图 1.13　SPECspeed CPU2017 Integer 测试结果样例

SPEC CPU2017 Floating Point Speed Result

spec®

Copyright 2017 Standard Performance Evaluation Corporation

Dell Inc.

PowerEdge R940
(Intel Xeon Platinum 8168, 2.70 GHz)

SPECspeed2017_fp_base = 183

SPECspeed2017_fp_peak = 183

CPU2017 License: 55
Test Sponsor: Dell Inc.
Tested by: Dell Inc.

Test Date: Oct-2017
Hardware Availability: Jul-2017
Software Availability: Sep-2017

Results Table

Benchmark	Base							Peak						
	Threads	Seconds	Ratio	Seconds	Ratio	Seconds	Ratio	Threads	Seconds	Ratio	Seconds	Ratio	Seconds	Ratio
603.bwaves_s	96	68.5	862	69.1	854	**68.9**	**856**	96	68.3	864	69.7	846	**68.8**	**857**
607.cactuBSSN_s	96	69.2	241	70.7	236	**69.8**	**239**	96	68.7	243	68.9	242	**68.9**	**242**
619.lbm_s	96	69.6	75.2	64.2	81.6	**66.0**	**79.3**	96	64.7	80.9	68.0	77.0	**65.3**	**80.2**
621.wrf_s	96	159	83.1	163	80.9	**162**	**81.7**	96	**159**	**83.1**	160	82.8	156	84.7
627.cam4_s	96	**55.1**	**161**	55.1	161	55.6	159	96	**55.3**	**160**	55.0	161	55.5	160
628.pop2_s	96	196	60.5	**193**	**61.6**	186	63.9	96	194	61.3	**191**	**62.0**	188	63.2
638.imagick_s	96	**60.3**	**239**	60.2	239	61.4	235	96	**60.6**	**238**	60.1	240	61.7	234
644.nab_s	96	39.6	441	39.0	448	**39.1**	**447**	96	**39.2**	**445**	39.1	447	39.2	445
649.fotonik3d_s	96	**79.3**	**115**	86.1	106	79.0	115	96	**79.5**	**115**	78.8	116	84.3	108
654.roms_s	96	**60.2**	**262**	61.9	254	57.4	274	96	**61.0**	**258**	57.7	273	62.7	251

SPECspeed2017_fp_base = 183

SPECspeed2017_fp_peak = 183

Results appear in the order in which they were run. Bold underlined text indicates a median measurement.

图 1.14　SPEC CPU2017 Floating Point Speed 测试结果样例

SPECspeed 测试每次只执行一个测试程序；而 SPECrate 测试同时执行一个测试程序的多个复制件，即多个测试程序同时执行，只是这些程序代码都是相同的。因此，SPECrate 测试有利于衡量服务器处理多任务的性能。图 1.15 和图 1.16 分别是 SPEC CPU2017 Integer Rate 和 SPEC CPU2017 Floating Point Rate 测试结果样例。

SPEC CPU2017 Integer Rate Result

Copyright 2017 Standard Performance Evaluation Corporation

Dell Inc.
PowerEdge R940
(Intel Xeon Platinum 8168, 2.70 GHz)

SPECrate2017_int_base = 509
SPECrate2017_int_peak = 542

CPU2017 License: 55
Test Sponsor: Dell Inc.
Tested by: Dell Inc.
Test Date: Oct-2017
Hardware Availability: Jul-2017
Software Availability: Sep-2017

Results Table

Benchmark	Base							Peak						
	Copies	Seconds	Ratio	Seconds	Ratio	Seconds	Ratio	Copies	Seconds	Ratio	Seconds	Ratio	Seconds	Ratio
500.perlbench_r	192	734	417	730	419	**731**	**418**	192	606	505	611	500	**609**	**502**
502.gcc_r	192	686	396	652	417	**673**	**404**	192	538	506	541	503	**541**	**503**
505.mcf_r	192	516	601	**529**	**587**	530	586	192	533	582	537	578	**535**	**580**
520.omnetpp_r	192	**846**	**298**	844	298	863	292	192	909	277	908	277	**908**	**277**
523.xalancbmk_r	192	455	446	**455**	**445**	457	443	192	361	562	**359**	**564**	358	566
525.x264_r	192	300	1120	299	1120	**300**	**1120**	192	**282**	**1190**	280	1200	285	1180
531.deepsjeng_r	192	453	486	**465**	**473**	468	471	192	470	468	470	468	**470**	**468**
541.leela_r	192	**706**	**450**	701	454	710	448	192	**694**	**458**	709	448	688	462
548.exchange2_r	192	478	1050	478	1050	**478**	**1050**	192	477	1060	**478**	**1050**	478	1050
557.xz_r	192	582	356	**586**	**354**	588	353	192	589	352	**589**	**352**	589	352

SPECrate2017_int_base = 509
SPECrate2017_int_peak = 542

Results appear in the order in which they were run. Bold underlined text indicates a median measurement.

图 1.15 SPEC CPU2017 Integer Rate 测试结果样例

SPEC CPU2017 Floating Point Rate Result

Copyright 2017 Standard Performance Evaluation Corporation

Dell Inc.
PowerEdge R940
(Intel Xeon Platinum 8168, 2.70 GHz)

SPECrate2017_fp_base = 451
SPECrate2017_fp_peak = 458

CPU2017 License: 55
Test Sponsor: Dell Inc.
Tested by: Dell Inc.
Test Date: Oct-2017
Hardware Availability: Jul-2017
Software Availability: Sep-2017

Results Table

Benchmark	Base							Peak						
	Copies	Seconds	Ratio	Seconds	Ratio	Seconds	Ratio	Copies	Seconds	Ratio	Seconds	Ratio	Seconds	Ratio
503.bwaves_r	192	**1980**	**972**	1980	973	1981	972	192	1980	972	**1980**	**973**	1980	973
507.cactuBSSN_r	192	574	423	575	423	**574**	**423**	192	572	425	**572**	**425**	571	425
508.namd_r	192	**427**	**427**	427	427	427	427	192	**427**	**428**	427	427	426	428
510.parest_r	192	**2132**	**236**	2133	235	2131	236	192	**2129**	**236**	2127	236	2138	235
511.povray_r	192	710	631	710	631	**710**	**631**	192	**593**	**757**	592	757	594	755
519.lbm_r	192	**863**	**235**	863	235	862	235	192	**863**	**235**	862	235	863	234
521.wrf_r	192	**983**	**438**	985	437	981	438	192	981	438	982	438	**981**	**438**
526.blender_r	192	522	560	**522**	**560**	522	561	192	517	566	518	565	**518**	**565**
527.cam4_r	192	606	554	609	552	**607**	**554**	192	**604**	**556**	605	555	604	556
538.imagick_r	192	538	887	**538**	**887**	537	888	192	539	886	**538**	**888**	537	889
544.nab_r	192	**427**	**757**	427	757	429	754	192	**426**	**759**	423	765	426	758
549.fotonik3d_r	192	**2514**	**298**	2515	297	2506	299	192	**2506**	**299**	2515	298	2505	299
554.roms_r	192	1596	191	**1598**	**191**	1599	191	192	1606	190	**1606**	**190**	1606	190

SPECrate2017_fp_base = 451
SPECrate2017_fp_peak = 458

Results appear in the order in which they were run. Bold underlined text indicates a median measurement.

图 1.16 SPEC CPU2017 Floating Point Rate 测试结果样例

2. TPC

TPC（Transaction Processing Performance Council）即事务处理性能委员会，它是一个非

营利性的评测组织，主要致力于定义事务处理和数据库的评测标准，为行业提供客观、可验证的 TPC 性能数据，并管理测试结果的发布。其测试结果是对计算机硬件、软件及应用系统性能的综合度量。

TPC 是目前事务处理、数据库应用和决策支持系统的权威评测机构。"事务处理" 经常用于描述计算机功能和多种商务应用。从计算机功能的角度看，TPC 事务处理包括磁盘读/写、操作系统调用或子系统之间的数据传输等。从商务应用的角度看，TPC 事务处理包括商品库存控制、航班预定服务、银行借记业务和贷记业务等，这些都涉及数据库系统的数据更新等问题。

在上述应用环境中，客户或者服务代理通过数据库系统的终端或桌面计算机输入和管理自己的事务处理。TPC 评测基准给出单位时间内完成的事务处理数量，例如每秒完成的事务处理数量或者每分钟完成的事务处理数量，以此用于用户衡量计算机系统事务处理和数据库的性能。随着计算机应用的发展，TPC 评测基准也在不断的更新，目前提供的评测基准如表 1.4 所示，该表中列举的测试基准所使用的性能参数均属于吞吐率类参数，TPC 测试也给出了系统的性价比参数。

表 1.4　TPC 评测基准

评测基准名称	评测目标	性能参数
TPC-C	模拟大量用户对数据库进行操作的计算环境。例如模拟批发商业务模式，包括订单填写、提交、支付、状态核实，库存监控等	tpmC（每分钟事务处理量） $/tpmC（系统价格/每分钟事务处理量）
TPC-E	模拟经纪公司业务模式，包括交易、账户查询、市场研究、代理客户执行订单、更新有关账户信息等	tpsE（每秒事务处理量） $/tpsE（系统价格/每秒事务处理量）
TPC-H	面向决策支持，包括检查大量数据、执行复杂查询、对关键业务问题给出解答	QphH（每小时综合查询量） $/QphH（系统价格/ 每小时综合查询量）
TPC-DS	对大数据决策支持方案的性能评测	QphDS（每小时综合查询量） $/QphDS（系统价格/ 每小时综合查询量）
TPC-DI	多系统之间数据迁移和数据集成工具的性能评测	TPC_DI_RPS（每秒处理的源数据行数） $/TPC_DI_RPS（系统价格/每秒处理源数据行数）
TPC-VMS	评测虚拟化环境中数据库性能	VMStpmC, VMStpmE, VMSQphH, VMSQphDS $/VMStpmC, $/VMStpmE, $/VMSQphH, $/VMSQphDS
TPCx-V	面向数据库负载的虚拟机评测	tpsV（每秒事务处理量） $/tpsV（系统价格/每秒事务处理量）
TPCx-HS	关于 Apache Hadoop 运行时及其文件系统 API 兼容软件的评测	HSpH（每小时 Hadoop 排序量） $/HSpH（系统价格/每小时 Hadoop 排序量）
TPCx-BB	评测基于 Hadoop 的大数据系统性能	BBQpm（每分钟查询量） $/BBQpm（系统价格/每分钟查询量）

TPC-C 是一个在线事务处理评测系统，具有多种事务类型和复杂的数据库操作，模拟批发商的流量和交易模式。TPC-E 联机事务处理性能测试和 TPC-C 所采用的模型不同，TPC-E 模拟证券经纪公司既要处理客户事务还要与银行业务交互，TPC-E 更复杂。图 1.17 给出了 TPC-E 评测结果示例。

Date Submitted	Company	System	TpsE	Price/TpsE	Watts/TpsE	System Availability	Database	Operating System	Cluster
11/01/17	Lenovo	Lenovo ThinkSystem SR950	11,357	98.83 USD	NR	11/06/17	Microsoft SQL Server 2017 Enterprise Edition	Microsoft Windows Server 2016 Standard Edition	N
06/27/17	Lenovo	Lenovo ThinkSystem SR650	6,598	93.48 USD	NR	10/19/17	Microsoft SQL Server 2017 Enterprise Edition	Microsoft Windows Server 2016 Standard Edition	N
07/12/16	FUJITSU	FUJITSU Server PRIMERGY RX4770 M3	8,796	116.62 USD	NR	07/31/16	Microsoft SQL Server 2016 Enterprise Edition	Microsoft Windows 2012 R2 Standard Edition	N
05/31/16	Lenovo	Lenovo System x3850 X6	9,068	139.85 USD	NR	07/31/16	Microsoft SQL Server 2016 Enterprise Edition	Microsoft Windows Server 2012 R2 Standard Edition	N
03/30/16	FUJITSU	FUJITSU Server PRIMERGY RX2540 M2	4,735	111.65 USD	NR	07/31/16	Microsoft SQL Server 2016 Enterprise Edition	Microsoft Windows Server 2012 R2 Standard Edition	N
03/24/16	Lenovo	Lenovo System x3650 M5	4,938	117.91 USD	NR	07/31/16	Microsoft SQL Server 2016 Enterprise Edition	Microsoft Windows Server 2012 R2 Standard Edition	N
12/17/15	Lenovo	Lenovo System x3950 X6	11,059	143.91 USD	NR	12/17/15	Microsoft SQL Server 2014 Enterprise Edition	Microsoft Windows Server 2012 R2 Standard Edition	N
11/11/15	FUJITSU	FUJITSU Server PRIMEQUEST 2800E2	10,058	187.53 USD	NR	11/11/15	Microsoft SQL Server 2014 Enterprise Edition	Microsoft Windows Server 2012 R2 Standard Edition	N
05/08/15	FUJITSU	PRIMERGY RX4770 M2	6,905	126.49 USD	NR	06/01/15	Microsoft SQL Server 2014 Enterprise Edition	Microsoft Windows Server 2012 R2 Standard	N
05/01/15	Lenovo	Lenovo System x3850 X6	6,965	245.98 USD	NR	07/31/15	Microsoft SQL Server 2014 Enterprise Edition	Microsoft Windows Server 2012 Standard Edition	N

图 1.17　截至 2018 年 1 月 18 日 TPC 公布的 TPC-E 前 10 评测结果

TPC-H 评测面向商品零售业的决策支持应用，包括 22 个只读查询和 2 个更新查询，这些查询代表了批发商的管理、销售或者分发产品行为，查询和数据均由 TPC 提供。TPC-DS 是面向大数据应用的新一代决策支持评测基准，决策支持行为包括比较销售额、预测收入及评价决策结果等。尽管基于产品零售商业务模型，TPC-DS 数据库模式、数据量、查询模式、数据维护模型和实现规则都是面向更为通用的现代决策支持系统而设计的。

TPC-DI 数据集成性能测试面向在线事务处理系统以及其他的数据源，这种环境的业务特点是加载并处理大量数据、进行数据格式转换以及数据仓库更新。TPC-VMS 是一个数据虚拟化测试，要求在一个服务器安装三个虚拟机，各自负责执行 TPC-C、TPC-E、TPC-H 或者 TPC-DS 其中之一；TPC-VMS 性能度量以三台虚拟机最低性能度量为准。TPCx-V 与 TPC-VMS 不同的是多个虚拟机同时运行不同的负载，每个虚拟机的负载程度都有较大的波动。TPCx-HS 进行大数据系统评测，测试商用 Hadoop 文件系统 API 兼容系统和 MapReduce 层的性能。TPCx-BB 通过模拟零售商的 30 个应用场景及执行 30 个查询来衡量基于 Hadoop 的大数据系统性能。

TPC 已经宣布不再使用以前推出的 TPC-A、TPC-App、TPC-B、TPC-D、TPC-R 及 TPC-W。

1.5　量化设计原则

在讨论了如何评测计算机性能之后，接下来讨论提高计算机系统性能的量化设计原则。

1.5.1　加速经常性事件的原则

计算机设计中最重要也最具有普遍意义的原则就是加速经常性事件的原则。计算机设计者对待经常性事件要比偶发事件投入更多的关注。改善经常性事件的处理方式会使整个系统的性能得到更大的提高。例如，当 CPU 进行两个数的加法时，可以认为溢出（overflow）是很少发生的，因此主要改进加法运算的处理性能，而对加法运算的溢出部分不做更多的优化处理。这虽然会导致发生溢出时系统的性能下降，但由于这是一个不经常发生的事件，整个系统的性能仍然会因为常用部分的优化而得到提高。

应该注意到，在应用这个简单原则时，必须要确定什么是经常性事件，还要确定出加速这个事件能带来多少性能上的改善。有一个基础定律（称为 Amdahl 定律）对这一原则进行了量化。

1.5.2　Amdahl 定律

Amdahl 定律揭示了系统整体性能加速比与系统中可以改进部分及其改进程度之间的关系。可用下式量化表示，即

$$\text{系统整体性能加速比}=\frac{\text{改进前系统执行任务所需时间}}{\text{改进后系统执行任务所需时间}}$$

$$=\frac{1}{1-\sum_{i=1}^{n}\text{可改进部分在系统中的比例}_i+\sum_{i=1}^{n}\frac{\text{可改进部分在系统中的比例}_i}{\text{可改进部分的局部加速比}_i}}$$

该式中可改进部分的局部加速比为可改进部分在改进前所需时间/可改进部分在改进后所需时间。下面举一个例子加以说明。

【例 1.1】假设要改进用于 Web 服务的处理器性能，于是选择一个新的处理器。这个新处理器对于 Web 应用的计算速度是原来处理器的 10 倍。假设原有处理器 40%的时间都在忙于计算，60%的时间都在等待 I/O。那么，更换了新的处理器之后，整个系统的加速比是多少?

解：可改进部分在系统中的比例为 40%，可改进部分的局部加速比为 10：

$$\text{系统整体性能加速比}=\frac{1}{1-40\%+\frac{40\%}{10}}\approx 1.56$$

Amdahl 定律也反映了一种递减回报现象，可以从数学的角度去解释这一现象。当可改进部分的局部加速比趋于无穷大时，整个系统的加速比达到极值，即

$$\frac{1}{1-\sum_{i=1}^{n}\text{可改进部分在系统中的比例}_i}$$

【例 1.2】假设某个应用中图形操作部分占整个执行时间的 10%，增加特殊的硬件可以将这部分操作加速到原来的 18 倍。更进一步说，可以采用两倍的硬件将图形操作部分加速到原来的 36 倍。请分析是否值得做这种结构上的进一步改进。

解：可改进部分在系统中的比例为 10%，可改进部分的局部加速比为 18：

$$\text{系统整体性能加速比}=\frac{1}{1-10\%+\frac{10\%}{18}}\approx 1.104$$

如果对图形操作部分做进一步改进，即可改进部分的局部加速比为 36 时：

$$系统整体性能加速比=\frac{1}{1-10\%+\frac{10\%}{36}}\approx1.107$$

由此看来，将图形操作部分加速到原来的36倍并没有给系统整体性能带来更大的提高，因此，不需要做这种进一步的改进。

Amdahl定律为我们在进行系统设计时提供了量化决策的参考依据。Amdahl定律可以应用于任何系统。

1.5.3 CPU性能公式

CPU性能公式也称为处理器性能公式，是关于程序执行所占用CPU时间的量化公式，表达为：

$$\begin{aligned}CPU时间&=程序所需CPU时钟周期数\times时钟周期时间\\&=\frac{程序所需CPU时钟周期数}{时钟频率}\end{aligned}$$

对于计算密集型程序而言，程序执行所花费的CPU时间越少，说明CPU的性能越好。也可以用每条指令的平均时钟周期数CPI（cycles per instruction）来衡量CPU的性能，这里存在的定量关系为

$$CPI=\frac{程序所需CPU时钟周期数}{程序指令数}$$

每个程序所需要的指令数（instruction count，IC）与程序本身的功能有关，也与计算机指令集的丰富程度有关。在程序功能一定的情况下，如果指令集包含的指令丰富，那么程序需要的指令总数就少；如果指令集包含的指令精简（如只包括使用频率高的指令），那么程序需要的指令总数就多。此外，在将高级语言程序转化为机器指令时，产生的机器指令条数也会受到编译器的影响。

CPI与指令本身的功能有关。对于功能强大的指令，如浮点除法，需要的周期数就多；而对于功能简单的指令，如整型加法，需要的周期数就少。如果每条指令的复杂程度不同，导致每条指令所需要的周期数也不同，此时CPU性能公式可表示为

$$CPU时间=\left[\sum_{i=1}^{n}(CPI_i\times IC_i)\right]\times时钟周期时间$$

这里的n代表程序中具有相同CPI的指令分类，CPI_i表示第i类指令所需时钟周期数，IC_i表示程序中第i类指令的总数。

CPI也与处理器体系结构的设计技术有关，流水化及多发射的指令处理技术会降低平均CPI。

时钟周期时间与CPU主频有关。例如，对于一个主频为500 MHz的CPU，其时钟周期时间为2 ns。时钟周期时间是与硬件关联的技术。

上述CPU性能公式反映了CPU主频、CPU运算/处理能力及指令集设计等综合性能影响因素。CPU时间只反映指令/数据零存取时间花费时的CPU性能。实际上，在程序执行过程中还需要访问主存、硬盘及输入/输出设备，因此CPU的优化并不是增强系统性能的唯一方式，还应该辅之以合理的存储层次及输入/输出系统。

1.5.4 访问局部性

访问局部性（locality of reference）也称为局部性原则（principle of locality），在计算机科学中指对单一资源的多次访问。计算机程序有一个重要的特性就是访问局部性，即程序趋向于反复使用近期已经用过的数据和指令。对于数组元素按存放次序进行访问就是局部性的一种表现，更具体地体现为空间局部性；对于一个变量在每次循环迭代过程中访问也体现为一种局部性，更具体地体现为时间局部性。一个普遍认同的经验法则是程序在 80%的运行时间里执行的是其中 20%的代码，这与早在 19 世纪末由意大利经济学家 Vilfredo Pareto 在研究人们的收入分配过程中揭示的 80-20 法则（也称为 Pareto 原则）一致。即对于很多现象而言，80%的结果缘自 20%的诱因。

在计算机领域，可以利用访问局部性特点，根据程序近期访问的指令和数据来预测程序将要访问的指令和数据。计算机系统的多级存储，即 L1～L3 Cache、主存、硬盘，就是访问局部性的一个主要应用。访问局部性是计算机存储体系设计的理论依据。

此外，搜索引擎、Web 浏览器也都应用了局部性原则，这是因为用户查询具有明显的局部性特征。鉴于某些查询的相似性，搜索引擎或者 Web 浏览服务器缓存近期访问结果，提高响应效率。用户端使用的 Web 浏览器也具有短期缓存访问资料的特性。访问局部性是奠定计算机科学的基础之一。

1.6 计算机分类

自 1946 年第一台计算机 ENIAC 问世至今 70 余年的时间历程中，计算机技术以其惊人的速度在发展前进着。在此期间，对计算机按用途和性能进行的分类也在悄然发生着变化，并且出现了如下的类别。

（1）大型机（mainframe）

通常用于大型组织的关键业务，如人口普查、工业统计等大规模数据处理业务。大型机可以同时支持上百甚至上千的用户数量。大型机的命名最早也源于其体积的庞大。IBM 是大型机的主要设计生产厂商，早在 1964 年 IBM 就发布了 System360 大型机，随后在 1970 年推出 System370，又在 1990 年推出 System390 大型机。目前，IBM 提供 Z 系列大型机，用于信用卡事务处理、数据加密、云区域链服务等。

（2）小型机（minicomputer）

通常用于中、小规模的业务应用。小型机与低端的大型机界限并不分明。小型机同时支持的用户数量被界定为 4～200 个。DEC 是早期的小型机主要设计生产厂商，1970 年发布了 PDP-11/20 小型机，1978 年又推出了 VAX 11/780 小型机。AS/400 是 IBM 在 1988 年推出的面向中小企业的小型机。

（3）超级计算机（supercomputer）

具有超强的计算能力和超强的处理能力。通常被用于某一专业领域，如流体计算、动画、核能研究、石油勘探等。超级计算机与大型机的区别是：超级计算机的优势在于对某些程序具有超强的处理速度，而大型机的优势在于支持很多程序并行执行。Cray 公司在 1976 年发布了其第一台超级计算机 Cray-1。2004 年 IBM 推出 Blue Gene 超级计算机，Blue Gene

最初用来帮助生物学家观测蛋白质折叠和基因发育过程。

(4) 微机/个人计算机 (microcomputer/personal computer, PC)

小型桌面机，仅供单一用户使用。当然，也可以将其接入网络，为其他用户提供数据和程序的共享。早在 1977 年 Apple 公司就推出了 Apple II 微型计算机，1984 年 IBM 推出了 PC/AT。目前的个人计算机性能已经远远超过了早期的微型计算机性能。

(5) 笔记本计算机 (notebook computer)

便携式计算机，也称为膝上型计算机。1992 年 IBM 推出了 Thinkpad 笔记本计算机，现在 Thinkpad 笔记本计算机已由联想公司接管。笔记本计算机在向超轻、超薄便于携带发展的同时，其计算能力和存储访问性能也在不断加强，越来越成为软件开发人员的主要工具了。

(6) 工作站 (workstation)

具有中等的计算能力（介于微机和小型机之间），比较高级的图形处理能力，也是单一用户使用。通常用于工程设计（CAD）、软件开发、桌面排版等方面。SUN 公司作为主要的工作站设计生产厂商之一，在 1987 年推出了其第一款工作站 SUN-4。HP、IBM 也相继推出了各自的工作站产品。

(7) 服务器 (server)

必须是网络计算机，运行服务程序（即接受服务请求并给出响应），为用户或程序服务，例如，WWW 服务、E-mail 服务、文件服务等。服务器通常被用来专门提供某一种服务，也由此被命名为 Web Server、E-mail Server 等。目前市场上有很多服务器设计生产厂商，如 HP、IBM、DELL 等。

实际上，当前的服务器性能和早期的小型机甚至是大型机的性能都具有可比性。同样，今天花几千元人民币购买的个人计算机（PC）在性能上已经超越了 20 多年以前要用几百万元人民币购买的计算机的性能。

(8) 平板计算机 (tablet computer)

也称为个人移动设备（personal mobile device, PMD），是一种小型、方便携带的个人计算机，以触摸屏为基本的输入和输出显示设备，主要用于上网浏览和视频播放。Apple 公司设计销售的平板计算机产品系列称为 iPad。

(9) 嵌入式计算机 (embedded computer)

也被称为片上计算机（computer on a chip），主要嵌入在电子设备中，如洗衣机、数码相机、手机、打印机、路由器、游戏机等。嵌入式计算机具有专用性，并且有实时性要求。尽管嵌入式计算机也是可编程的，但是在许多嵌入式应用中，编程只发生在最初程序代码装入或者日后软件升级之时。因此，嵌入式应用程序更加依赖于优化，以便充分发挥嵌入式处理器的性能。自 2000 年以来，嵌入式处理器得到了飞速的发展。MIPS、ARM 是典型的嵌入式处理器厂商。值得关注的是，嵌入式计算机的设计技术与非嵌入式计算机设计技术日益交织在一起。

随着计算机的发展，按性能对高端计算机的分类已不是那么清晰了。一些在早期高档机器上采用的技术如今已经下移至低档机器，这意味着如今低档机器的某些性能已经是早期高档机器才提供的。性能价格比的如此巨大变化归结于计算机制造技术的不断提高以及计算机设计技术的不断创新。

随着虚拟化云计算的发展，虚拟机也日益成为首选。虚拟机与真实的计算机类似，拥有自己的处理器、内存、硬盘，只是借助虚拟化软件技术将真实计算机的物理资源进行了重新整合。在虚拟机上可以安装 Windows、Linux 等操作系统，并进一步安装所需要的软件开发环境。使用虚拟机时，还需要从物理计算机登录到虚拟机之后方可。

习题 1

1.1　将图 1.9 所示的组件连接用类似于图 1.2 的方式表示（提示：注意总线的层次关系）。

1.2　在计算机里“位”（bit，b）是基本的信息单位。8 个位构成一个“字节”（byte，B）。字节是计算机存储器的基本寻址单位，也就是说，存储器每 8 位有一个地址。给出 KB、MB、GB、TB 和 PB 之间的关系。

1.3　在电学里可以将脉冲描述为从低电压到高电压、然后再回到低电压（或者完全相反的过程）的一个电信号。我们称从低电压到高电压再回到低电压的脉冲为正脉冲（positive pulse），而从高电压到低电压再回到高电压的脉冲为负脉冲（negative pulse）。脉冲宽度（pulse width）是对脉冲存在时间的度量。时钟是一串脉冲序列。在数字系统中，用时钟信号来提供相同的同步机制。在大多数计算机系统里，一个单独的时钟信号分布于整个电路，它为所有需要同步的内部操作提供了一个准确的时间源。当一个 CPU 的主频是 3.6 GHz 时，它的时钟周期是多少？

1.4　已知 PCI 总线的数据宽度为 64 位，总线的工作频率为 66 MHz，总线的传输带宽是多少？

1.5　目前大多数个人计算机上安装的是 Windows 操作系统或 Linux 操作系统，通过查阅相关资料，列出这两类操作系统的常用版本以及它们对硬件配置的要求。

1.6　表 1.5 记录了 3 个计算机系统分别执行 5 个测试程序所得的执行时间。分别用算术平均值和几何平均值比较系统之间的相对性能（即 A 与 B、B 与 C、A 与 C）。你觉得这个对比结果怎样？解释其中的原因。

表 1.5　测试程序执行时间

测试程序	系统 A 执行时间/s	系统 B 执行时间/s	系统 C 执行时间/s
Proc1	45	125	75
Proc2	300	275	350
Proc3	250	100	200
Proc4	400	300	500
Proc5	800	1200	700

1.7　计算机系统中有 3 个部件可以改进，这 3 个部件的加速比分别是：部件 1 加速比为 30，部件 2 加速比为 20，部件 3 加速比为 15。

（1）如果部件 1 和部件 2 的可改进比例分别为 25%，那么当部件 3 的可改进比例为多少时，系统加速比才可以达到 10？

（2）如果 3 个部件的可改进比例分别为 25%、35% 和 10%，3 个部件同时改进，那么系统中不可加速部分的执行时间在总执行时间中占的比例是多少？

（3）如果相对某个测试程序来说 3 个部件的可改进比例分别为 15%、15%和 70%，要达到最好的改进效果，仅对一个部件改进时要选择哪个部件？如果允许改进两个部件，又应如何选择？

1.8 个人计算机评测主要是测试 CPU、GPU、硬盘、内存等基础硬件的性能。其中 CPU 测试通常包括整型运算、浮点运算及字符串处理操作；GPU 测试涉及模拟 3D 游戏；硬盘测试包括读、写 I/O 操作；内存测试涉及访问带宽和延迟性能等。选择一款测试软件，评测你的计算机，并分析测试结果，给出评测报告。

1.9 根据 SPEC89、SPEC92、SPEC95、SPEC2000、SPEC2006 以及 SPEC2017 公布的测试结果，可以将近 40 多年来处理器性能的增长用 SPECint 测试结果做出一个排序，如图 1.18 所示。图中所标记的性能排序是以 20 世纪 70 年代以 VAX-11/780 计算机为基准的排序结果。

（1）80 年代中期之前处理器性能的提升主要由技术驱使，平均每年提升 25%；80 年代中至 2003 年，处理器性能的提升更多归功于体系结构设计的影响，平均每年提升 52%；2003 年之后，单处理器的性能提升受到了功耗和可用的指令级并行程度的限制，性能平均每年提升为 22%。上述各阶段中，处理器主频有了怎样的变化？

（2）参考 SPEC2017 公布的最新测试结果，给出最近几年处理器性能的测试值，进一步完善该图，并说明具体过程。

（3）参考图 1.18，深入理解下面的叙述：

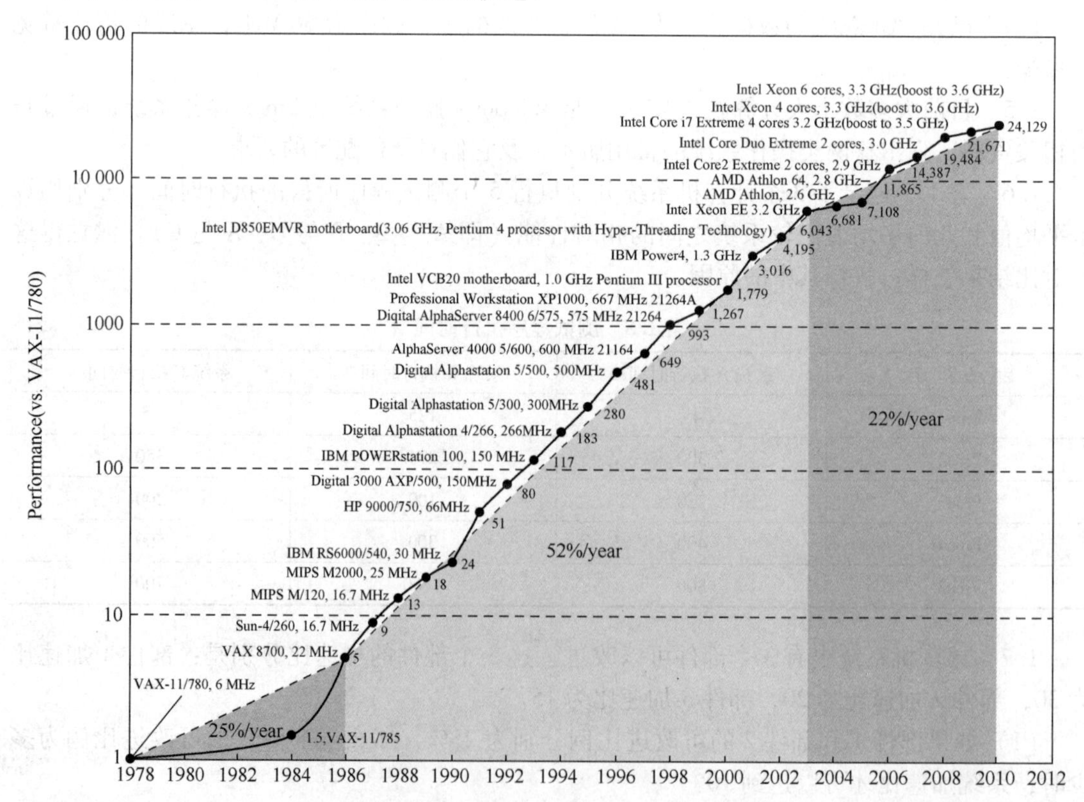

图 1.18 自 20 世纪 70 年代末期处理器性能的增长（摘自 Computer Architecture：A Quantitative Approach）

主频是影响处理器性能的一个重要因素，但不是唯一的因素，处理器内部并行技术的设计与实现对其性能的提高也是至关重要的。从 1986 年至 2002 年，处理器性能以每年 52%的速度增长。这期间计算机设计者关注精简指令集计算机设计技术，不断探索指令级并行程度（从开始的流水线技术到后来的多指令发射技术）以及 Cache 的利用（从最初简单的 Cache 形式到后来精细的 Cache 组织和优化）。

自 2003 年，处理器性能的增长速度变缓，每年递增 22%。处理器性能的发展受到了 3 个方面的制约，即风冷芯片的最大功耗散热、指令自身有限的并行程度及存储器延迟的改进幅度很小。因此，关于集成电路逻辑（晶体管密度、线延迟、芯片散热等）及存储器（动态随机存储器、磁盘技术）的带宽与延迟都将是计算机技术进一步发展的关注点。就指令级并行的问题，Intel 在 2004 年就终止了高性能单处理器项目，宣布将要通过在每个芯片上设计多个处理器来获得高性能。这是一个历史性的转折，意味着从只依赖指令级并行（instruction level parallelism，ILP）进入到同时考虑线程级并行（thread level parallelism，TLP）和数据级并行（data level parallelism，DLP）。指令级并行是一种隐式并行，是由编译器和硬件共同挖掘的，不需要程序员的关注；而线程级并行和数据级并行则是一种显式并行，需要程序员编写并行代码才能使硬件的高性能发挥出来。从这个意义上讲，学习计算机体系结构对于程序员编写高质量的代码是非常必要的。

1. 10　1965 年，Intel 公司创始人之一 Godon Moore 曾对半导体技术的发展做出预言，未来若干年内半导体芯片上晶体管的数量每两年就翻一番。这个预言被公认为摩尔定律（Moore's Law）。从 1978 年 Intel 8086 微处理器的诞生至今，Intel 公司已经推出了多款处理器。根据以下 Intel 处理器两组信息绘出晶体管数-微处理器-时间的曲线图，并对晶体管数字处理器性能之间的关系做进一步分析。

（1）Intel IA-32 处理器特性（见表 1.6）

表 1.6　Intel IA-32 处理器特性

Intel 处理器	发布时间	最大时钟频率/发布技术	晶体管数	寄存器数	外部数据总线宽度	最大外部地址空间	Cache
8086	1978	8 MHz	2.90×10^4	16 GP	16	1 MB	无
Intel 286	1982	12.5 MHz	1.34×10^5	16 GP	16	16 MB	无
Intel 386 DX Processor	1985	20 MHz	2.75×10^5	32 GP	32	4 GB	无
Intel 486 DX Processor	1989	25 MHz	1.20×10^6	32 GP 80 FPU	32	4 GB	L1：8 KB
Pentium Processor	1993	60 MHz	3.10×10^6	32 GP 80 FPU	64	4 GB	L1：16 KB
Pentium Pro Processor	1995	200 MHz	5.50×10^6	32 GP 80 FPU	64	64 GB	L1：16 KB L2：256 KB 或 512 KB
Pentium II Processor	1997	266 MHz	7.00×10^6	32 GP 80 FPU 64 MMX	64	64 GB	L1：32 KB L2：256 KB 或 512 KB
Pentium III Processor	1999	500 MHz	8.20×10^6	32 GP 80 FPU 64 MMX 128 XMM	64	64 GB	L1：32 KB L2：512 KB

续表

Intel 处理器	发布时间	最大时钟频率/发布技术	晶体管数	寄存器数	外部数据总线宽度	最大外部地址空间	Cache
Pentium Ⅲ and Pentium Ⅲ Xeon Processors	1999	700 MHz	2.80×10^7	32 GP 80 FPU 64 MMX 128 XMM	64	64 GB	L1：32 KB L2：256 KB
Pentium 4 Processor	2000	1.5 GHz，Inter NetBurst Microarchitecture	4.20×10^7	32 GP 80 FPU 64 MMX 128 XMM	64	64 GB	12 K μop Execution Trace Cache； L1：8 KB L2：256 KB
Intel Xeon Processor	2001	1.7 GHz，Intel NetBurst Microarchitecture	4.20×10^7	32 GP 80 FPU 64 MMX 128 XMM	64	64 GB	12 K μop Execution Trace Cache； L1：8 KB L2：512 KB
Intel Xeon Processor	2002	2.20 GHz，Intel NetBurst Microarchitecture，Hyper Threading Technology	5.50×10^7	32 GP 80 FPU 64 MMX 128 XMM	64	64 GB	12 K μop Execution Trace Cache； L1：8 KB L2：512 KB
Pentium M Processor	2003	1.60 GHz，Intel NetBurst Microarchitecture	7.70×10^7	32 GP 80 FPU 64 MMX 128 XMM	64	4 GB	L1：64 KB L2：1 MB
Intel Pentium 4 Processor Supporting Hyper-Threading Technology at 90 nm process	2004	3.40 GHz，Intel NetBurst Microarchitecture，Hyper Threading Technology	1.25×10^8	32 GP 80 FPU 64 MMX 128 XMM	64	64 GB	12 K μop Execution Trace Cache； L1：16 KB L2：1 MB
Intel Pentium M Processor 755	2004	2.00 GHz	1.40×10^8	32 GP 80 FPU 64 MMX 128 XMM	系统总线宽度 3.2 GBps	4 GB	L1：64 KB L2：2 MB
Intel Core Duo Processor T2600	2006	2.16 GHz，Improved Intel Pentium M Processor Microarchitecture；Dual Core；Intel Smart Cache，Advanced Thermal Manager	1.52×10^8	32 GP 80 FPU 64 MMX 128 XMM	System bus bandwidth 5.3 GBps	4 GB	L1：64 KB L2：2 MB （总计 2 MB）

（2）Intel 64 处理器特性（见表 1.7）

表 1.7　Intel 64 处理器特性

Intel 处理器	发布时间	最大时钟频率/微体系结构	晶体管数	寄存器数	系统总线带宽/QPI 链路速度	最大外部地址空间	片内 Cache
64 - bit Intel XeonProcessor with 800 MHz System Bus	2004	3. 60 GHz Intel NetBurst Microarchite - cture; Hyper-Threading Technology; Intel 64 Architecture	1. 25×10^8	GP：32，64 FPU：80 MMX：64 XMM：128	6. 4 GBps	64 GB	12 K μop Execution Trace Cache; 16 KB L1; 1 MB K2
64 - bit Intel ExonProcessor MP with 8 MB L3	2005	3. 33 GHz Intel NetBurst Microarchite - cture; Hyper-Threading Technology; Intel 64 Architecture	6. 75×10^8	GP：32，64 FPU：80 MMX：64 XMM：128	5. 3 GBps	1024 GB（1 TB）	12 K μop Execution Trace Cache; 16 KB L1; 1 MB L2; 8 MB L3
Intel Pentium 4 Processor Extreme Edition Supportin-gHyper-Threading Technology	2005	3. 73 GHz Intel NetBurst Microarchite - cture; Hyper-Threading Technology; Intel 64 Architecture	1. 64×10^8	GP：32，64 FPU：80 MMX：64 XMM：128	8. 5 GBps	64 GB	12 K μop Execution Trace Cache; 16 KB L1; 2 MB L2
Intel Pentium Processor Extreme Edition 840	2005	3. 20 GHz Intel NetBurst Micorarchi-tec-ture; Hyper-Threading Technoogy; Intel 64 Architecture; Dual-core	2. 30×10^8	GP：32，64 FPU：80 MMX：64 XMM：128	6. 4 GBps	64 GB	12 K μop Execution Trace Cache; 16 KB L1; 1 MB L2 （总计 2 MB）
Dual-Core Intel Xeon Processor 7041	2005	3. 00 GHz Intel NetBurst Microarch-itec-ture; Hyper-Threading Technology; Intel 64 Architecture; Dual-core	3. 21×10^6	GP：32，64 FPU：80 MMX：64 XMM：128	6. 4 GBps	64 GB	12 K μop Execution Trace-Cache; 16 KB L1; 2 MB L2 （总计 4 MB）
Intel Pentium 4 Processor 672	2005	3. 80 GHz Intel NetBurst Microarc-hitec-ture; Hyper-Threading Technology; Intel 64 Architecture; Intel Virtualization Technology	1. 64×10^8	GP：32，64 FPU：80 MMX：64 XMM：128	6. 4 GBps	64 GB	12 K μop Execution Trace-Cache; 16 KB L1; 2 MB L2
Intel Pentium Processor Extreme Edition 955	2006	3. 46 GHz Intel NetBurst Microarc-hitec-ture; Intel 64 Archit-ecture; Dual Core; Intel Virtualization Technology	3. 76×10^8	GP：32，64 FPU：80 MMX：64 XMM：128	8. 5 GBps	64 GB	12 K μop Execution Trace-Cache; 16 KB L1; 2 MB L2 （总计 4 MB）
Intel Core 2 Extreme Processor X6800	2006	2. 93 GHz Intel Core Microarc-hitecture; Dual Core; Intel 64 Architecture; Intel Vi-rtualization Technology	2. 91×10^8	GP：32，64 FPU：80 MMX：64 XMM：128	8. 5 GBps	64 GB	L1：64 KB L2：4 MB （总计 4 MB）

续表

Intel 处理器	发布时间	最大时钟频率/微体系结构	晶体管数	寄存器数	系统总线带宽/QPI链路速度	最大外部地址空间	片内 Cache
Intel Xeon Processor 5160	2006	3.00 GHz Intel Core Microar-chitecture; Dual Core; Intel 64 Architecture; Intel Virtualization Technology	2.91×10^8	GP：32，64 FPU：80 MMX：64 XMM：128	10.6 GBps	64 GB	L1：64 KB L2：4 MB （总计 4 MB）
Intel Xeon Processor 7140	2006	3.40 GHz Intel NetBurst Microar-chitec-ture; Dual Core Intel 64 Architec-ture; Intel Vi-rtualization Technol-ogy	1.30×10^9	GP：32，64 FPU：80 MMX：64 XMM：128	12.8 GBps	64 GB	L1：64 KB L2：1 MB （总计 2 MB） L3：16 MB （总计 16 MB）
Intel Core 2 Extreme Processor QX6700	2006	2.66 GHz Intel Core Microarchitec-ture; Quad Core; Intel 64 Architecture; Intel Virtualization Technology	5.82×10^8	GP：32，64 FPU：80 MMX：64 XMM：128	8.5 GBps	64 GB	L1：64 KB L2：4 MB （总计 4 MB）
Quad-core Intel Xeon Processor 5355	2006	2.66 GHz Intel Core Microarchitecture; Quad Core; Intel 64 Architecture; Intel Virtualization Technology.	5.82×10^8	GP：32，64 FPU：80 MMX：64 XMM：128	10.6 GBps	256 GB	L1：64 KB L2：4 MB （总计 8 MB）
Intel Core 2 Duo Processor E6850	2007	3.00 GHz Intel Core Microarchitecture; Dual Core; Intel 64 Architecture; Intel Virtualization Technology; Intel Trusted Execution Technology	2.91×10^8	GP：32，64 FPU：80 MMX：64 XMM：128	10.6 GBps	64 GB	L1：64 KB L2：4 MB （总计 4 MB）
Intel Xeon Processor 7350	2007	2.93 GHz Intel Core Microarchitecture; Quad Core; Intel 64 Architecture; Intel Virtualization Technology.	5.82×10^8	GP：32，64 FPU：80 MMX：64 XMM：128	8.5 GBps	1024 GB	L1：64 KB L2：4 MB （总计 8 MB）

续表

Intel 处理器	发布时间	最大时钟频率/微体系结构	晶体管数	寄存器数	系统总线带宽/QPI链路速度	最大外部地址空间	片内 Cache
Intel Xeon Processor 5472	2007	3. 00 GHz Enhanced Intel Core Microarchitecture; Quad Core; Intel 64 Architecture; Intel Virtualization Technology.	8.2×10^{8}	GP：32，64 FPU：80 MMX：64 XMM：128	12. 8 GBps	256 GB	L1：64 KB L2：6 MB （总计 12 MB）
Intel Atom Processor	2008	2. 0-1. 60 GHz Intel Atom Microarchitecture; Intel 64 Architecture; Intel Virtualization Technology.	4.7×10^{7}	GP：32，64 FPU：80 MMX：64 XMM：128	4. 2 GBps	64 GB	L1：56 KB L2：512 KB
Intel Xeon Processor 7460	2008	2. 67 GHz Enhanced Intel Core Microarchitecture; Six Cores; Intel 64 Architecture; Intel Virtualization Technology.	1.9×10^{9}	GP：32，64 FPU：80 MMX：64 XMM：128	8. 5 GBps	1024 GB	L1：64 KB L2：3 MB （总计 9 MB） L3：16 MB
Intel Atom Processor 330	2008	1. 60 GHz Intel Atom Microarchitecture; Intel 64 Architecture; Dual core; Intel Virtualization Technology.	9.4×10^{7}	GP：32，64 FPU：80 MMX：64 XMM：128	4. 2 GBps	64 GB	L1：56 KB L2：512 KB （总计 1 MB）
Intel Core i7 - 965 Processor Extreme Edition	2008	3. 20 GHz Intel microarchitecture code name Nehalem; Quadcore; HyperThreading Technology; Intel QPI; Intel 64 Architecture; Intel Virtualization Technology.	7.31×10^{8}	GP：32，64 FPU：80 MMX：64 XMM：128	QPI：6. 4 1T=4 B GTps; Memory：25 GBps	64 GB	L1：64 KB L2：256 KB L3：8 MB

续表

Intel 处理器	发布时间	最大时钟频率/微体系结构	晶体管数	寄存器数	系统总线带宽/QPI链路速度	最大外部地址空间	片内 Cache
Intel Core i7 - 620 M Processor	2010	2.66 GHz Intel Turbo Boost Technology, Intel microarchitecture code name Westmere; Dualcore; HyperThreading Technology; Intel 64 Architecture; Intel Virtualization Technology., Integrated graphics	3.83×10^8	GP: 32, 64 FPU: 80 MMX: 64 XMM: 128		64 GB	L1: 64 KB L2: 256 KB L3: 4 MB
Intel Xeon-Processor 5680	2010	3.33 GHz Intel Turbo Boost Technology, Intel microarchitecture code name Westmere; Six core; HyperThreading Technology; Intel 64 Architecture; Intel Virtualization Technology.	1.1×10^9	GP: 32, 64 FPU: 80 MMX: 64 XMM: 128	QPI: 6.4 GTps; Memory: 32 GBps	1TB	L1: 64 KB L2: 256 KB L3: 12 MB
Intel Xeon-Processor 7560	2010	2.26 GHz Intel Turbo Boost Technology, Intel microarchitecture code name Nehalem; Eight core; HyperThreading Technology; Intel 64 Architecture; Intel Virtualization Technology.	2.3×10^9	GP: 32, 64 FPU: 80 MMX: 64 XMM: 128	QPI: 6.4 GTps; Memory: 76 GBps	16TB	L1: 64 KB L2: 256 KB L3: 24 MB
Intel Core i7 - 2600 K Processor	2011	3.40 GHz Intel Turbo Boost Technology, Intel microarchitecture code name Sandy Bridge; Four core; HyperThreading Technology; Intel 64 Architecture; Intel Virtualization Technology., Processor graphics, Quicksync Video	9.95×10^8	GP: 32, 64 FPU: 80 MMX: 64 XMM: 128 YMM: 256	DMI: 5 GTps; Memory: 21 GBps	64 GB	L1: 64 KB L2: 256 KB L3: 8 MB

续表

Intel 处理器	发布时间	最大时钟频率/微体系结构	晶体管数	寄存器数	系统总线带宽/QPI 链路速度	最大外部地址空间	片内 Cache
Intel Xeon-Processor E3-1280	2011	3.50 GHz Intel Turbo Boost Technology, Intel microarchitecture code name Sandy Bridge; Four core; HyperThreading Technology; Intel 64 Architecture; Intel Virtualization Technology.		GP：32，64 FPU：80 MMX：64 XMM：128 YMM：256	DMI：5 GTps； Memory：21 GBps	1TB	L1：64 KB L2：256 KB L3：8 MB
Intel Xeon-Processor E7-8870	2011	2.4 GHz Intel Turbo Boost Technology, Intel microarchitecture code name Westmere; Ten core; HyperThreading Technology; Intel 64 Architecture; Intel Virtualization Technology.	2.2×10^9	GP：32，64 FPU：80 MMX：64 XMM：128	QPI：6.4 GTps； Memory：102 GBps	16TB	L1：64 KB L2：256 KB L3：30 MB

1.11 自 2008 年以来，Intel 已经推出了 6 代 i 系列多核处理器 Core i7、i5 和 i3，见表 1.8。每一微处理器都有独特的微体系结构，呈现在设计、制造工艺上的不同。Tick-Tock 是 Intel 公司发展微处理器芯片设计制造业务的一种战略模式，其名称源于时钟秒针行走时所发出的声响。每一次“Tick”代表处理器芯片制造工艺的改进，旨在处理器性能几近相同的情况下，缩小芯片面积、减小能耗和发热量。而每一次“Tock”代表微体系结构设计上的更新，例如加入了新的指令等。Tick-Tock 以另一种方式呈现了符合摩尔定律的微处理器性能发展过程。你的个人计算机是下面的哪一款处理器呢，具体性能怎样？

表 1.8 Intel Core i 系列多核处理器

微体系结构	处理器名称	Tick-Tock	工艺技术	发布时间（年）
Westmere	Core i	Tick	32 nm	2010
Sandy Bridge	Core i 2xxx	Tock	32 nm	2011
Ivy Bridge	Core i 3xxx	Tick	22 nm	2012
Haswell	Core i 4xxx	Tock	22 nm	2013
Broadwell	Core i 5xxx	Tick	14 nm	2014
Skylake	Core i 6xxx	Tock	14 nm	2015

1.12 Intel 第四代多核处理器支持如下内存组织模式，请分析以下模式分别在什么情况下适用。

（1）单通道模式，1 条 2 GB 内存，见图 1.19。

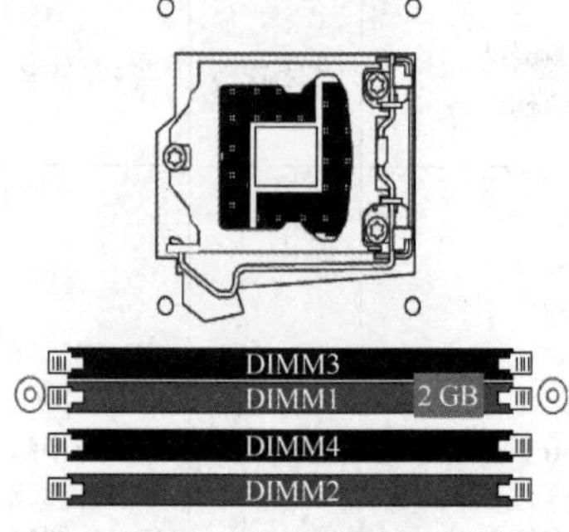

图 1.19　2 GB 内存单通道模式

（2）单通道模式，3 条内存，分别是 2 GB、4 GB 和 2 GB，见图 1.20。

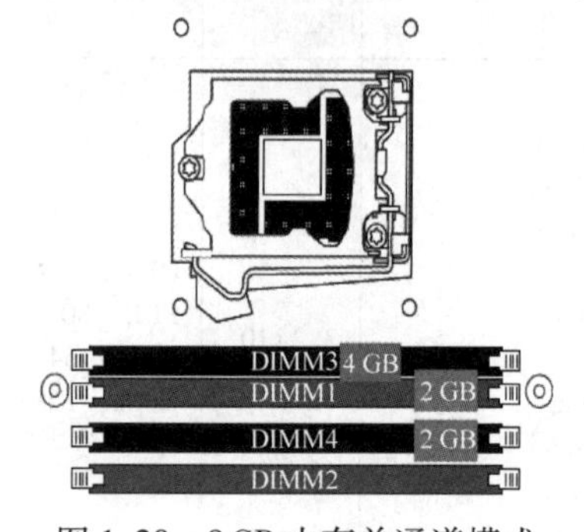

图 1.20　8 GB 内存单通道模式

（3）双通道模式，2 条 2 GB 内存，见图 1.21。

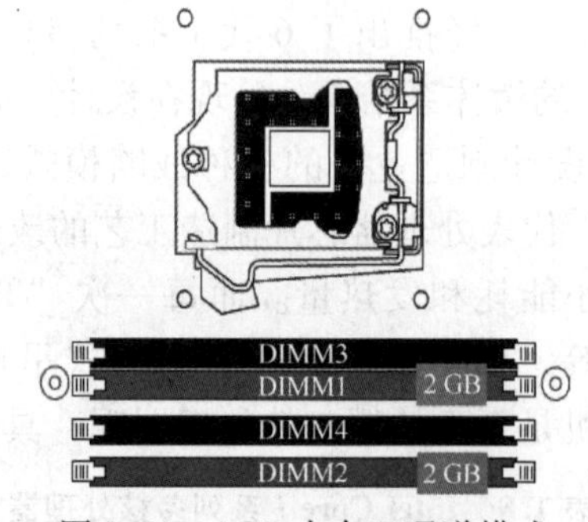

图 1.21　4 GB 内存双通道模式

（4）双通道模式，3 条内存，分别是 2 GB、2 GB 和 4 GB，见图 1.22。

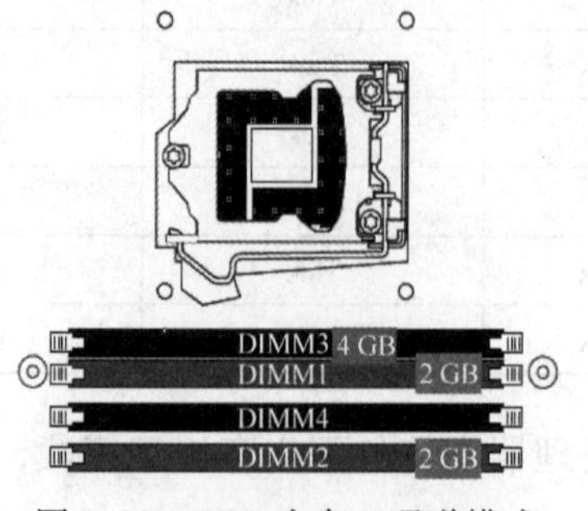

图 1.22　8 GB 内存双通道模式

（5）双通道模式，4 条内存，分别是 2 GB、2 GB、4 GB 和 4 GB，见图 1.23。

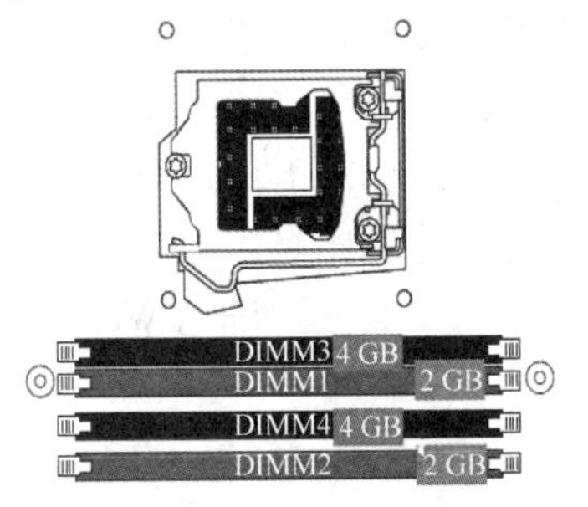

图 1.23　12 GB 内存双通道模式

（6）灵活模式，2 条内存，分别是 2 GB 和 4 GB，见图 1.24。

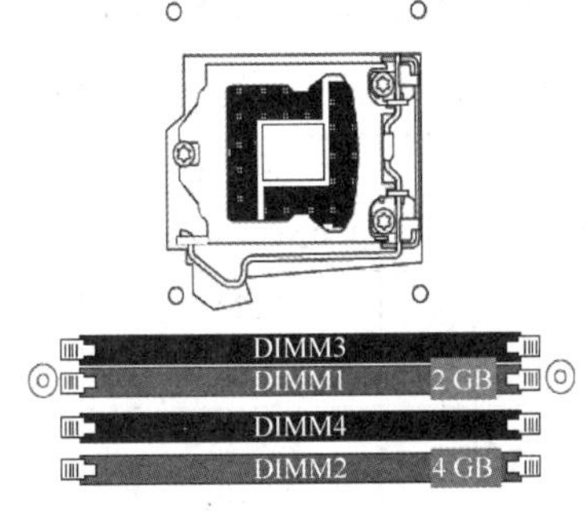

图 1.24　6 GB 内存灵活模式

1.13　Intel Core i7 处理器有一个显著特点就是去除了之前处理器所采用的北桥，也称为内存控制集线器（MCH）。但是 Core i7 更进一步地将存储控制器和 PCI-e 控制器加入核内，不再像先前交给主板厂家去完成内存和显示的控制。图 1.25（a）是 Intel 在 i7 之前的处理器结构，图 1.25（b）是 i7 体系结构。（注：ICH：I/O Controller Hub。）

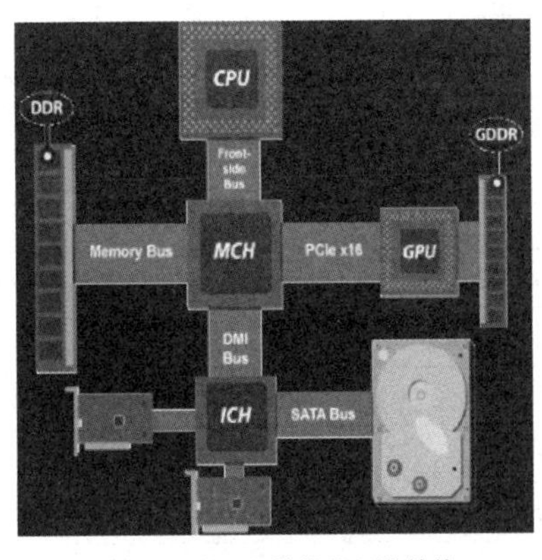

（a）Intel在i7之前的处理器结构

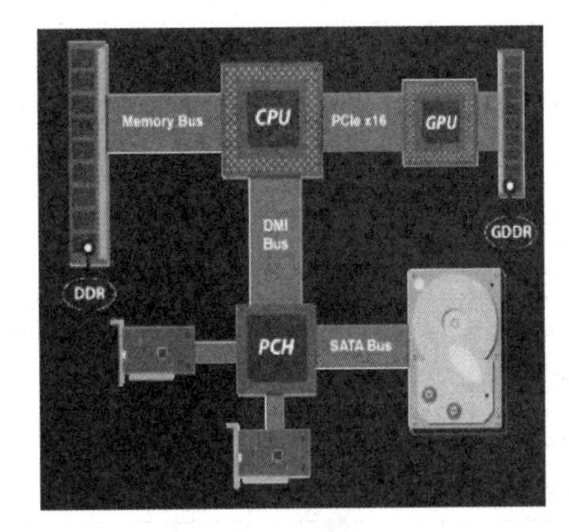

（b）Intel i7体系结构

图 1.25　Intel i7 之前及 Intel i7 体系结构

你如何评价这一改变所带来的影响？

1.14　图 1.26 是一个直径 300 mm 的晶圆（wafer），其中包括 280 个 20.7 mm×10.5 mm 的晶片（die）。

图 1.26　晶圆图示

wafer 通常也被称为母片，是生产集成电路所用的载体，更进一步，是制造各式计算机芯片的基础。die 也被称为裸片，经过封装（packaging）之后又称为芯片（chip）。

给出你对下面这个计算公式的理解，并对上面的数据进行公式计算比对。

$$\text{Dies per wafer}=\frac{\pi\times(\text{Wafer diameter}/2)^2}{\text{Die area}}-\frac{\pi\times\text{Wafer diameter}}{\sqrt{2\times\text{Die area}}}$$

1.15　GPU（graphic processing unit）是一种专用处理器，主要用于图形、图像相关的应用。GPU 特别善于向量和矩阵计算，是 CPU 的协处理器。虽然有些关于 GPGPU（general purpose GPU，即通用 GPU）的提法，但是目前 GPU 还是专用处理器。GPU 的特征参数见表 1.9（以 Nvidia GPU 为例）。

表 1.9　Nvidia Tesla 特征参数

Tesla Product	Tesla K40	Tesla M40	Tesla P100	Tesla V100
GPU	GK180 (Kepler)	GM200 (Maxwell)	GP100 (Pascal)	GV100 (Volta)
SMs	15	24	56	80
TPCs	15	24	28	40
FP32 Cores / SM	192	128	64	64
FP32 Cores / GPU	2880	3072	3584	5120
FP64 Cores / SM	64	4	32	32
FP64 Cores / GPU	960	96	1792	2560
Tensor Cores / SM	NA	NA	NA	8
Tensor Cores / GPU	NA	NA	NA	640
GPU Boost Clock	810/875 MHz	1114 MHz	1480 MHz	1530 MHz
Peak FP32 TFLOPS	5.04	6.8	10.6	15.7
Peak FP64 TFLOPS	1.68	2.1	5.3	7.8
Peak Tensor Core TFLOPS	NA	NA	NA	125
Texture Units	240	192	224	320
Memory Interface	384-bit GDDR5	384-bit GDDR5	4096-bit HBM2	4096-bit HBM2
Memory Size	Up to 12 GB	Up to 24 GB	16 GB	16 GB
L2 Cache Size	1536 KB	3072 KB	4096 KB	6144 KB
Shared Memory Size / SM	16 KB/32 KB/48 KB	96 KB	64 KB	Configurable up to 96 KB
Register File Size / SM	256 KB	256 KB	256 KB	256 KB
Register File Size / GPU	3840 KB	6144 KB	14 336 KB	20 480 KB
TDP	235 Watts	250 Watts	300 Watts	300 Watts
Transistors	7.1 billion	8 billion	15.3 billion	21.1 billion
GPU Die Size	551 mm^2	601 mm^2	610 mm^2	815 mm^2
Manufacturing Process	28 nm	28 nm	16 nm FinFET+	12 nm FFN

接下来结合表 1. 9 中的数据，对 GPU 结构作一个简要介绍。

每个 GPU 都由若干个流式多处理器（streaming multiprocessors，SM）构成，而每个 SM 包括若干单精度浮点运算核 FP32 Cores 和双精度浮点运算核 FP64 Cores。GV100 还包括 640 个 tensor cores，支持浮点乘加运算（floating multiply-add，FMA），进一步增强深度学习应用的性能。

每个 GPU 都有若干纹理单元（texture units）用于图形或者图像的纹理处理。进一步，纹理单元和流式多处理器 SMs 以及一些控制逻辑又构成了纹理处理集群 TPCs（texture processing clusters）。

Nvida GPU 采用了频率可加速技术，GV100 频率可高达 1 530 MHz，其单精度浮点运算核的峰值速率高达 15. 7 TFLOPS，双精度浮点运算核的峰值速率高达 7. 8 TFLOPS。

Nvida GPU 在不同款型上采用了存取宽度为 384 位的 GDDR5（Graphics Double Data Rate）存储器，以及存取宽度为 4096 位的 HBM2（high bandwidth memory）存储器，设备存储器的容量高达 16 GB；L2 缓存容量最高达到 6144 KB。

每个 SM 的共享存储（shared memory）容量最高达到 96 KB，也可作为 L1 用途，取决于具体配置；寄存器存储容量高达 256 KB，也就是说，一个 SM 内可以保存 32768 个 64 位的浮点数据。

另外，在物理特性上也给出了散热能耗（thermal design power，TDP）、晶体管数（transistors）及 GPU 芯片尺寸（GPU die size）等参数，目前 Nvidia GPU 制造工艺（manufacturing process）已采用 12 nm 技术。

每个 SM 内部结构如图 1. 27 所示，实际上 GV100（Volta）每个 SM 内有 8 个 tensor core，图 1. 27 只给出了上半部分，下半部分限于篇幅省略了，但是其结构与上半部分完全一致。

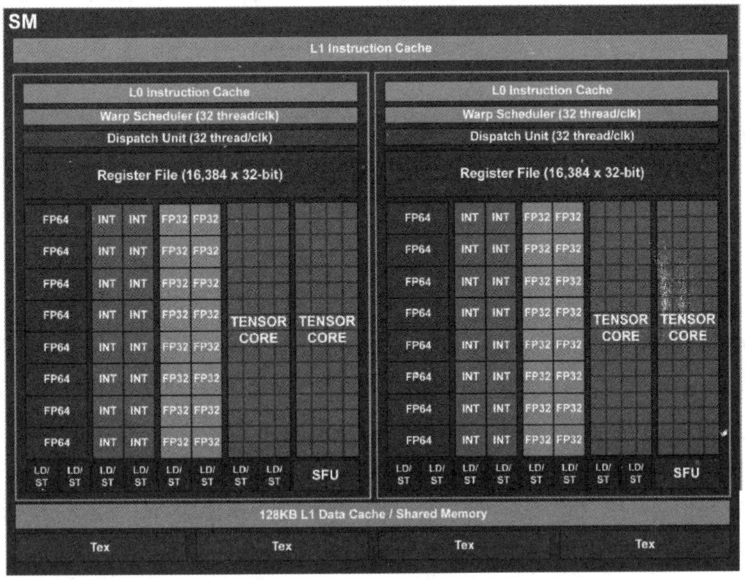

图 1. 27　GV100 SM 内部结构

FP64、FP32、INT 分别代表 64 位浮点、32 位浮点和整型运算核。SFU（special function units）是特殊函数计算单元，例如求倒数、平方根、正弦函数、余弦函数等运算。LD/ST 是读写访问单元。L0 指令 cache 用于提高指令获取效率。GPU 内部的 L1 缓存也分为 L1 指令缓存和 L1 数据缓存。GPU 特有的 shared memory 是可由程序控制使用的，程序员可以指定某些数据保存在 shared memory 中，以进一步提升数据处理速度。

Warp Scheduler 是 GPU 调度多个核同时执行一条指令的编排，这里是 32 个线程为一个 Warp；dispatch unit 是指令分发单元。

问题：检测你的计算机中 GPU 的型号，描述其性能参数，并解释参数含义。

1.16 张量处理单元（tensor processing unit，TPU）是一个专用集成电路，用于加速神经网络的预测过程，如图 1.28 所示，可以插入服务器中，接口为 PCIe Gen3x16。

图 1.28 TPU 印刷电路板

TPU 的核心是矩阵乘法单元（matrix multiply unit），其包含 65 536 个（256×256）MAC 单元，执行 8 位有符号或无符号整型乘加运算。TPU 峰值吞吐率达到 92 TOPS。TPU 各部件的逻辑关系如图 1.29 所示。

主机通过 PCIe Gen3x16 总线向 TPU 发出指令，这些指令保存在 TPU 的统一缓冲区（unified buffer，UB）中，缓冲区容量达到 24 MB，该缓冲区也用于保留一些中间计算结果，这也是将其称为统一缓冲区的原因。

图 1.29 中的 DDR3 DRAM 是片外（off-chip）存储器，也称为权重存储器。TPU 核心计算单元的输入来自于权重数据队列（Weight FIFO）和片上缓冲区中的数据，经核心计算单元输出的结果送入累加器（accumulators）。累加器输出经过激活单元（activation）进行处理，之后再经过归一化/池化（normalize/pool）处理，并将结果存入 UB 缓冲区中。对输入数据进行加权及卷积处理、激活、归一/池化是神经网络的数据处理流程，TPU 也因此是一个专用处理单元，与通用 CPU 显然不同。

问题：与 TPU 的专用性相比，你如何理解 CPU 的通用性?

1.17 TOP 500 排名是世界上非分布式计算机系统的计算能力排名。该计划起始于 1993 年，每年两次面向提交的超级计算机（supercomputer）进行前 500 排名，使用的测试组件是 LINPACK。该计划的宗旨是追踪提供可靠的面向高端应用的高性能计算机。TOP 500 排行榜

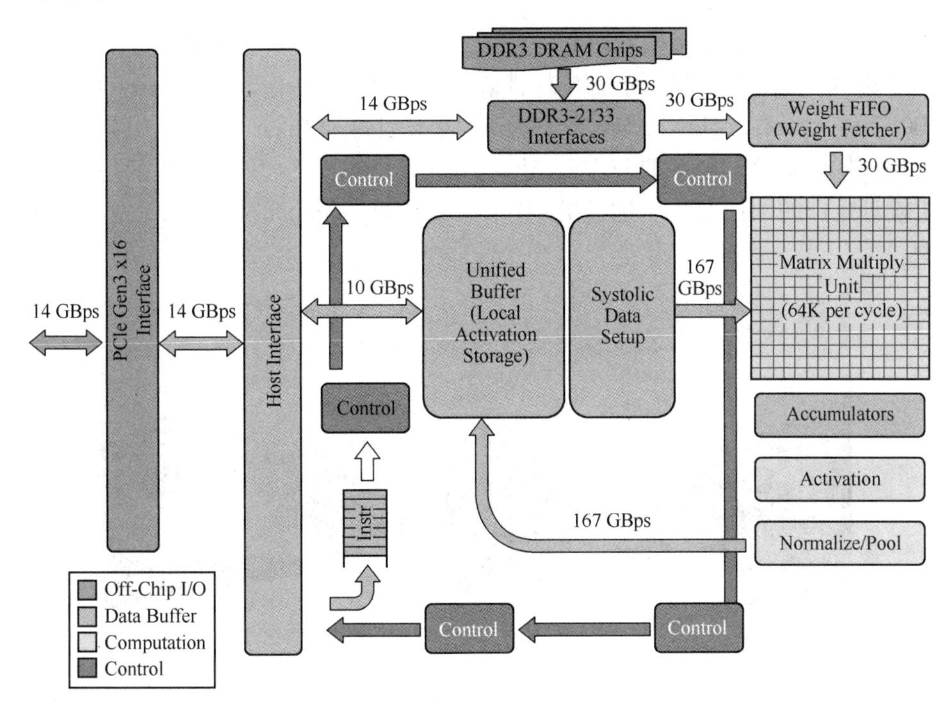

图 1.29　TPU 方框图

由美国田纳西大学、美国国家能源研究科学计算中心、劳伦斯伯克利国家实验室和德国慕尼黑大学的超算专家联合编撰。表 1.10 是 2017 年 6 月的前 5 排名。

表 1.10　TOP 500 排名（2017.6 月数据）

Rank	System	Cores	Rmax/TFLOPS	Rpeak/TFLOPS	Power/kW
1	Sunway TaihuLight-Sunway MPP，Sunway SW26010 260C 1.45 GHz，Sunway，NRCPC National Supercomputing Center in Wuxi China	10 649 600	93 014.6	125 435.9	15 371
2	Tianhe-2（MilkyWay-2）-TH-IVB-FEP Cluster，Intel Xeon E5-2692 12C 2.200 GHz，TH Express-2，Intel Xeon Phi 31S1P，NUDT National Super Computer Center in Guangzhou China	3 120 000	33 862.7	54 902.4	17 808
3	Piz Daint-Cray XC50，Xeon E5-2690v3 12C 2.6 GHz，Aries interconnect，NVIDIA Tesla P100，Cray Inc. Swiss National Supercomputing Centre［CSCS］ Switzerland	361 760	19 590.0	25 326.3	2.272
4	Titan - Cray XK7.0pteron 6274 16C 2.2000 GHz，Cray Gemini interconnect，NVIDIA k20x，Cray Inc. DOE/SC/0ak Ridge National Laboratory United States	560 640	17 590.0	27 112.5	8 209
5	Sequoia-BlueGene/Q，Power BQC 16C 1.60 GHz，Custom，IBM DOE/NNSA/LLNL United States	1 572 864	17 173.2	20 132.7	7 890

排名在第1位置的就是由中国国家并行计算机工程技术研究中心研制、安装在无锡市超算中心的“神威·太湖之光”海量并行计算机，如图1.30所示。Sunway Taihulight 拥有10 649 600个核（cores），LINPACK测试达到的最佳性能（Rmax）为93 014.6 TFLOPS，理论峰值（Rpeak）为125 435.9 TFLOPS，功耗为15 371 kW。更加值得一提的是，SW26010是我国自主设计生产的国产芯片。这里的MPP（massively parallel processor）是超级计算机的一种类型。

图1.30 神威·太湖之光海量并行计算机

排名在第2位置的“天河二号”（见图1.31）是由中国国防科学技术大学研制的超级计算机系统，安装在广州国家超算中心。该系统采用IntelXeon-2692v2 12核心、2.2 GHz主频处理器以及Intel Xeon Phi 31S1P协处理器辅助运算加速，总核数为3 120 000个，LINPACK测试达到的最佳性能为33 862.7 TFLOPS，理论峰值为54 902.4 TFLOPS，功耗为17 808 kW。需要说明的是，机群（cluster）也是超级计算机的一种类型，“天河二号”采用自制的TH Express-2主干拓扑结构网络连接。

图1.31 天河二号超级计算机系统

排名在第3位置的Piz Daint（见图1.32）是克雷公司（Cray Inc.）产品，安装在瑞士皇家超算中心。该系统采用Intel Xeon E5-2690v3 12核心、2.6 GHz主频处理器以及NVIDIA Tesla P100 GPU辅助运算加速，总核数为361 760个，LINPACK测试达到的最佳性能为19 590 TFLOPS，理论峰值为25 326.3 TFLOPS，功耗为2 271.99 kW。Cray XC50采用Cray Aries 片上设备互连。

图 1.32　克雷公司 Piz Daint 产品

排名在第 4 位置的 Titan（见图 1.33）是克雷公司（Cray Inc.）产品，安装在美国橡树岭国家实验室。该系统采用 AMD Opteron-6274 16 核心、2.2 GHz 主频处理器，总核数为 560 640 个，LINPACK 测试达到的最佳性能为 17 590 TFLOPS，理论峰值为 27 112.5 TFLOPS，功耗为 8 209 kW。Titan 采用 Gray Gemini 网络互联。

图 1.33　克雷公司 Titan 产品

排名在第 5 位置的 Sequoia（见图 1.34）是 IBM 产品，安装在美国加州利弗莫尔国家实验室。该系统采用 Power BQC 16 核心、1.6 GHz 主频处理器，总核数为 1 572 864 个，LINPACK 测试达到的最佳性能为 17 173.2 TFLOPS，理论峰值为 20 132.7 TFLOPS，功耗为 7 890 kW。Sequoia 采用专用网络（custom interconnect）互联。

图 1.34　IBM 公司 Sequoia 产品

上述数据的理论峰值是通过计算得到。例如，主频为1.5 GHz的Intel Itanium 2能够在每个周期执行4个浮点操作，其理论峰值性能就是6 GFlop/s。

问题：通过访问www.top500.org网址，了解目前排名前5的超级计算机配置及应用情况。

1.18 除了设备驱动（device driver），对于库或者函数的使用也存在一个驱动程序（driver program）的概念。驱动程序一般是一个比较简单的可执行程序，用来使用那些不能直接执行的软件功能。这个驱动程序可以当做一个“测试”程序，调用某个函数或者库，检验其功能，通常用于诊断和测试代码的功能。你可以创建一个.c源文件，并且#include“待测试代码的头文件”，然后可以对其调用，通过输出检验其功能。下面的代码段中，f()就是待测函数，而main()就是驱动程序，通过输出检验其功能。

```
// function example
#include "stdio.h"
int f(int x, int y);        //This is a function you want to test
{
    return x+y;
}

int main()//This is the driver program, it tests f( ).
{
    printf("Sum of 3 and 14 is %d\n", f(3,14));
    printf("Sum of 0 and -2 is %d\n", f(3,14));
    system("pause");
    return 0;
}
```

为你要了解的一个库函数编写一个驱动程序，测试其功能。

第 2 章　数据类型与数据表示

计算机编程语言使用数据类型（Data Type）来描述多种数据形式，而在计算机内部则使用数据表示（data representation）来表达存储的数据。程序中的数值数据在表达上以进制区分；非数值数据（字符或者符号）则是借助国际标准化方法进行编码。本章围绕程序中使用的整型、浮点、指针和结构体数据类型，介绍了硬件支持的相关数据表示，包括补码、移码、存储器编址、寄存器、存储对齐和字节排序等概念。本章也介绍了处理器为支持多媒体应用加速而提供的合成式 SIMD（packed single instruction multiple Data）数据类型。

2.1　数制和编码

本节介绍数（number）和符号（symbol）或者字符（character）的表示。从数制（numeral system）到数，从编码（encode）到符号或者字符，是一个规则和实例之间的关系。

2.1.1　数制和数的机器表示

人类使用十进制（decimal）系统进行计算和度量，而计算机则使用二进制（binary）系统。二进制数的便捷表示是八进制（octal）或者十六进制（hexadecimal）。二进制系统使用 2 个数字表示，即 0 和 1；十进制系统使用 10 个数字表示，即 0 到 9；八进制系统使用 8 个数字表示，即 0 到 7；十六进制系统使用 16 个数字表示，其中前 10 个数字是 0 到 9，后 6 个数字分别是字母 A、B、C、D、E 和 F，它们分别代表相当于十进制的 10、11、12、13、14 和 15。例如，对于一串二进制数 100010010110b（其中 b 表示二进制），可以用 4226o 这个八进制数简洁地表示（其中 o 表示八进制），或者用 896h 这个十六进制数更简洁地表示（其中 h 表示十六进制）。以上对数制的使用以数尾部的 b、o 或者 h 区分。

在 C 语言程序中，0x 用来标识一个十六进制数，而一个以数字 0 开始的数则是一个八进制数。例如，下面的两条语句：

```
int x = 0x23;
int y = 023;
```

分别给整型变量 x 和 y 赋值，x 的值相当于十进制的 35，y 的值相当于十进制的 19。在编程语言 Python 3 中，使用 0o 开头表示一个八进制数。这样看来，进制的表示还要依照编程语言的定义规范。

下面通过例题来说明数制之间的相互转换。

【例 2.1】将十进制表示的 25 转换为二进制表示的数。

解：将十进制数转换为二进制数的方法：反复地用 2 去除十进制数，记下余数，直至商为 0。然后将得到的余数以相反的次序标记（后得到的余数标记在先），即得到转换后的二进制数。

		商	余数
25/2	=	12	1 最低有效位（least significant bit，LSB）
12/2	=	6	0
6/2	=	3	0
3/2	=	1	1
1/2	=	0	1 最高有效位（most significant bit，MSB）

因此，$25_{10}=11001_2$。

【例 2.2】将二进制表示的 110101_2 转换为十进制表示的数。

解：这里涉及与每个数字位置关联的权（weight）概念。对于二进制而言，自最低有效位开始，每个数字的权依次是 2^0，2^1，2^2，2^3，2^4，…

权：	$32=2^5$	$16=2^4$	$8=2^3$	$4=2^2$	$2=2^1$	$1=2^0$	
数字：	1	1	0	1	0	1	
和：	32 +	16+	0+	4+	0+	1	=53

因此，$110101_2=53_{10}$。

读者也可尝试利用权的概念解决例 2.1 的问题。

【例 2.3】将二进制表示的 100111110101_2 转换为十六进制表示的数。

解：首先将二进制表示的数从最低有效位开始每 4 位划分为一组，然后将每组的 4 位用与其等价的十六进制表示。

1001	1111	0101
9	F	5

因此，$100111110101_2=9F5_{16}$。

【例 2.4】将十六进制表示的 29B 转换为二进制表示的数。

解：将十六进制表示的每个数字用与其等价的 4 位二进制表示即可。

2	9	B
0010	1001	1011

因此，29Bh=001010011011b。

【例 2.5】将二进制表示的 100111110101_2 转换为八进制表示的数。

解：首先将二进制表示的数从最低有效位开始每 3 位划分为一组，然后将每组的 3 位用与其等价的八进制表示。

100	111	110	101
4	7	6	5

因此，$100111110101_2=4765_8$。

【例 2.6】将八进制表示的 27 转换为二进制表示的数。

解：将八进制表示的每个数字用与其等价的 3 位二进制表示即可。

2	7
010	111

因此，$27_8=10111_2$。

2.1.2 字符编码

计算机中所有的信息都用 0 和 1 的组合表示。对于非数值数据（也可称为字符或者符号数据)，国际上普遍采用标准化编码表示。以下的描述对于字符与符号不再严格区分，从编码视角，读者可对其等同对待。

(1) ASCII 编码

ASCII (American standard code for information interchange) 创建于 20 世纪 60 年代，用于表示数字 0~9、英文字母、控制代码和标点符号。标准的 ASCII 字符集用 7 位来区分上述提到的标识，但其一直用 8 位表示，且最高有效位均为 0。标准 ASCII 字符集表示了 128 个字符的编码，详见表 2.1。

表 2.1　标准 ASCII 字符集

十进制	十六进制	字符	二进制	十进制	十六进制	字符	二进制	十进制	十六进制	字符	二进制	十进制	十六进制	字符	二进制
000	00	NUL	00000000	032	20		00100000	064	40	@	01000000	096	60	`	01100000
001	01	SOH	00000001	033	21	!	00100001	065	41	A	01000001	097	61	a	01100001
002	02	STX	00000010	034	22	″	00100010	066	42	B	01000010	098	62	b	01100010
003	03	ETX	00000011	035	23	#	00100011	067	43	C	01000011	099	63	c	01100011
004	04	EOT	00000100	036	24	$	00100100	068	44	D	01000100	100	64	d	01100100
005	05	ENQ	00000101	037	25	%	00100101	069	45	E	01000101	101	65	e	01100101
006	06	ACK	00000110	038	26	&	00100110	070	46	F	01000110	102	66	f	01100110
007	07	BEL	00000111	039	27	′	00100111	071	47	G	01000111	103	67	g	01100111
008	08	BS	00001000	040	28	(	00101000	072	48	H	01001000	104	68	h	01101000
009	09	HT	00001001	041	29	)	00101001	073	49	I	01001001	105	69	i	01101001
010	0A	LF	00001010	042	2A	*	00101010	074	4A	J	01001010	106	6A	j	01101010
011	0B	VT	00001011	043	2B	+	00101011	075	4B	K	01001011	107	6B	k	01101011
012	0C	FF	00001100	044	2C	,	00101100	076	4C	L	01001100	108	6C	l	01101100
013	0D	CR	00001101	045	2D	–	00101101	077	4D	M	01001101	109	6D	m	01101101
014	0E	SO	00001110	046	2E	.	00101110	078	4E	N	01001110	110	6E	n	01101110
015	0F	SI	00001111	047	2F	/	00101111	079	4F	O	01001111	111	6F	o	01101111
016	10	DLE	00010000	048	30	0	00110000	080	50	P	01010000	112	70	p	01110000
017	11	DC1	00010001	049	31	1	00110001	081	51	Q	01010001	113	71	q	01110001
018	12	DC2	00010010	050	32	2	00110010	082	52	R	01010010	114	72	r	01110010
019	13	DC3	00010011	051	33	3	00110011	083	53	S	01010011	115	73	s	01110011
020	14	DC4	00010100	052	34	4	00110100	084	54	T	01010100	116	74	t	01110100
021	15	NAK	00010101	053	35	5	00110101	085	55	U	01010101	117	75	u	01110101
022	16	SYN	00010110	054	36	6	00110110	086	56	V	01010110	118	76	v	01110110
023	17	ETB	00010111	055	37	7	00110111	087	57	W	01010111	119	77	w	01110111
024	18	CAN	00011000	056	38	8	00111000	088	58	X	01011000	120	78	x	01111000
025	19	EM	00011001	057	39	9	00111001	089	59	Y	01011001	121	79	y	01111001
026	1A	SIB	00011010	058	3A	:	00111010	090	5A	Z	01011010	122	7A	z	01111010
027	1B	ESC	00011011	059	3B	;	00111011	091	5B	[	01011011	123	7B	{	01111011
028	1C	FS	00011100	060	3C	<	00111100	092	5C	\	01011100	124	7C	|	01111100
029	1D	GS	00011101	061	3D	=	00111101	093	5D	]	01011101	125	7D	}	01111101
030	1E	RS	00011110	062	3E	>	00111110	094	5E	^	01011110	126	7E	~	01111110
031	1F	US	00011111	063	3F	?	00111111	095	5F	_	01011111	127	7F	DEL	01111111

表2.1给出了每个标准ASCII码对应的十进制值、十六进制值、字符和二进制值。其中，十进制32~126所代表的ASCII码是可打印字符（当然32所表示的空格在打印时是空白）；十进制0~31和127所代表的ASCII码是控制字符，其代码含义见表2.2。控制字符用于对计算机设备（如打印机、磁带等）的功能控制或通信中的控制。

表2.2 ASCII控制字符代码含义

十 进 制	控制字符缩写	控制字符英文描述	控制字符中文含义
000	NUL	null	空
001	SOH	start of header	标题开始
002	STX	start of text	正文开始
003	ETX	end of text	正文结束
004	EOT	end of transmission	传输结束
005	ENQ	enquire	询问
006	ACK	acknowledge	确认
007	BEL	bell	响铃
008	BS	backspace	退格
009	HT	horizontal tabulation	横向制表
010	LF	line feed	换行
011	VT	vertical tabulation	纵向制表
012	FF	form feed	换页
013	CR	carriage return	回车
014	SO	shift out	切换非标准字符
015	SI	shift in	启用切换标准字符
016	DLE	data link escape	数据链路转义
017	DC1	device control one	设备控制1
018	DC2	device control two	设备控制2
019	DC3	device control three	设备控制3
020	DC4	device control four	设备控制4
021	NAK	negative acknowledge	回绝应答
022	SYN	synchronous idle	同步空闲
023	ETB	end of transmission block	块传输结束
024	CAN	cancel	取消
025	EM	end of medium	介质结束（如纸尽）
026	SIB	substitute	替代
027	ESC	escape	转义
028	FS	file separator	文件分隔符
029	GS	group separator	组分隔符
030	RS	record separator	记录分隔符
031	US	unit separator	单元分隔符
127	DEL	delete	删除

标准的 ASCII 实际上是一个 7 位编码系统，而大部分计算机是按 8 位表示的字节处理数据，因此就有了扩展的额外 128 个编码。扩展的 ASCII 字符集加入了一些新字符，但也用 8 位二进制表示，只是其最高有效位均为 1。遗憾的是，扩展 ASCII 编码并不是统一的，表 2. 3 列出的扩展 ASCII 编码是 IBM PC 使用的 8 位扩展 ASCII 编码。

表 2. 3　IBM PC 扩展 ASCII 字符集

十进制	十六进制	字符	二进制	十进制	十六进制	字符	二进制	十进制	十六进制	字符	二进制	十进制	十六进制	字符	二进制
128	80	Ç	10000000	160	A0	á	10100000	192	C0	└	11000000	224	E0	α	11100000
129	81	ü	10000001	161	A1	í	10100001	193	C1	┴	11000001	225	E1	β	11100001
130	82	é	10000010	162	A2	ó	10100010	194	C2	┬	11000010	226	E2	Γ	11100010
131	83	â	10000011	163	A3	ú	10100011	195	C3	├	11000011	227	E3	∏	11100011
132	84	ä	10000100	164	A4	ñ	10100100	196	C4	—	11000100	228	E4	∑	11100100
133	85	à	10000101	165	A5	Ñ	10100101	197	C5	┼	11000101	229	E5	σ	11100101
134	86	å	10000110	166	A6	a	10100110	198	C6	╞	11000110	230	E6	μ	11100110
135	87	ç	10000111	167	A7	o	10100111	199	C7	╟	11000111	231	E7	γ	11100111
136	88	ê	10001000	168	A8	¿	10101000	200	C8	╚	11001000	232	E8	φ	11101000
137	89	ë	10001001	169	A9	⌐	10101001	201	C9	╔	11001001	233	E9	θ	11101001
138	8A	è	10001010	170	AA	¬	10101010	202	CA	╩	11001010	234	EA	Ω	11101010
139	8B	Ï	10001011	171	AB	½	10101011	203	CB	╦	11001011	235	EB	δ	11101011
140	8C	î	10001100	172	AC	¼	10101100	204	CC	╠	11001100	236	EC	∞	11101100
141	8D	Ì	10001101	173	AD	¡	10101101	205	CD	═	11001101	237	ED	∅	11101101
142	8E	Ä	10001110	174	AE	《	10101110	206	CE	╬	11001110	238	EE	∈	11101110
143	8F	Å	10001111	175	AF	》	10101111	207	CF	╧	11001111	239	EF	∩	11101111
144	90	É	10010000	176	B0	░	10110000	208	D0	╨	11010000	240	F0	≡	11110000
145	91	æ	10010001	177	B1	▒	10110001	209	D1	╤	11010001	241	F1	±	11110001
146	92	Æ	10010010	178	B2	▓	10110010	210	D2	╥	11010010	242	F2	⩾	11110010
147	93	ô	10010011	179	B3	│	10110011	211	D3	╙	11010011	243	F3	⩽	11110011
148	94	ö	10010100	180	B4	┤	10110100	212	D4	╘	11010100	244	F4	⌠	11110100
149	95	ò	10010101	181	B5	╡	10110101	213	D5	╒	11010101	245	F5	J	11110101
150	96	û	10010110	182	B6	╢	10110110	214	D6	╓	11010110	246	F6	÷	11110110
151	97	ù	10010111	183	B7	╖	10110111	215	D7	╫	11010111	247	F7	≈	11110111
152	98	ÿ	10011000	184	B8	╕	10111000	216	D8	╪	11011000	248	F8	∘	11111000
153	99	Ö	10011001	185	B9	╣	10111001	217	D9	┘	11011001	249	F9	·	11111001
154	9A	Ü	10011010	186	BA	║	10111010	218	DA	┌	11011010	250	FA	.	11111010
155	9B	¢	10011011	187	BB	╗	10111011	219	DB	█	11011011	251	FB	√	11111011
156	9C	£	10011100	188	BC	╝	10111100	220	DC	▄	11011100	252	FC	^{n}	11111100
157	9D	¥	10011101	189	BD	╜	10111101	221	DD	▌	11011101	253	FD	^{2}	11111101
158	9E	Pts	10011110	190	BE	╛	10111110	222	DE	▐	11011110	254	FE	■	11111110
159	9F	ƒ	10011111	191	BF	┐	10111111	223	DF	▀	11011111	255	FF		11111111

未经特殊声明的 ASCII 字符集一般指的都是标准 ASCII 编码。

扩展的 ASCII 字符满足了表达更多字符的需求。然而，即使有了这些更多的字符，许多语言字符还是无法压缩到 256 个字符中，因此需要进一步扩展对于更多语言字符的编码。如果对于人类的每一种语言文字都存在独立的字符编码系统，那么在系统之间进行文档交流是非常困难的。因为对于一台计算机来说，没有方法可以识别出文档的作者使用了哪种编码模式，计算机看到的只是数字，或者说是 0 和 1，并且这些数字可以表示不同的事物。为了解决多语言的字符编码问题，或者说为了表示世界上所有不同语言的字符，产生了 Unicode 编码。

ASCII 编码的优势是占用的存储空间小，但是表达的字符数量有限。

（2）Unicode 编码

Unicode 编码是一个工业标准。Unicode 标准为每个字符指定了一个数值（numerical value），又称为码点（code point）。但 Unicode 与 ASCII 字符集兼容，是 ASCII 字符集的一个超集。或者说，ASCII 字符集是 Unicode 字符集的一个子集。1991 年 Unicode 联盟发布了 Unicode 1.0，目前最新的版本是 Unicode 10.0。在此期间，Unicode 编码在现代操作系统、计算机语言及一些软件工具中得到了广泛的应用。例如，Windows 2000、Windows XP、Windows Vista、Windows 7 和 Windows 10 都使用 Unicode 作为唯一的内部字符编码，Java 使用 Unicode 作为默认的字符集编码等。

Unicode 标准包括 1 114 112 个码点。用于世界上大多数语言中的大部分常用字符排列在前 65 536 个码点。Unicode 5.0 包括了 128 172 个字符；Unicode 10.0 增加了 8 518 个字符，总共支持 136 690 个字符，这其中包括新增的 51 个表情字符。Unicode 字符可以用三者之一的编码形式来表示，即 UTF-32（32 位编码形式）、UTF-16（以 16 位为单位的编码形式）和 UTF-8（以 8 位为单位的编码形式）。图 2.1 示意了 4 个字符的 3 种 Unicode 编码形式。

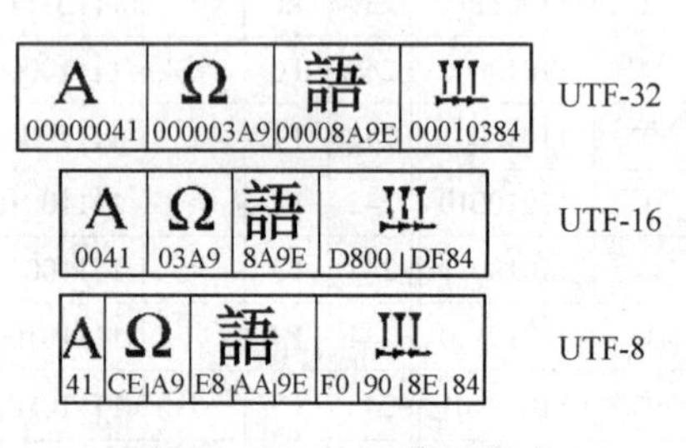

图 2.1 Unicode 编码形式

图 2.1 表明，UTF-32 是固定宽度的编码，而 UTF-16 和 UTF-8 是可变宽度的编码。在表示不同的符号时，UTF-16 编码使用了 2 或者 4 个字节宽度，而 UTF-8 编码则使用了 1 至 4 个字节的不同宽度。即使存在三种编码宽度，英文字母的码点值始终是相同的。字节值与码点值之间的关系很复杂。实际上，UTF-16 在 0000~FFFF 码点之间是单一的 16 位定长宽度的编码，而在 10000~10FFFF 码点之间是一对 16 位宽度的编码。UTF-32 编码适用于无须考虑字符占用的存储空间，但是需要字符表示宽度固定的环境；UTF-16 编码适用于要求对字符的有效访问以及节省存储空间的环境；UTF-8 编码特别适用于 Internet。

UTF-32、UTF-16 和 UTF-8 支持对同一字符集的编码，或者说一个字符集既可以用 UTF-32 编码，也可以使用 UTF-16 编码，同样可以用 UTF-8 进行编码。UTF-8 对于不同的字符采用 1 至 4 字节不同宽度的编码。对于 ASCII 字符集，UTF-8 只用 1 字节宽度编码，而对于不经常用到的字符则使用 4 字节宽度编码，图 2.1 中的字符编码很好地示例了这一点。UTF-16 也是对经常使用的字符采取 2 字节宽度编码，而对不经常使用的字符采用 4 字节宽度编码。无论对什么字符，UTF-32 都是 4 字节宽度的编码，这使得 UTF-32 编码占用的存储空间远多于 UTF-8 编码占用的存储空间，当然是在对同一字符集进行编码的情况之下。

2.2　整型数表示

整型数在计算机表示中也称为定点数。在 C 语言中，整型（integer）数分为有符号（sign）和无符号（unsign）型。当声明一些非负整数变量时，例如，数组的索引、年龄等，可以使用无符号型整数（unsigned int）；而一般的整型声明（int）则用来指有符号型整数（signed int）。在实际应用中，对于一个有符号的整数变量当然要使用有符号整型声明。Intel 平台对于整型数据表示如下。

2.2.1　Intel 体系结构整型数据表示

Intel 64 和 32 位体系结构定义 2 种类型整数，即无符号型和有符号型，其格式如图 2.2 所示。有符号整数与无符号整数在计算机内部存储的差异在于是否占用符号位（sign）。这里还用到了字（word）的概念。Intel 体系结构中，字是一个 16 位长的空间，相当于 2 个字节（byte）的位宽。特别需要强调的是，不同的体系结构对于字长（word length）的定义是不一样的。字的宽度在如 MIPS、SPARC 等体系结构中定义为 32 位，而 Intel 体系结构将其定义为 16 位！

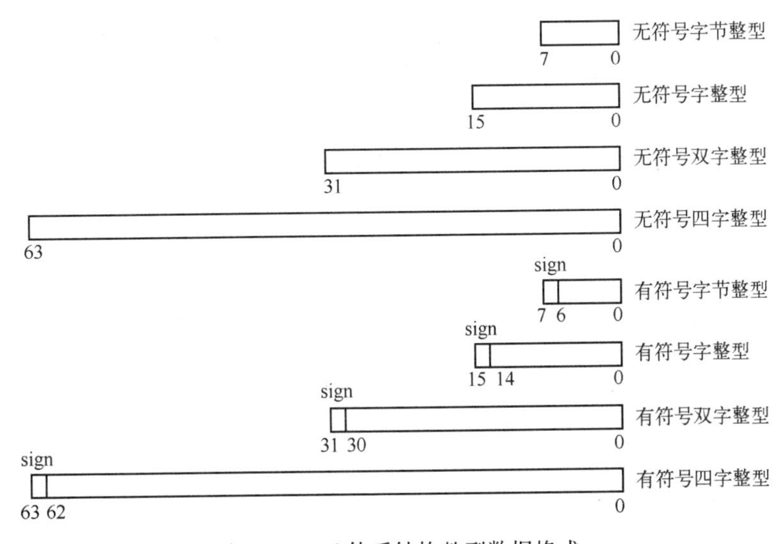

图 2.2　Intel 体系结构整型数据格式

下面我们就来看一下编程语言中的整型数。C 语言的整型数有 short、int 和 long 之分，主要区别就是所占用的字节空间不同，这也与 C 语言编译器的实现有关。可以通过图 2.3 中的关键代码了解 C 语言编译器是如何解析整数所占用的字节数。

可以看出，无论有符号还是无符号整数，short 类型占用 2 个字节宽度，即 16 位；int 类型占用 4 个字节宽度，即 32 位；long 类型也占用 4 个字节宽度，即 32 位；而 long long 类型占用 8 个字节宽度，即 64 位。上述代码是在 32 位 Win7 下进行的测试，处理器为 Intel Core i5-2410M。尽管该处理器支持 64 位计算，但是上述程序在 32 位操作系统平台使用微软 Visual Studio VC++编译，VS 集成开发工具将 int 和 long 类型定义的宽度相同，都是 32 位。

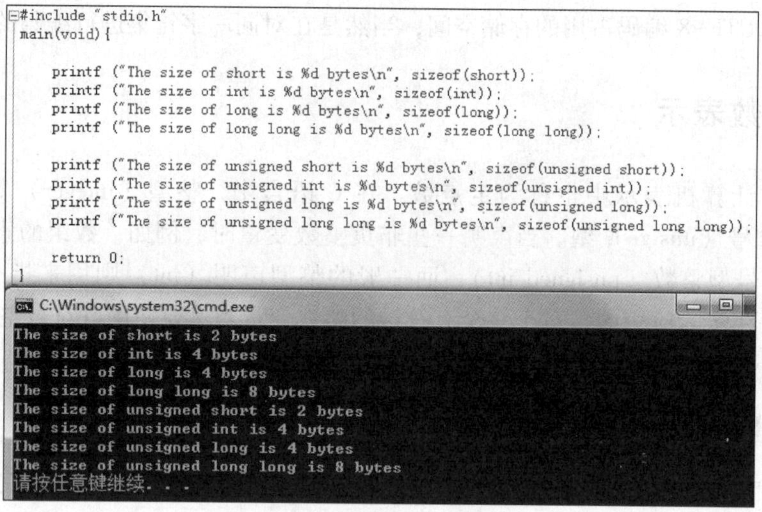

```
#include "stdio.h"
main(void){

    printf ("The size of short is %d bytes\n", sizeof(short));
    printf ("The size of int is %d bytes\n", sizeof(int));
    printf ("The size of long is %d bytes\n", sizeof(long));
    printf ("The size of long long is %d bytes\n", sizeof(long long));

    printf ("The size of unsigned short is %d bytes\n", sizeof(unsigned short));
    printf ("The size of unsigned int is %d bytes\n", sizeof(unsigned int));
    printf ("The size of unsigned long is %d bytes\n", sizeof(unsigned long));
    printf ("The size of unsigned long long is %d bytes\n", sizeof(unsigned long long));

    return 0;
}
```

```
C:\Windows\system32\cmd.exe
The size of short is 2 bytes
The size of int is 4 bytes
The size of long is 4 bytes
The size of long long is 8 bytes
The size of unsigned short is 2 bytes
The size of unsigned int is 4 bytes
The size of unsigned long is 4 bytes
The size of unsigned long long is 8 bytes
请按任意键继续. . .
```

图 2.3 整型数据长度测试

2.2.2 补码

有符号整数包括正整数、负整数和零。有符号数是用二进制补码（two's complement）表示的。一个二进制数的补码表示可以简述为：正数的补码就是其本身的二进制数值，符号位为 0；负数的补码是其二进制数值的各位变反（即 0 变为 1，1 变为 0），再在末位加 1，符号位为 1。可以将二进制补码看作是有符号整数的一种编码，如表 2.4 所示。

表 2.4 有符号整数的补码表示

类别		补码	
		符号位	数值位
正整数	最大 ⋮ 最小	0 ⋮ 0	11..11 ⋮ 00..01
零		0	00..00
负整数	最大	1	11..11
	⋮	⋮	⋮
	最小	1	00..00

补码的符号位可以同数值位一起参加运算，例如十进制数(-3)+2=-1，转换为补码表示后为 11111101+00000010=11111111，这里为了简化，我们假设这是一个只有 8 位补码表示的处理器，即 1 个符号位和 7 个数值位。前面以补码表示的结果值 11111111 刚好就是有符号数-1！实际上，补码的意义也在于它可以消除符号位，使得符号位也可以参与运算！

无符号整数要么是零，要么是正整数。所有用于无符号数的存储位都是数值位，因此计算机表示的最大无符号数要比有符号数大。微软 Visual Studio 集成开发工具定义的最大有符号和无符号数如表 2.5 所示。

表 2.5　微软 Visual Studio 集成开发工具定义的最大有符号和无符号数

常　数	含　义	位　宽	数　值
USHRT_MAX	无符号短整型变量最大值	16 位	65535(0xffff)
UINT_MAX	无符号整型变量最大值	32 位	4294967295(0xffff ffff)
ULONG_MAX	无符号长整型变量最大值	32 位	4294967295(0xffff ffff)
SHRT_MAX	有符号短整型变量最大值	16 位	32767(0x7fff)
INT_MAX	有符号整型变量最大值	32 位	2147483647(0x7fff ffff)
LONG_MAX	有符号长整型变量最大值	32 位	2147483647(0x7fff ffff)

上述整型常数都在 LIMITS. H 中定义。

在 C 程序代码中，可以在有符号和无符号整型之间进行转换。下面的代码段可以完成有符号与无符号整数类型之间的转换。

```
int a = 8;
unsigned int  b;
int c;
b = (unsigned int) a;
c = (int) b;
```

2.3　实型数表示

实型数在计算机表示中也称为浮点数。C 语言中实型数有 float、double 和 long double 类型，它们表示的数据精度不同，分别称为单精度（single precision）浮点类型、双精度（double precision）浮点类型和长精度（long precision）浮点类型。在计算机内部表示时分别占用 32 位、64 位和多于 64 位的存储空间。ANSI C 标准并未规定 long double 的确切精度，所以对于不同平台可能有不同的实现，有的是 8 字节，有的是 10 字节，有的是 12 字节或 16 字节。

2.3.1　Intel 体系结构浮点数据表示

在 Intel 平台上，单精度浮点、双精度浮点和长精度浮点（也称为双精度扩展浮点）分别占用 32 位、64 位和 80 位存储空间，其格式如图 2.4 所示。

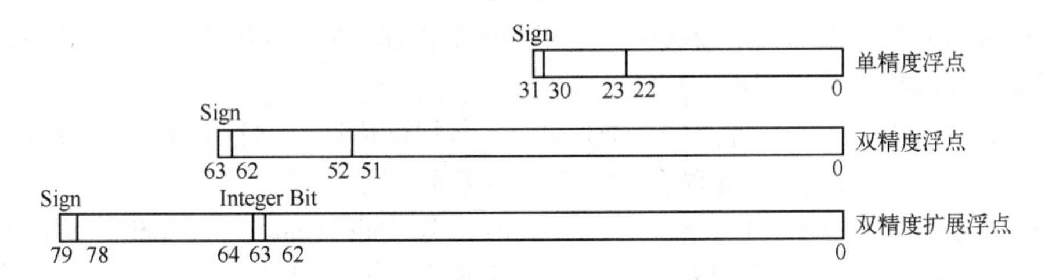

图 2.4　Intel 体系结构浮点数据格式

图 2.4 中，浮点数据类型的 3 种格式均符合 IEEE 754 关于二进制浮点表示标准。32 位单精度浮点数的符号位（sign）在第 31 位；阶码/指数（exponent）部分在第 23~30 位；有效数字（significand）的分数（fraction）/尾数（mantissa）部分在 0~22 位。64 位双精度浮点数的符号位在第 63 位；阶码/指数部分在第 52~62 位；有效数字的分数部分在 0~51 位。80 位扩展双精度浮点数的符号位在第 79 位；阶码/指数部分在第 64~78 位；有效数字的整数部分（interger bit）在 63 位；有效数字的分数部分在 0~62 位。其中，有效数字的最高位，即图 2.4 中的 integer bit，只在扩展双精度浮点数中显式地占用位宽，在单精度浮点数和双精度浮点数中均被隐式地定义为 1，没有实际占用位宽。上述浮点类型各部分占用位宽如表 2.6 所示。

表 2.6 Intel 浮点类型格式

浮点类型	符号位	指数位数	有效数字整数位	尾数位数
float	1	←8 位→	0	←23 位→
double	1	←11 位→	0	←52 位→
long double	1	←15 位→	1	←63 位→

浮点表示扩大了数据的表示范围。浮点表示的指数部分确立了所表示数据的量级；浮点表示的有效数字或者尾数部分确立了所表示数据的精度。浮点表示的指数部分以无符号数形式保存，采用移码（biased exponent）表示；有效数字部分以有符号数形式保存。

2.3.2 移码

移码本身是无符号数，也可以说移码表示将一个含有符号位的数据表示迁移为无符号位的数据表示，这个偏移值（bias）就是这个有符号位的最小负数的绝对值。也就是说，当使用 8 位来表示移码时，其偏移值为 $|-127|$。移码表示之所以要去除符号位，是为了方便浮点运算过程中阶码对齐的复杂性。

浮点数据类型的阶码/指数部分是以移码的形式表示的。移码是数值自身加上偏移值。一个二进制数的移码就是在这个数的基础上加一个偏移值，单精度格式的偏移值是 127_{10}，双精度格式的偏移值是 1023_{10}，扩展双精度格式的偏移值是 16383_{10}。偏移值与移码所表示的无符号整数的位数有关。

对于单精度浮点数，可以将-127~128 之间的指数，转换至 0~255 之间，也就不存在保存负数的问题，这也是指数部分以无符号数形式保存的原因。而实际的指数值就是减去偏移值之后的数值。

在给出了移码表示之后，我们来看浮点数及其异常值的编码表示，如表 2.7 所示。

由于存在符号位，表 2.7 中的数学值 0 和无穷都存在正 0、负 0 及正无穷、负无穷表示。当使用非零值除以零时就会产生无穷值。

在浮点数编码中，规格化浮点的整数位是 1，非规格化浮点的整数位是 0。Intel 对于 32 位和 64 位的浮点数，其整数位是隐含的，不占用存储空间。

SNaN（signaling NaN）和 QNaN（quiet NaN）是 NaN（not a number）的两种形式。SNaN 一般被用于标记未初始化变量的值，以此来捕获未初始化变量使用异常。QNaN 一般表示未定义的算术运算结果，最常见的就是 0.0/0.0，即被除数和除数均为 0。当处理器所进行的算术运算产生 QNaN 结果时，并没有任何提示，计算也继续进行；只有当程序主动核实结果时，才会看到 NaN。这也是为什么称其为 Quiet。

表 2.7　浮点数和异常值编码

类别		符号位	指数	有效数字	
				整数	分数
正实数	正无穷	0	11..11	1	00..00
	规格化值	0 ⋮ 0	11..10 ⋮ 00..01	1 ⋮ 1	11..11 ⋮ 00..00
	非规格值	0 ⋮ 0	00..00 ⋮ 00..00	0 ⋮ 0	11..11 ⋮ 00..01
	+0	0	00..00	0	00..00
负实数	-0	1	00..00	0	00..00
	非规格值	1 ⋮ 1	00..00 ⋮ 00..00	0 ⋮ 0	00..01 ⋮ 11..11
	规格化值	1 ⋮ 1	00..01 ⋮ 11..10	1 ⋮ 1	00..00 ⋮ 11..11
	负无穷	1	11..11	1	00..00
异常值	SNaN	X	11..11	1	0X..XX（非零）
	QNaN	X	11..11	1	1X..XX
		1	11..11	1	10..00

浮点数据表示不是精确表示。不同的编译器和 CPU 体系结构有不同的表示精度，所以不同环境下的计算结果可能不完全相同。微软 Visual Studio 给出的双精度及长精度浮点有效数字位数（10 进制表示）为 15～16 位；单精度浮点有效数字位数（10 进制表示）为 6～7 位。微软 Visual Studio 所支持的一些浮点极值常数都包含在 float. h 文件中，具体为 FLT_MAX（单精度浮点最大值）、DBL_MAX（双精度浮点最大值）、LDBL_MAX（长精度浮点最大值）、FLT_MIN（单精度浮点最小正值）、DBL_MIN（双精度浮点最小正值）、LDBL_MIN（长精度浮点最小正值）等。图 2. 5 中的程序示例输出了微软 Visual Studio 能够表示的最大有限浮点数及最小规格化正浮点数。

由于浮点数据表示不是精确表示，两个浮点数的比较建议采用相差界限的方式，而不是直接比较相等的方式，关键代码列举如下：

```
if (fabs(result- expectedResult) < 0.000001) return true;
else return false;
```

这里的变量 result 和 expectedResult 的相差界限值就是 0. 000001，此值可以根据近似程度需求进行调整。

```
#include <float.h>
#include <stdio.h>

int main(int argc, char** argv)
{
  printf("[0] %f\n", FLT_MAX);
  printf("[1] %lf\n", FLT_MAX);
  printf("[2] %Lf\n", FLT_MAX);

  printf("[3] %e\n", FLT_MIN);
  printf("[4] %le\n", FLT_MIN);
  printf("[5] %Le\n", FLT_MIN);

  printf("[6] %f\n", FLT_MIN);
  printf("[7] %lf\n", FLT_MIN);
  printf("[8] %Lf\n", FLT_MIN);

  return 0;
}
```

```
C:\Windows\system32\cmd.exe
[0] 340282346638528860000000000000000000000.000000
[1] 340282346638528860000000000000000000000.000000
[2] 340282346638528860000000000000000000000.000000
[3] 1.175494e-038
[4] 1.175494e-038
[5] 1.175494e-038
[6] 0.000000
[7] 0.000000
[8] 0.000000
请按任意键继续. . .
```

图 2.5　微软 Visual Studio 表示的浮点极值测试程序和结果输出

2.4　指针型变量表示

在计算机高级编程语言中，程序员可以通过名来指示一个变量，例如 i、name 等；也可以通过地址来指示一个变量。使用变量名时，这个变量也是有存储地址的，只是程序语言翻译工具协助将变量名与其存储地址关联，也因此允许程序员只通过名来访问该变量。如果通过地址来指示一个变量，就要用到指针（pointer）。指针是一种变量类型，用于描述另外一个变量所在的存储器地址。指针与要访问对象的地址关联。在C语言中，指针类型变量用于指向存储器地址。指针类型变量的使用需要程序员明确两个概念，一个是要访问的数据，另外一个是要访问数据的地址。

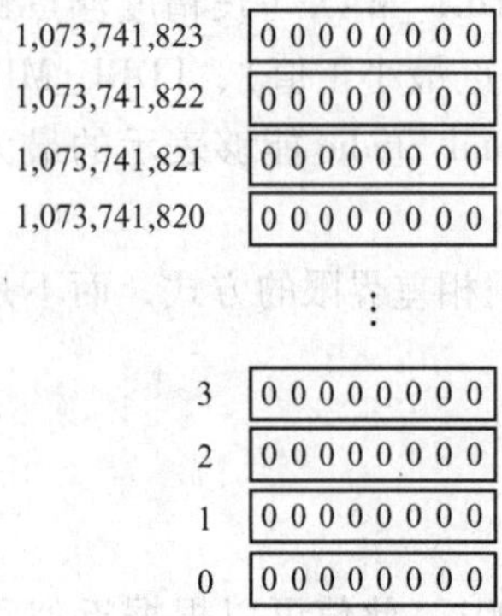

地址	存储单元
1,073,741,823	00000000
1,073,741,822	00000000
1,073,741,821	00000000
1,073,741,820	00000000
	⋮
3	00000000
2	00000000
1	00000000
0	00000000

图 2.6　1 GB 存储空间示意（地址：存储单元）

2.4.1　存储器编址

存储器的最小信息单位是位（bit）。但是，存储器被访问的最小信息一般是字节（byte）。因此，存储器通常按字节（byte）编址，即存储器中每个字节都有一个地址。存储器字节地址从0开始，顺序加1，直至最高地址。对于一个具有1 GB存储容量的地址空间，其地址和存储单元如图 2.6 所示。

为了容易理解，图 2.6 中的地址是用十进制表示的，尽管多数情况下地址是用十六进制形式表示。1 GB = 1024×1024×1024 B = 1 073 741 824 B，即 1 GB 容量的存储空间有 1 073 741 824 个字节存储单元。图 2. 6 中，存储单元内容全部是 0，并且起始字节存储单元地址从 0 开始，因此最高存储地址是 1073741824-1 = 1 073 741 823。更大容量的存储空间也与图 2. 6 模式相同。

多个字节构成字（word），但是不同体系结构的计算机字长不同，例如 MIPS 处理器字长为 32 位，而 IA-32 处理器字长为 16 位。无论字长怎样，计算机字都是由多个字节构成，按照从左到右的字节排列顺序分别定义为最高有效字节（most significant byte，MSB）和最低有效字节（least significant byte，LSB）。对于一个由四字节组成的字而言，例如：0x12345678，位于最左端的字节 12 是最高有效字节，而位于最右端的字节 78 是最低有效字节。

如图 2. 7 所示，计算机为一个整型变量 i 分配 4 个字节的地址空间：

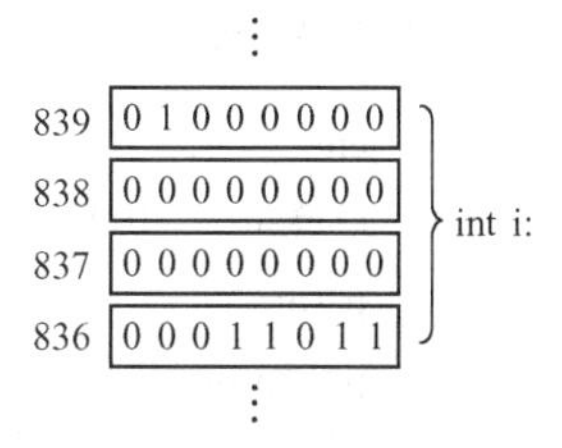

图 2. 7　32 位整型变量的地址空间示意

i 占用 836~839 四个地址单元。通常变量的地址使用其最低字节地址，这里整型变量 i 的地址是 836。对于存储器的某一个地址而言，它有可能既是一个字节的地址，也是一个字的地址。C 语言中用 & 运算符获取变量的存储地址，结合整型变量 i 的地址，&i = 836。C 语言设计了指针类型变量，用于指向另一个变量（例如 i）的地址。依据所指向的变量类型不同，指针也具有与之相匹配的类型。例如，指向整型变量的指针称为整型指针，而指向字符型变量的指针称为字符型指针。

图 2. 8 中的程序代码示意了指针型变量的使用方法。

```
#include <stdio.h>
int main()
{
  int i = 10;
  int x = 11;
  register int *px =&x;
  int *a=&i;
  printf("*a=%d, a=%p, &i=%p\n", *a, a, &i);
  for(x=0;x<10;x++){
    printf("*px=%d, px=%p, &x=%p\n",*px,px,&x);
  }
  return 0;
}
```

```
C:\Windows\system32\cmd.exe
*a=10, a=0029F7D8, &i=0029F7D8
*px=0, px=0029F7CC, &x=0029F7CC
*px=1, px=0029F7CC, &x=0029F7CC
*px=2, px=0029F7CC, &x=0029F7CC
*px=3, px=0029F7CC, &x=0029F7CC
*px=4, px=0029F7CC, &x=0029F7CC
*px=5, px=0029F7CC, &x=0029F7CC
*px=6, px=0029F7CC, &x=0029F7CC
*px=7, px=0029F7CC, &x=0029F7CC
*px=8, px=0029F7CC, &x=0029F7CC
*px=9, px=0029F7CC, &x=0029F7CC
请按任意键继续. . .
```

图 2. 8　使用指针型变量的示例程序

整型指针变量 px 保存整型变量 x 的存储地址，尽管 x 的内容（即 * px）在不断改变，但是指针 px 所保存的变量 x 的存储地址（即输出显示的 0029F7CC）始终没有变化，而指针指向存储地址单元的内容却在不断改变。在描述形式上，指针变量前面带有 * 符号时，就会取得该指针变量指向的存储单元所保存的数据。图 2.8 中的程序段还特别使用 register 关键字声明将指针变量 px 放在寄存器中，以进一步加快对指针变量的访问速度。register 是一个“建议”型关键字，意指程序建议该变量放在寄存器中，但最终该变量可能因为条件不满足并未成为寄存器变量，而是被放在了存储器中，但是编译器对此并不报错。

指针保存另外一个变量的存储器地址，C 语言程序中经常通过指针类型变量指向数组。在 C 语言中，数组名代表了数组中首个元素（即第 0 个元素）的地址，如果让指针变量指向数组，就可以通过指针运算快速地从一个数组元素地址变换指向下一个数组元素的地址。下面的程序段展示指针与数组之间的关系：

```
char  *p;              //声明指针变量 p
char array[100];       //声明数组变量 array
p=array;               //让指针 p 指向数组 array
p=&array[0];           //这是让指针 p 指向数组 array 的另外一种表达方式
```

此时，* p 代表了 array[0]，而 * (p+1) 代表了 array[1]。

2.4.2 寄存器

图 2.8 中的代码涉及了寄存器（register），本节介绍寄存器及相关概念。

寄存器是 CPU 或处理器内部的存储单元，用于临时保存数据。寄存器内的数据可能被送往运算单元进行运算，或是来自运算单元刚刚产生的运算结果。寄存器存放的内容可以是数据信息也可能是地址信息或是控制信息等。从寄存器读出或向寄存器写入信息的速度很快（相对于计算机主存储器），即寄存器的访问速度很快。寄存器的位数以及寄存器的个数都与处理器的性能有关，32 位体系结构处理器采用 32 位通用寄存器，而 64 位处理器采用 64 位通用寄存器。不同体系结构的计算机设置寄存器的数量也是不同的，并且对寄存器的表示符号也不相同。表 2.8 列举了 Intel 体系结构支持的部分寄存器。

表 2.8 Intel 体系结构寄存器

寄存器种类	寄存器名
8 位通用寄存器	AH，BH，CH，DH，AL，BL，CL，DL
16 位通用寄存器	AX，BX，CX，DX，SI，DI，SP，BP
32 位通用寄存器	EAX，EBX，ECX，EDX，ESI，EDI，ESP，EBP
64 位通用寄存器	RAX，RBX，RCX，RDX，RSI，RDI，RSP，RBP，R8-R15
64 位 MMX 寄存器	MMX0~MMX7
128 位 XMM 寄存器	XMM0~XMM15
256 位 YMM 寄存器	YMM0~YMM15

目前 XMM0~XMM15 寄存器分别使用 YMM0~YMM15 的低 128 位，因此这两类寄存器不可能同时使用。8 个 32 位通用寄存器 EAX、EBX、ECX、EDX、EBP、ESI、EDI 和 ESP

还可分别以 AX、BX、CX、DX、BP、SI、DI 和 SP 的形式访问，作为 16 位寄存器使用。其中 AX、BX、CX 和 DX 的高 8 位和低 8 位又可分别以 AH、AL、BH、BL、CH、CL、DH 和 DL 的形式访问，作为 8 位寄存器使用。16 个 64 位通用寄存器 RAX、RBX、RCX、RDX、RBP、RSI、RDI、RSP、R8-R15，其中 R8-R15 在 64 位模式下还可以字节（R8L-R15L）、字（R8W-R15W）以及双字（R8D-R15D）形式使用。

对一个变量进行频繁读写时，需要反复访问内存，从而花费大量的存取时间。为此，C 语言提供了一种变量，即寄存器变量。这种变量存放在 CPU 的寄存器中，使用时不需要访问存储器，从而提高效率。寄存器变量的说明符就是 register。对于循环次数较多的循环控制变量及循环体内反复使用的变量均可定义为寄存器变量，而循环计数是应用寄存器变量的最好候选者。

下面是一个采用寄存器变量的例子：

```
/*求 1+2+3+…+n 的值 */
WORD Addition(BYTE n) {
  register i,s=0;
  for(i=1;i<=n;i++)
    s=s+i;
  return s;
}
```

该程序段将累加和放在变量 s 中，循环变量和累加变量是同一个变量，即变量 i。i 和 s 都被频繁使用，因此可定义为寄存器变量。

2.5　结构型变量表示

如果将字符型、整型、浮点型变量称为简单变量，结构型变量就是若干相同或者不同类型的简单变量组成的复杂变量。结构类型适于描述某类多属性复杂变量，例如员工姓名、工号、工资信息，可以定义如下结构变量表示。

```
struct person
{
    char name[50];
    int identification;
    float salary;
};
```

该结构体变量占用的存储空间可以通过图 2.9 中的 C 程序段观察。

程序输出显示该结构体变量共占用 60 字节存储空间，但实际上字符数组 name［50］（实际占用 50 字节）、整型变量 identification（实际占用 4 字节）和浮点型变量 salary（实际占用 4 字节）合起来只有 58 字节，额外的 2 字节是怎么产生的呢？personel1. name 的输出地址是 0017FE50（这是一个十六进制显示），personel1. identification 并没有从 0017FE82 开始，

```
#include <stdio.h>
struct person{
        char name[50];
        int identification;
        float salary;
    };
main(void){
    struct person personel1={'Bob',2019,8970.0};
    printf("The size of struct person is %d\n", sizeof(personel1));
    printf("The address of personel1.name is %p\n", &personel1.name);
    printf("The address of personel1.identification is %p\n", &personel1.identification);
    printf("The address of personel1.salary] is %p\n", &personel1.salary);
    return 0;
}
```

```
C:\Windows\system32\cmd.exe
The size of struct person is 60
The address of personel1.name is 0017FE50
The address of personel1.identification is 0017FE84
The address of personel1.salary] is 0017FE88
请按任意键继续. . .
```

图 2.9　结构体变量存储地址显示示例程序

而是从 0017FE84 开始，这两个地址之间相差 2 个字节单元，而实际上 personel1. name 在 0017FE82 和 0017FE83 两个存储单元并没有保存内容。这里就涉及存储对齐问题。

2.5.1　存储对齐

对齐（alignment）是关于存储地址的一个属性，表现为一个数的存储地址是其长度的整数倍数，即 A mod S=0，这里 A 为数据的存储地址，S 为该数据的字节长度。一个数据在存储器中的地址是其长度的整数倍时，该数据的存储就是对齐存储，否则就是非对齐（misaligned）存储。对齐又称为对准，本书对此不做具体区分。

对齐有助于 CPU 从存储器中有效地存取数据。由于存储器一次可访问的信息宽度有限，因此对于目标的存储最好不要跨越存储器边界。这样可以防止为了一个数据进行两次访存操作，减少总线传送次数，避免性能损失。尽管 Intel 32 位体系结构并没有强制要求数据对齐存储，但是仍然建议通过数据对齐存储来提高访问性能。

现代编译器具有数据对齐处理能力，能协助处理器给数据指派具有对齐特性的存储地址。例如图 2.9 的程序段中，在字符数组变量 personel1. name 之后编译器就进行了 2 字节的填充（pad），从而使得整型变量 personel1. identification 和浮点型变量 personel1. salary 都具有对齐的存储地址。这也是为什么那个结构体总的字节数多了 2。

下面再给出两个示例进一步说明微软 VC++对于结构体成员的存储对齐处理。

【例 2.7】 一个要求 8 字节对齐的结构体声明，以及该结构体元素的存储布局：

```
_declspec (align(8)) struct{
    int a;            //+0;size = 4 bytes
    double b;         //+8;size = 8 bytes
    short c;          //+16;size = 2 bytes
}
```

0	1	2	3	4	5	6	7	8	9	10	11	12	13	14	15	16	17	18	19	20	21	22	23
a								b								c							

每个数字编号代表一个字节地址，该结构体一共占用24字节空间，这里被填充的字节空间是10。

【例2.8】一个要求4字节对齐的结构体声明，以及该结构体元素的存储布局：

```
_declspec (align(4)) struct{
    char a;        //+0;size = 1 bytes
    short b;       //+2;size = 2 bytes
    char c;        //+4;size = 1 bytes
    int d;         //+8;size = 4 bytes
}
```

0	1	2	3	4	5	6	7	8	9	10	11
a		b		c				d			

该结构体一共占用12字节空间，这里被填充的字节空间是4。读者可以试想一下，如果使结构体占用的空间尽可能小一些，你会怎样排列结构体内的成员变量呢？

上面的示例只是给出了a、b、c、d变量的起始存放地址，对于多字节的变量如例2.7中的a（4字节）、b（8字节）或者例2.8中的b（2字节）、d（4字节），这些变量各自的多字节是如何排序存放的呢？这就涉及字节排序（byte ordering）问题。

2.5.2　字节排序

处理器体系结构通常有两种方式将多字节数值数据保存在存储器中，其差异就是字节排序。IA-32（32-bit Intel Architecture）中每个字由2个字节构成，当这个字存入存储器时，其最低有效字节放在存储器地址较低的存储单元，而最高有效字节放在存储器地址较高的存储单元。这种字节在字中的排列次序称为低端字节排序（little-endian order）。SPARC-V8体系结构定义字的长度是4个字节，当这个字存入存储器时，其最高有效字节放在存储器地址较低的存储单元，而最低有效字节放在存储器地址较高的存储单元，这种字节在字中的排列次序称为高端字节排序（big-endian order）。也有处理器设计支持两种字节排序方法，如SPARC-V9、MIPS及Intel Itanium（IA-64）同时支持高端字节排序和低端字节排序，但是这两种字节排序不能同时有效，只能选择其一。

下面给出两种字节排序的实例。

对于结构体变量：

```
struct{
    UInt32   int1;
    UInt32   int2;
}aStruct;
aStruct.int1 =0x01020304;
aStruct.int2 =0x05060708;
```

结构体 aStruct 的两个元素在不同字节排序的计算机中存储的次序如图 2. 10 所示，图中存储器是按字节编址，即每个字节空间有一个地址。假设 aStruct. int1 和 aStruct. int2 的存储地址分别是 98~9B 和 9C~9F，在低端字节排序和高端字节排序的机器上 aStruct. int1 最低有效字节 04 分别存放在 98 和 9B 存储单元；同理 aStruct. int2 最低有效字节 08 分别存放在 9C 和 9F 存储单元。

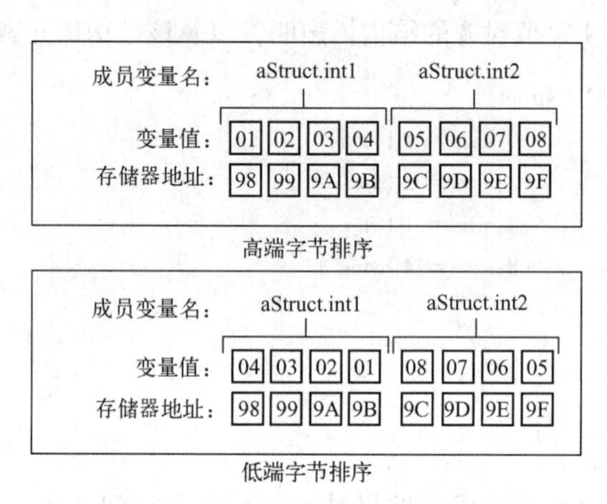

图 2. 10　低端字节排序和高端字节排序示例

该代码在 Intel Core i5-2410M 处理器，使用微软 VC++编译运行结果如图 2. 11 所示。

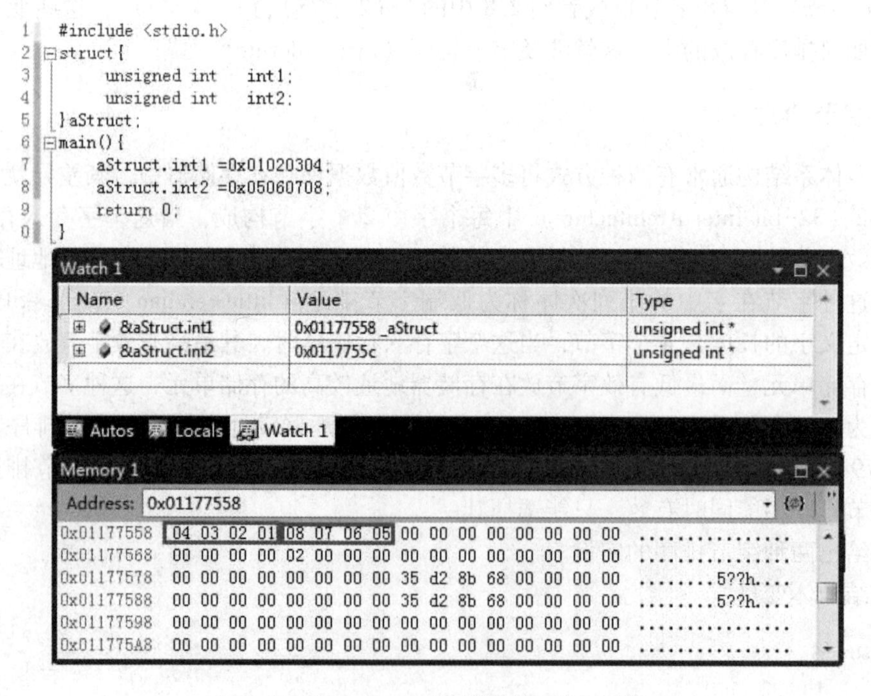

图 2. 11　Intel Core 系列低端字节排序示例

通过设置断点（breakpoint）可以观察程序执行过程的细节，在程序某语句处单击鼠标右键即可插入断点。在 VC++的 Watch 窗口输入获取变量的地址，例如图 2. 11 中

的 &aStruct. int1 和 &aStruct. int2，然后在 Debug→Windows→Memory 中输入获取的地址，即可看到此地址区域的存储内容。结构体变量 aStruct. int1 和 aStruct. int2 的存储地址分别为 0x1177558 和 0x117755C。在 0x1177558、0x1177559、0x117755A 和 0x117755B 字节单元内，保存的内容分别是 04、03、02、01；在 0x117755C、0x117755D、0x117755E 和 0x117755F 字节单元内，保存的内容分别是 08、07、06、05。图 2. 11 中的输出结果表明将最低有效字节存放在了最低地址单元，与 Intel 采用低端字节排序策略吻合。

2. 6　合成式 SIMD 数据类型

Intel64 和 IA-32 体系结构定义了 64 位和 128 位合成式（packed）数据类型，该数据类型用于支持 SIMD 操作，即多组数据同时进行一种指令运算。这些合成式数据的基础类型可以是字节、字、双字和四字，如果作为数值类型使用时，合成式数据又可以是整型、浮点类型。SIMD 运算操作是一种汇编层指令级操作，能够进行多组数据运算。

2. 6. 1　64 位 SIMD 合成式数据类型

64 位合成式 SIMD 数据类型是 IA - 32 体系结构在推出 Intel MMX（multi - media eXtension）技术时引入的向量化数据类型，并在此结构中设置了 MMX 寄存器，用来存放合成式 SIMD 数据。Intel MMX 技术宗旨是加速多媒体和通信应用，例如 3D 双线性纹理映像、傅里叶变换、中值滤波等，这些应用具有计算密集型特征，包含大量的向量计算。SIMD 合成式数据类型能够有效地挖掘这些领域应用算法中的并行性。

Intel 64 位合成式 SIMD 数据类型如图 2. 12 所示。一个 64 位合成式 SIMD 数据可以是 8 个基础型字节数据、4 个基础型字数据或者 2 个基础型双字数据；也可以是 8 个字节整型数据、4 个字整型数据或者 2 个双字整型数据。

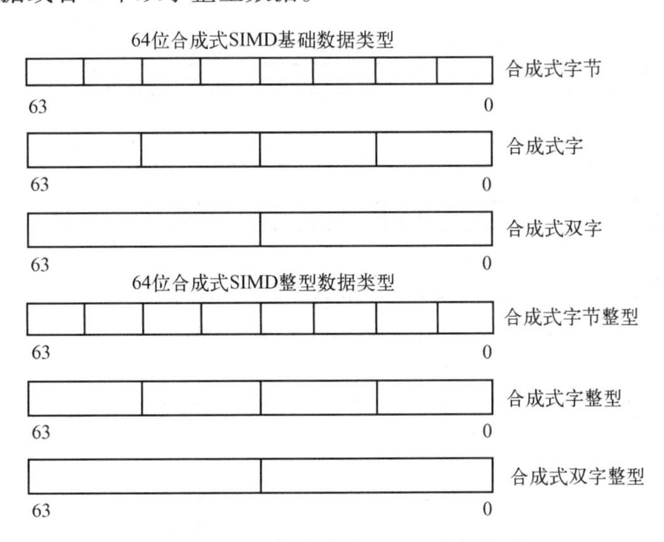

图 2. 12　64 位合成式 SIMD 数据类型

Intel 处理器有 8 个 64 位 MMX0~MMX7 寄存器支持 SIMD 运算。下面举例说明一条使用 MMX 寄存器的指令，例如 PADDW MMX0，MMX1，该指令将 MMX0 和 MMX1 寄存器中保存的合成式数据做加法运算，这里进行的是 4 对 word integer 的加法运算，然后将运算结果放在 MMX0 中，当然 MMX0 中包含的是 4 个结果！这种数据合成方式的指令所体现的单指令流多数据流的执行模型如图 2. 13 所示。图 2. 13 所展示的 SIMD 执行模型是一种典型的数据级并行，GPU 多核的同时执行也属于数据级并行。

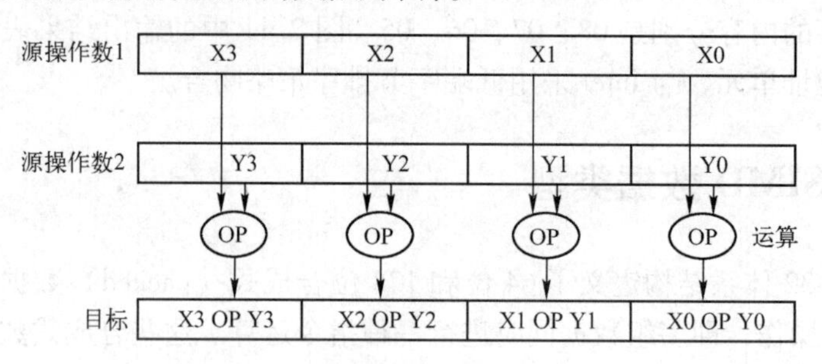

图 2. 13 SIMD 执行模型

2. 6. 2 128 位 SIMD 合成式数据类型

与 64 位的合成式 SIMD 数据类型相比，128 位的合成式 SIMD 数据类型扩展到对浮点数据的支持。图 2. 14 所示为 Intel 128 位合成式 SIMD 数据类型。

128位合成式SIMD基础数据类型

合成式字节 0

合成式字 127 0

合成式双字 127 0

合成式四字 127 0

128位合成式SIMD浮点及整型数据类型

合成式单精度浮点 127 0

合成式双精度浮点 127 0

合成式字节整型 127 0

合成式字整型 127 0

合成式双字整型 127 0

合成式四字整型 127 0

图 2. 14 128 位合成式 SIMD 数据类型

Intel 自 Pentium Ⅲ开始引入了 SSE（streaming SIMD extensions）技术。SSE 技术属于处理器技术，与只能处理单一数据的指令相比，SSE 延伸 MMX 技术，允许一条指令处理多组数据，使 IA-32 处理器的性能得以增强，特别表现在用于二维/三维图形、动态视频、图像处理、语音识别、声音合成以及视频会议等应用领域。SSE 使用合成式单精度浮点数据类型，即一个 128 位的信息可以分解为 4 个 32 位单精度浮点数据。

Intel 自 Pentium 4 和 XEON 处理器开始引入了 SSE2 技术。SSE2 增加了合成式双精度浮点数据类型以及 4 种合成式整型数据类型。SSE/SSE2 编程环境包括 XMM0~7 寄存器、128 位合成式 SIMD 数据类型以及 SSE/SSE2 指令，例如 ADDPS XMM1，XMM2 指令可以完成 4 对 32 位单精度浮点数的加法运算，该运算中使用的 4 对操作数分别在 XMM1 和 XMM2 寄存器中，并将计算结果保存在 XMM1 寄存器中。

微软 VC++提供了 xmmintrin. h 对 128 位合成式 SIMD 数据类型进行支持。xmmintrin. h 中定义了__m128 数据类型如下：

```
typedef union __declspec(intrin_type) _CRT_ALIGN(16) __m128 {
        float                   m128_f32[4];
        unsigned __int64        m128_u64[2];
        __int8                  m128_i8[16];
        __int16                 m128_i16[8];
        __int32                 m128_i32[4];
        __int64                 m128_i64[2];
        unsigned __int8         m128_u8[16];
        unsigned __int16        m128_u16[8];
        unsigned __int32        m128_u32[4];
} __m128;
```

其中的无符号整型 unsigned __int8、unsigned __int16、unsigned __int32、unsigned __int64 分别对应机器数据表示中的基础数据类型，即合成式字节、合成式字、合成式双字、合成式四字。这里的 unsigned __int8 等数据类型也是微软 Visual Studio VC++特有的数据类型。读者可以思考一下，这里为什么是 m128_u8[16]、m128_u16[8]、m128_u32[4]、m128_u64[2]。有符号整型__int8、__int16、__int32、__int64 分别对应机器数据表示中的整型数据类型，即合成式字节整型、合成式字整型、合成式双字整型、合成式四字整型。这里只支持了合成式单精度浮点数据类型，即 float m128_f32[4]。

在 C/C++程序代码中，SIMD 类型变量的定义使用__m128，对于该类型数据所进行的运算通过调用相应的函数完成。例如，对于一个合成式单精度浮点数据 x 的赋值可以使用语句：__m128 x = __mm_set_ps (4. 0f, 3. 0f, 2. 0f, 1. 0f)；这里的 x 如同一个具有四个分量的向量。而对于这个向量的运算，例如求其平方根，则可以通过__m128 xSqrt = __mm_sqrt_ps(x)语句求得，此时一条指令同时得出四个结果！这正是 SIMD 指令加速运算的体现。

xmmintrin. h 中并没有对双精度 SIMD 数据类型提供支持，但是 emmintrin. h 对双精度 SIMD 数据类型提供了支持，如下所示：

```
typedef struct __declspec(intrin_type) _CRT_ALIGN(16) __m128d {
        double                  m128d_f64[2];
} __m128d;
```

对于双精度 SIMD 数据类型的声明就需要使用__m128d 了，而且在代码中包含的头文件还需要有 emmintrin. h。

Intel 在其 Pentium 4 系列后续的处理器又推出 SSE3，在早期的 Core 系列处理器推出 SSSE3（suplemental SSE3），在其 64 位处理器中推出 SSE4 技术。SSE3 到 SSE4 技术的进展过程中，虽然没有引入新的 SIMD 数据类型，但是相继增加了新的 SIMD 指令。例如图 2. 15 的示例中增加的异构加减运算指令（ADDSUBPD），这里的异构体现在一条指令完成了两种不同的运算，前半段操作数进行加法运算，后半段操作数进行减法运算。图 2. 16 的示例中增加的水平移动加法运算指令（HADDPD），两个源操作数各自的前半段和后半段进行加法运算，然后将两个运算结果拼接。这些指令在数字信号处理，例如快速傅里叶变换算法，获得了应用。

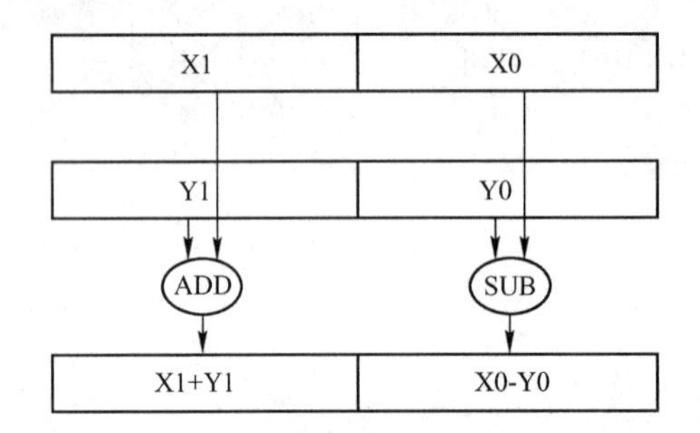

图 2. 15 ADDSUBPD 异构加减运算指令

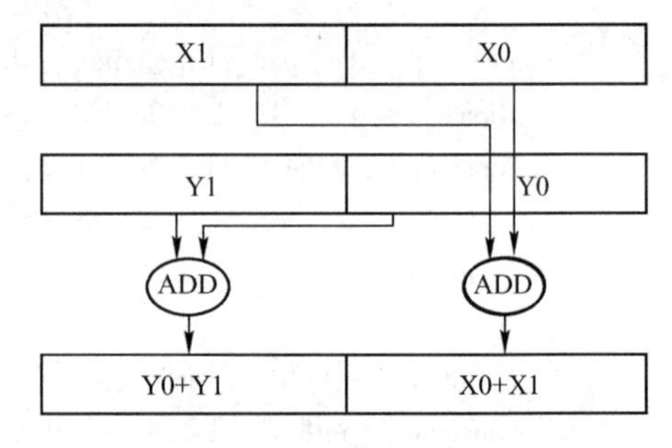

图 2. 16 HADDPD

微软 Visual Studio VC++提供了 pmmintrin. h 对 SSE3 进行支持，SSE3 新增指令的调用函数如下。

```
/*
 * New Single precision vector instructions.
 */
extern __m128 _mm_addsub_ps(__m128 a, __m128 b);
extern __m128 _mm_hadd_ps(__m128 a, __m128 b);
extern __m128 _mm_hsub_ps(__m128 a, __m128 b);
extern __m128 _mm_movehdup_ps(__m128 a);
extern __m128 _mm_moveldup_ps(__m128 a);
```

上述新增加的指令有利于加速图形、多媒体等应用中的向量运算等操作。Intel 于 2011 年在其第 2 代 Core 处理器系列产品中推出了 AVX（advanced vector extension）技术。AVX 进一步扩展了 SIMD 指令集，并且支持 256 位寄存器 YMM0 ~ YMM15。Intel 在 2013 年第 4 代 Core 处理器系列产品中推出了 AVX2，进一步增强了指令的向量处理能力。Intel 在 2016 年底推出的 Xeon Phi 处理器已经宣布支持 AVX-512 指令集，增加了 32 个 512 位向量寄存器 ZMM0 ~ ZMM31，使得 SIMD 指令的并行计算能力达到了一个更新的高度。

习题 2

2. 1 将 45_{10}转换为十六进制表示的数；将 $9F2D_{16}$转换为十进制表示的数。

2. 2 对于 IA-32 体系结构的一个 quadword 类型数据，如果将其放在存储器中保存，并且考虑存储器对准（alignment）特性，它放在存储器中的地址特征是什么？

2.3　考虑下面 C 程序段对 show_bytes 的 3 次调用：

```
#include <stdio.h>
typedef unsigned char * byte_pointer;
void show_bytes( byte_pointer start, int len)
{
    int i;
    for( i = 0;  i < len; i++)
        printf ( “ %2x”, start[ i] );
    printf( "\n" );
}
int main( )
{
    int val = 0x12345678;
    byte_pointer valp = ( byte_pointer) &val;
    show_bytes( valp, 1);     /* A. */
    show_bytes( valp, 2);     /* B. */
    show_bytes( valp, 3);     /* C. */
}
```

对于低端字节排序和高端字节排序的计算机，其 A、B、C 标注对应的输出分别是什么？

2.4　对于图 2.17 中所示的存储器，采用高端字节排序，请回答下列问题：

（1）图 2.17 中 H 代表的含义是什么？

（2）地址为 AH 的 doubleword 的内容是什么？

（3）地址为 AH 的 word 的内容是什么？

（4）地址为 9H 的字节的内容是什么？

（5）地址为 0 的 quadword 的内容是什么？

（6）该图所展示的存储区域的容量是多少？

（7）同一个存储地址所包含的存储内容是否相同？存储内容与什么有关？

内容	地址
12H	EH
7AH	DH
FEH	CH
06H	BH
36H	AH
1FH	9H
A4H	8H
23H	7H
0BH	6H
45H	5H
67H	4H
74H	3H
CBH	2H
31H	1H
12H	0H

图 2.17　存储区域示例

2.5　为什么通过 UTF-32 字符串占用的字节空间就可以知道该字符串所包含的字符数量？

2.6　如果一个体系结构具有按存储器边界对准的特性，则被保存的目标（object）的存储地址 A 与该目标的字节长度 S 之间应该满足 A mod S=0。例如，要将一个 2 字节宽度的字保存在存储器中，并且要遵循按边界对准的存储特性，那么该字放在存储器的位置只能选择具有 $X\cdots X0_2$特征的存储器地址。同理，要将一个 4 字节宽度的双字（double word）保存在存储器中，那么该目标放在存储器的位置只能选择具有 $X\cdots X00_2$特征的存储器地址。对于 double 类型的变量，如果考虑其存储对准的特性，试描述其起始存放地址特征。

2.7　图 2.18 所示的程序及其运行输出反映了结构体成员变量的起始位置特点。

```c
#include "stdio.h"
#include "stddef.h"
int main(){
    struct x{
    char a;
    double z;
    char c;
    int y;
    };
    printf("sizeof(x)=%d\n",sizeof(x));
    printf("offsetof(x,a)=%d\n",offsetof(x,a));
    printf("offsetof(x,z)=%d\n",offsetof(x,z));
    printf("offsetof(x,c)=%d\n",offsetof(x,c));
    printf("offsetof(x,y)=%d\n",offsetof(x,y));
    return 0;
}
```

```
C:\Windows\system32\cmd.exe
sizeof(x)=24
offsetof(x,a)=0
offsetof(x,z)=8
offsetof(x,c)=16
offsetof(x,y)=20
请按任意键继续. . .
```

图 2.18　结构体变量存储特点示例

图 2.18 中的输出显示结构体占用 24 字节空间，其第一个成员变量 a 的存储位置也是结构体的起始地址；其第二个成员变量 z 的存储位置是距离结构体起始位置间隔 8 个字节的位置；其第三个成员变量 c 的存储位置是距离结构体起始位置间隔 16 个字节的位置；其第四个成员变量 y 的存储位置是距离结构体起始位置间隔 20 个字节的位置。虽然 a 只占用 1 个字节，但是它之后被编译器填充了 7 个字节；z 占满了之后的 8 个字节；c 也只占用 1 个字节，但是它之后被编译器填充了 3 个字节；y 占用了最后 4 个字节。本程序在以下平台（编译器为 Visual Studio 2010 提供）运行。

处理器：Intel(R)Core(TM)i5-2410M CPU @ 2.30 GHz 2.30 GHz。

安装内存(RAM)：6.00 GB（2.92 GB 可用）。

系统类型：32 位操作系统。

尝试在 64 位平台运行此程序，并观察输出结果。

2.8　存储器对准与处理器中 cache 访问性能相关，非对准存储数据会影响访问性能。VC++编译器对结构体成员存储对准（struct member alignment）在 C/C++代码生成（code generation）时提供了配置选择，如图 2.19 所示。

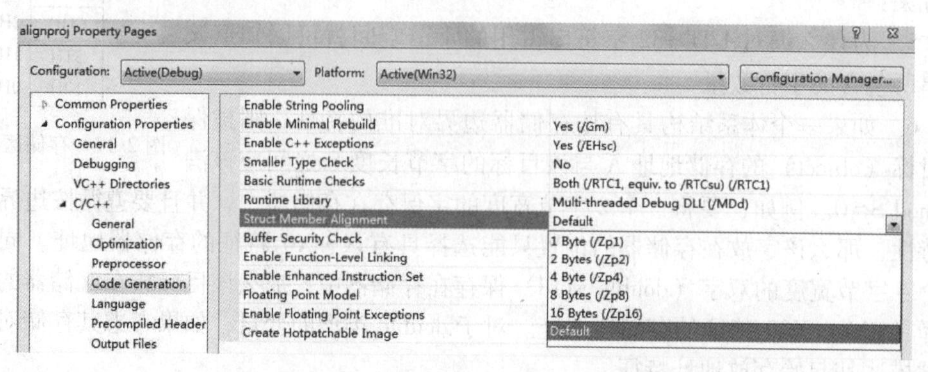

图 2.19　结构体成员存储对准配置

通过编译选项/Zp[num]设置结构体成员存储对准边界，其默认值（default）对于 32 位处理器为 4 字节边界，对于 64 位处理器为 8 字节边界。图 2.20 的程序在 i5-2410M CPU 2.30 GHz\ 32 位 Win7 平台（编译器为 Visual Studio 2010 提供）运行：

```
#include "stdio.h"
#include "stddef.h"
int main(){
    struct x{
    int a;
    double b;
    short c;
    };
    printf("sizeof(x)=%d\n",sizeof(x));
    printf("offsetof(x,a)=%d\n",offsetof(x,a));
    printf("offsetof(x,b)=%d\n",offsetof(x,b));
    printf("offsetof(x,c)=%d\n",offsetof(x,c));
    return 0;
}
```

```
C:\Windows\system32\cmd.exe
sizeof(x)=24
offsetof(x,a)=0
offsetof(x,b)=8
offsetof(x,c)=16
请按任意键继续. . .
```

```
#include "stdio.h"
#include "stddef.h"
int main(){
    struct x{
    char a;
    short b;
    char c;
    int d;
    };
    printf("sizeof(x)=%d\n",sizeof(x));
    printf("offsetof(x,a)=%d\n",offsetof(x,a));
    printf("offsetof(x,b)=%d\n",offsetof(x,b));
    printf("offsetof(x,c)=%d\n",offsetof(x,c));
    printf("offsetof(x,d)=%d\n",offsetof(x,d));
    return 0;
}
```

```
C:\Windows\system32\cmd.exe
sizeof(x)=12
offsetof(x,a)=0
offsetof(x,b)=2
offsetof(x,c)=4
offsetof(x,d)=8
请按任意键继续. . .
```

图 2.20　两种结构体变量存储对比

（1）结合 2.5.1 节中的实例，根据存储布局分析其默认的/Zp 值。

（2）如果在程序中控制存储对准，如图 2.21 程序和运行结果，试与默认/Zp 做对比。

```
#include "stdio.h"
#include "stddef.h"
int main(){
    __declspec(align(8)) struct x{
    char a;
    short b;
    char c;
    int d;
    };
    printf("sizeof(x)=%d\n",sizeof(x));
    printf("offsetof(x,a)=%d\n",offsetof(x,a));
    printf("offsetof(x,b)=%d\n",offsetof(x,b));
    printf("offsetof(x,c)=%d\n",offsetof(x,c));
    printf("offsetof(x,d)=%d\n",offsetof(x,d));
    return 0;
}
```

```
C:\Windows\system32\cmd.exe
sizeof(x)=16
offsetof(x,a)=0
offsetof(x,b)=2
offsetof(x,c)=4
offsetof(x,d)=8
请按任意键继续. . .
```

图 2.21　显式控制的存储器对准

2.9　存储器对准（memory alignment）是指选择数据保存的位置时要考虑存储器的自然边界（natural boundary），如果不是超长数据存储，就不要跨越存储器的自然边界。由于存储器一次可访问的信息宽度有限，因此对于目标的存储最好不要跨越存储器边界，这样可以节省访问时间。如果一个字的存储跨越了存储器的访问边界，如图 2.22 所示，对于这个字的访问需要花费几次访存时间？

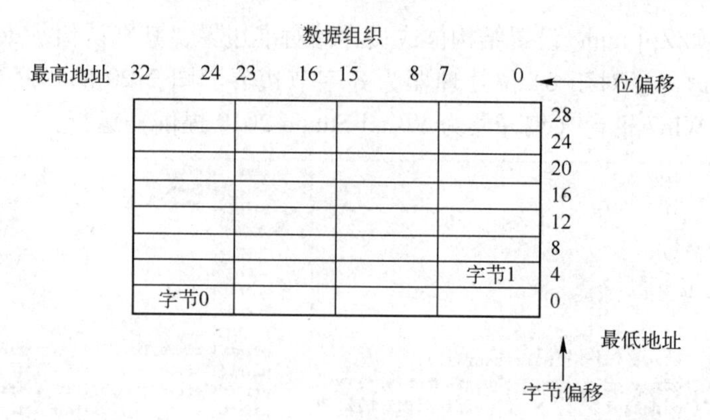

图 2.22 跨边界存储示例

2.10 阅读下面启用 SIMD 功能的 C 程序代码:

```
#include "stdio.h"
#include <xmmintrin.h>   // Need this for SSE compiler intrinsics
#include <math.h>        // Needed for sqrt in CPU-only version
#include <time.h>

int main(int argc, char * argv[])
{
    printf("Starting calculation...\n");
    const int length = 64000;

    // We will be calculating Y = SQRT(x) / x, for x = 1->64000
    // If you do not properly align your data for SSE instructions, you may take a huge performance hit.
    float *pResult = (float *) _aligned_malloc(length * sizeof(float), 16);// align to 16-byte
    for SSE
    __m128 x;
    __m128 xDelta = _mm_set1_ps(4.0f);// Set the xDelta to (4,4,4,4)
    __m128 *pResultSSE = (__m128 *) pResult;

    const int SSELength = length / 4;
    clock_t clock1=clock();
    #define TIME_SSE// Define this if you want to run with SSE
    #ifdef TIME_SSE
        // lots of stress loops so we can easily use a stopwatch
        for (int stress = 0; stress < 1000; stress++)
        {
                // Set the initial values of x to (4,3,2,1)
            x = _mm_set_ps(4.0f, 3.0f, 2.0f, 1.0f);
            for (int i=0; i < SSELength; i++)
            {
                __m128 xSqrt = _mm_sqrt_ps(x);
```

```
            // Note! Division is slow. It's actually faster to take the reciprocal of a number and multiply
            // Also note that Division is more accurate than taking the reciprocal and multiplying

                #define USE_DIVISION_METHOD
                #ifdef USE_FAST_METHOD
                    __m128 xRecip = _mm_rcp_ps(x);
                    pResultSSE[i] = _mm_mul_ps(xRecip, xSqrt);
                #endif //USE_FAST_METHOD
                #ifdef USE_DIVISION_METHOD
                    pResultSSE[i] = _mm_div_ps(xSqrt, x);
                #endif// USE_DIVISION_METHOD
                // Advance x to the next set of numbers
                x = _mm_add_ps(x, xDelta);
            }
        }
        clock_t clock2=clock();
        printf("SIMDtime:%d ms\n",1000*(clock2-clock1)/CLOCKS_PER_SEC);
    #endif// TIME_SSE

    #define TIME_noSSE
    #ifdef TIME_noSSE
        clock_t clock3=clock();
        // lots of stress loops so we can easily use a stopwatch
        for (int stress = 0; stress < 1000; stress++)
        {
            clock_t clock3=clock();
            float xFloat = 1.0f;
            for (int i=0 ; i < length; i++)
            {
            // Even though division is slow, there are no intrinsic functions like there are in SSE
                pResult[i] = sqrt(xFloat) / xFloat;
                xFloat += 1.0f;
            }
        }
        clock_t clock4=clock();
        printf("noSIMDtime:%d ms\n",1000*(clock4-clock3)/CLOCKS_PER_SEC);

    #endif// TIME_noSSE
    return 0;
}
```

（1）调试并运行该代码，给出使用 SIMD 与否的性能差异分析。

（2）启用倒数乘法代替除法并进行测试，给出不同运算导致的性能差异分析。

（3）指出_m128 类型变量及其所在的运算所对应的机器数据表示和机器指令。

（4）在分配存储空间时，_aligned_malloc(length * sizeof(float), 16)的意义为何？只做malloc 结果如何？

2.11 Intel AVX（advanced vector extensions）引入了256位向量处理能力，是对128位SIMD指令的扩展，AVX使用16个256位寄存器YMM0至YMM15。目前的AVX-512进一步提升了向量化处理速度，使用512位寄存器ZMM0至ZMM31。下面是Visual Studio S2010中的immintrin.h头文件中关于AVX数据类型__m256、__m256d、__m256i的定义，分别对应单精度浮点、双精度浮点、整型和无符号基础数据类型。

```
/*
 * Intel(R) AVX compiler intrinsics.
 */

typedef union __declspec(intrin_type) _CRT_ALIGN(32) __m256 {
    float m256_f32[8];
} __m256;

typedef struct __declspec(intrin_type) _CRT_ALIGN(32) {
    double m256d_f64[4];
} __m256d;

typedef union __declspec(intrin_type) _CRT_ALIGN(32) __m256i {
    __int8              m256i_i8[32];
    __int16             m256i_i16[16];
    __int32             m256i_i32[8];
    __int64             m256i_i64[4];
    unsigned __int8     m256i_u8[32];
    unsigned __int16    m256i_u16[16];
    unsigned __int32    m256i_u32[8];
    unsigned __int64    m256i_u64[4];
} __m256i;
```

关于__m512s、__m512d、__m512i的定义请查阅较高版本的VC++，并给出其定义内容。

2.12 阅读表2.9中列举的编译器内嵌头文件及其用途，并回答以下问题。

表2.9 X86 SIMD头文件

头 文 件	用 途
mmintrin.h	MMX（Pentium MMX!）
mm3dnow.h	3dnow!（K6-2）
xmmintrin.h	SSE + MMX（Pentium 3，Athlon XP）
emmintrin.h	Principal header file for Willamette New Instruction intrinsics SSE2 + SSE + MMX（Pentium 4，Athlon 64）
pmmintrin.h	Principal header file for Intel（R）Pentium（R）4 processor SSE3 intrinsics SSE3 + SSE2 + SSE + MMX（Pentium 4 Prescott，Athlon 64 San Diego）

续表

头 文 件	用　途
tmmintrin. h	SSSE3 + SSE3 + SSE2 + SSE + MMX (Core 2, Bulldozer)
ammintrin. h	Definitions for AMD-specific intrinsics SSE4A + SSE3 + SSE2 + SSE + MMX (AMD-only, starting with Phenom)
smmintrin. h	Principal header file for Intel (R) Core (TM) 2 Duo processor SSE4. 1 intrinsics SSE4_1 + SSSE3 + SSE3 + SSE2 + SSE + MMX (Penryn, Bulldozer)
nmmintrin. h	Principal header file for Intel (R) Core (TM) 2 Duo processor SSE4. 2 intrinsics. SSE4_2 + SSE4_1 + SSSE3 + SSE3 + SSE2 + SSE + MMX (Nehalem (aka Core i7), Bulldozer)
wmmintrin. h	Principal header file for Intel (R) AES and PCLMULQDQ intrinsics. AES (Core i7 Westmere, Bulldozer)
immintrin. h	Intel (R) AVX compiler intrinsics. AVX, AVX2, SSE+MMX, FMA
zmmintrin. h	AVX512
x86intrin. h	Everything, including non-vector x86 instructions

（1）你的 VC++是什么版本？表 2. 9 中列举的头文件是否都已包含？如果你使用其他类型的集成开发工具，请给出具体名称，并回答该集成开发工具是否包含上述头文件。

（2）请描述你对软件与处理器技术之间关系的认识。

2. 13　利用下面的代码测试你的电脑采用哪种主机字节排序？并解释其原理。

```
#include <stdio.h>
#include <stdint.h>

int is_big_endian(void)
{
    union {
        uint32_t i;
        char c[4];
    } e = { 0x01000000 };

    return e.c[0];
}

int main(void)
{
    printf("System is %s-endian.\n",
        is_big_endian() ? "big" : "little");

    return 0;
}
```

2. 14　在很多计算机应用中涉及存储对齐问题。例如 OpenCV（open source computer vision library）在保存图像时，就采用了存储对齐思想。OpenCV 是一个关于计算机视觉的开源软件库，支持 Windows、Linux、Android、MacOS 操作系统，为 C++、C、Python、Java 和 MATLAB 编程语言提供接口调用。下面以一个 C++程序及其输出结果（见图 2. 23）来具体说明。

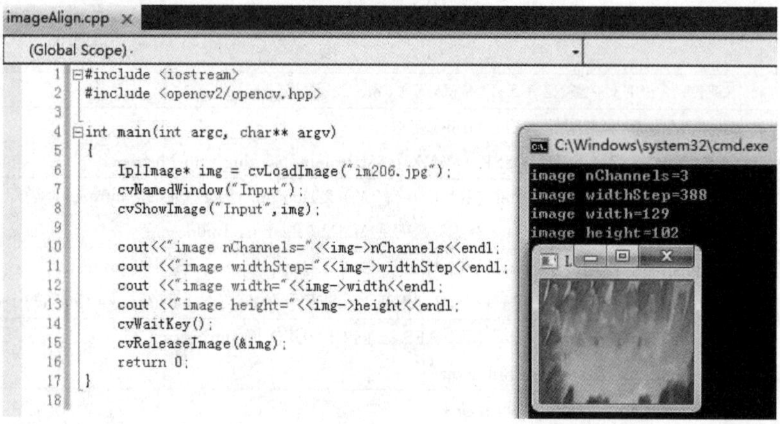

imageAlign.cpp ×

(Global Scope)

```
#include <iostream>
#include <opencv2/opencv.hpp>

int main(int argc, char** argv)
{
    IplImage* img = cvLoadImage("im206.jpg");
    cvNamedWindow("Input");
    cvShowImage("Input", img);

    cout<<"image nChannels="<<img->nChannels<<endl;
    cout <<"image widthStep="<<img->widthStep<<endl;
    cout <<"image width="<<img->width<<endl;
    cout <<"image height="<<img->height<<endl;
    cvWaitKey();
    cvReleaseImage(&img);
    return 0;
}
```

C:\Windows\system32\cmd.exe

```
image nChannels=3
image widthStep=388
image width=129
image height=102
```

图 2.23　图像的存储对齐应用

代码行 2 是需要引入的 OpenCV 头文件；代码行 6 调用 OpenCV 的函数 cvLoadImage，读入一幅图像；代码行 7~8 显示该图像。IplImage 是一种变量类型，它来源于 Intel 的图像处理库（image processing library），是一个结构体型变量，描述图像数据本身以及关于图像的属性信息，例如大小、色度等。OpenCV 只选择了整个 IplImage 格式的一个子集，定义如下。

```
typedef struct _IplImage {
int             nSize;
int             ID;
int             nChannels;
int             alphaChannel;
int             depth;
char            colorModel[4];
char            channelSeq[4];
int             dataOrder;
int             origin;
int             align;
int             width;
int             height;
struct _IplROI *    roi;
struct _IplImage *  maskROI;
void *          imageId;
struct _IplTileInfo * tileInfo;
int             imageSize;
char *          imageData;
int             widthStep;
int             BorderMode[4];
int             BorderConst[4];
char *          imageDataOrigin;
} IplImage;
```

代码行 10~13 分别显示了 OpenCV 在处理该图像时使用的参数：即图像通道数（nChannels），这里输出为 3，代表是彩色图像（RGB 三个通道）；图像的宽度（width）和高度（height），这里的输出分别是 129 和 102，也可以表示为 102 ×129，即 102 行和 129 列的阵列，也代表像素点（pixel）的总数，需要注意的是每个像素点有三个通道的颜色值，每个通道的颜色值都是一个字节；图像的存储宽度（widthStep），也可以翻译为宽度步长，以字节为单位，这里为 388。需要特别说明的是，388 不等于 129 ×3，而是 388=129 ×3+1。此处就是应用了存储对齐的思想，是关于 4 字节宽度的存储对齐，可表示如下：

```
int widthstep = ((width * sizeof(unsigned char) * nchannels)%4! = 0)?((((width * sizeof(unsigned char) * nchannels)/4) * 4) + 4):(width * sizeof(unsigned char) * nchannels);
```

代码行 14 等待从键盘输入，代码行 15 释放该图像所占据的存储空间。

（1）读者可以尝试运行此程序，并输入不同图片，观察其输出，理解存储对齐思想的应用。

（2）这里的 4 字节宽度与计算机的什么参数有关联？

2.15　每一种编程模型都支持一定的数据类型和基于此类型而定义的变量。Nvidia GPU 编程模型 CUDA（compute unified device architecture）定义了一种内建变量（built-in variables），即程序员在编程过程中可以直接使用，而无须自己定义的变量。CUDA 的内建变量一方面承担编程语言中的变量角色，另一方面还能够对 GPU 内的计算核心（cores）组织进行描述。

GPU 以含有众多计算核心为特色，对于众核的使用以网格（grid）、块（block）、线程（thread）层次结构进行组织，如图 2.24 所示。

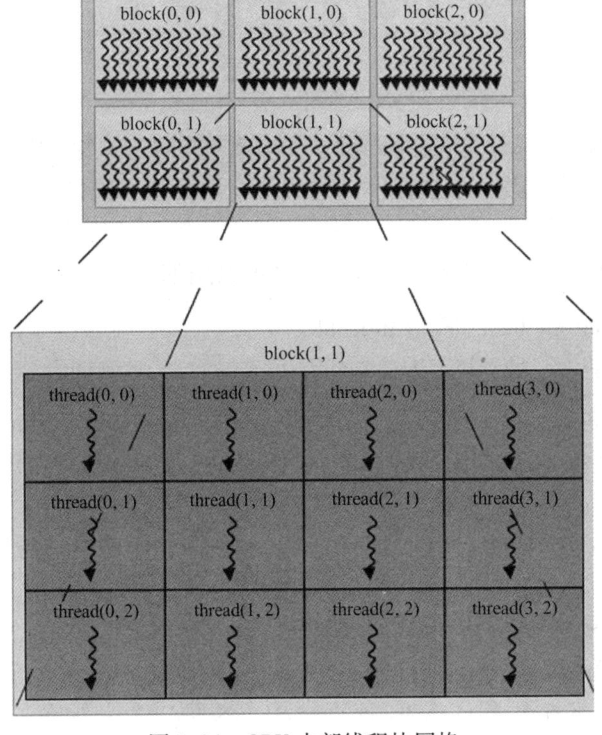

图 2.24　GPU 内部线程块网格

图 2.24 中，grid 代表对 GPU 设备的一次应用调用，或者说是 GPU 执行了一次来自 CPU 的核（kernel）函数调用，也可以说是运行在 GPU 上的由一组线程块（thread blocks）构成的代码。block 代表线程的上层组织，其数量与数据处理量关联，可随应用需求扩展；block 数量也与 GPU 系统的计算能力关联，与 GPU 系列产品的配置有关。每个 block 内部的 thread 数量是其同时执行多线程能力的体现，与 GPU 的计算核心数有关。对于 grid、block、thread 的位置定位就使用 CUDA 内建变量例如：gridDim、blockIdx、blockDim、threadIdx 表示，这些内建变量分别代表网格维度、一个网格内部的块索引、块维度、一个块内部的线程索引。

gridDim 和 blockDim 是 dim3 类型的变量。dim3 是 CUDA 编程模型特有的结构体类型变量，具有 x、y、z 三个成员；也可以说是向量型变量，具有 x、y、z 三个维度，并且每个维度分量的默认值为 1，例如 blockDim. x=1，当然可以对其进行赋值。关于维度分量默认值为 1 可以从 cuda 工具下的\include\vector-types. h 得到证实，内容如下。

```
struct __device_builtin__ dim3
{
    unsigned int x, y, z;
    #if defined(__cplusplus)
    __host__ __device__ dim3(unsigned int vx = 1, unsigned int vy = 1, unsigned
                             int vz = 1) : x(vx), y(vy), z(vz) {}
    __host__ __device__ dim3(uint3 v) : x(v.x), y(v.y), z(v.z) {}
    __host__ __device__operator uint3(void) { uint3 t; t.x = x; t.y = y;
                                              t.z = z; return t; }
    #endif /* __cplusplus */
};

typedef __device_builtin__ struct dim3 dim3;
```

blockIdx 和 threadIdx 是 uint3（或者 int3、uchar3、uint4…）结构体类型变量或者称为向量型变量，根据计算数值的类型来选择不同的成员变量类型，同样具有 x、y、z 或者第四维度 w。

图 2.24 中的全局线程（xIndex,yIndex）编号可以用如下表达式计算：

```
xIndex= blockIdx.x * blockDim.x+ threadIdx.x
yIndex= blockIdx.y * blockDim.y+ threadIdx.y
```

这里 blockIdx（blockIdx. x，blockIdx. y）和 threadIdx（threadIdx. x，threadIdx. y）均以二维形式描述，blockDim. x=4，blockDim. y=3。block（1,1）块内部线程的二维编号范围是(0,0)~(3,2)。

（1）读者试将该 Grid 中的线程编号全部列出，并思考计算核心与处理的数据之间的对应关系。

（2）内建变量用来对计算核进行定位描述，只限于在 GPU 设备上使用。程序对于 GPU 计算核心的使用布局可以根据数据处理的需求选择不同的组织方式。下面是一个 grid、4 个 block、每个 block 含有 8 个线程的 GPU 计算结构。这是一个一维布局方式的计算核组织，blockIdx. x 的范围是[0..3]，块的维度是 blockDim. x=8，块内线程 threadIdx. x 的范围是

[0..7]。第 3 号块内部的 2 号线程其全局线程 Id 即第 26 号线程。

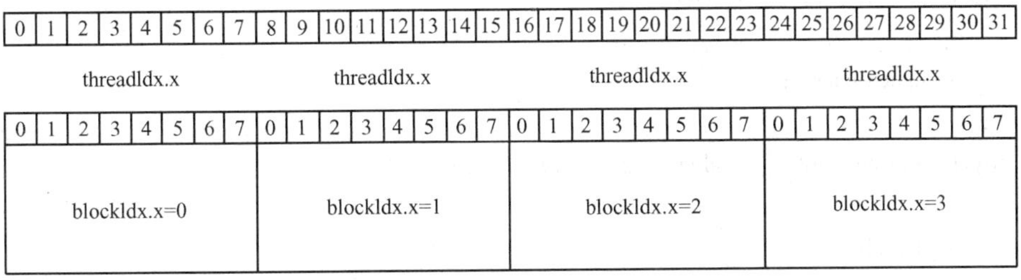

0	1	2	3	4	5	6	7	8	9	10	11	12	13	14	15	16	17	18	19	20	21	22	23	24	25	26	27	28	29	30	31

threadIdx.x								threadIdx.x								threadIdx.x								threadIdx.x							
0	1	2	3	4	5	6	7	0	1	2	3	4	5	6	7	0	1	2	3	4	5	6	7	0	1	2	3	4	5	6	7
blockIdx.x=0								blockIdx.x=1								blockIdx.x=2								blockIdx.x=3							

根据 block 和 thread 索引方式，写出该计算核布局的全局线程编号表达式。

2.16　CUDA 编程模型定义的向量类型变量类型如表 2.10 所示。

表 2.10　CUDA 内置向量类型变量及其存储对齐要求

CUDA 变量类型	存储对齐要求（字节地址）	变量长度（字节）
char1，uchar1	1	1
char2，uchar2	2	2
char3，uchar3	1	3
char4，uchar4	4	4
short1，ushort1	2	2
short2，ushort2	4	4
short3，ushort3	2	6
short4，ushort4	8	8
int1，uint1	4	4
int2，uint2	8	8
int3，uint3	4	12
int4，uint4	16	16
long1 ulong1	4（同 int）或者 8（long）	4 或者 8
long2 ulong2	8（同 int）或者 16（long）	8 或者 16
long3 ulong3	4（同 int）或者 8（long）	12 或者 24
long4 ulong4	16	16
longlong1，ulonglong1	8	8
longlong2，ulonglong2	16	16
float1	4	4
float2	8	8
float3	4	12
float4	16	16
double1	8	8
double2	16	16

与表 2.10 对应的 cuda 开发工具下的\include\vector-types. h 文件中的相关内容如下。

```
struct __device_builtin__ char1
{
    signed char x;
```

```
};
struct __device_builtin__ uchar1
{
    unsigned char x;
};
struct __device_builtin__ __align__(2) char2
{
    signed char x, y;
};
struct __device_builtin__ __align__(2) uchar2
{
    unsigned char x, y;
};
struct __device_builtin__ char3
{
    signed char x, y, z;
};
struct __device_builtin__ uchar3
{
    unsigned char x, y, z;
};
struct __device_builtin__ __align__(4) char4
{
    signed char x, y, z, w;
};
struct __device_builtin__ __align__(4) uchar4
{
    unsigned char x, y, z, w;
};

struct __device_builtin__ short1
{
    short x;
};
struct __device_builtin__ ushort1
{
    unsigned short x;
};
struct __device_builtin__ __align__(4) short2
{
    short x, y;
};
struct __device_builtin__ __align__(4) ushort2
```

```
{
    unsigned short x, y;
};
struct __device_builtin__ short3
{
    short x, y, z;
};
struct __device_builtin__ ushort3
{
    unsigned short x, y, z;
};
__cuda_builtin_vector_align8(short4, short x; short y; short z; short w;);
__cuda_builtin_vector_align8(ushort4, unsigned short x; unsigned short y; unsigned short z; unsigned
short w;);
struct __device_builtin__ int1
{
    int x;
};
struct __device_builtin__ uint1
{
    unsigned int x;
};
__cuda_builtin_vector_align8(int2, int x; int y;);
__cuda_builtin_vector_align8(uint2, unsigned int x; unsigned int y;);
struct __device_builtin__ int3
{
    int x, y, z;
};
struct __device_builtin__ uint3
{
    unsigned int x, y, z;
};
struct __device_builtin__ __builtin_align__(16) int4
{
    int x, y, z, w;
};
struct __device_builtin__ __builtin_align__(16) uint4
{
    unsigned int x, y, z, w;
};
struct __device_builtin__ long1
{
    long int x;
```

```
};
struct __device_builtin__ ulong1
{
    unsigned long x;
};
#if defined (_WIN32)
__cuda_builtin_vector_align8(long2, long int x; long int y;);
__cuda_builtin_vector_align8(ulong2, unsigned long int x; unsigned long int y;);
#else /* _WIN32 */
struct __device_builtin__ __align__(2 * sizeof(long int)) long2
{
    long int x, y;
};
struct __device_builtin__ __align__(2 * sizeof(unsigned long int)) ulong2
{
    unsigned long int x, y;
};
#endif /* _WIN32 */

struct __device_builtin__ long3
{
    long int x, y, z;
};
struct __device_builtin__ ulong3
{
    unsigned long int x, y, z;
};
struct __device_builtin__ __builtin_align__(16) long4
{
    long int x, y, z, w;
};
struct __device_builtin__ __builtin_align__(16) ulong4
{
    unsigned long int x, y, z, w;
};
struct __device_builtin__ float1
{
    float x;
};

#if !defined(__CUDACC__) && !defined(__CUDABE__) && defined(__arm__) && \
    defined(__ARM_PCS_VFP) && __GNUC__ == 4 && __GNUC_MINOR__ == 6
#pragma GCC diagnostic push
```

```
#pragma GCC diagnostic ignored "-pedantic"
struct __device_builtin__ __attribute__((aligned(8))) float2
{
    float x; float y; float __cuda_gnu_arm_ice_workaround[0];
};

#pragma GCC poison __cuda_gnu_arm_ice_workaround
#pragma GCC diagnostic pop
#else /* !__CUDACC__ && !__CUDABE__ && __arm__ && __ARM_PCS_VFP &&
      __GNUC__ == 4&& __GNUC_MINOR__ == 6 */
__cuda_builtin_vector_align8(float2, float x; float y;);

#endif /* !__CUDACC__ && !__CUDABE__ && __arm__ && __ARM_PCS_VFP &&
       __GNUC__ == 4&& __GNUC_MINOR__ == 6 */
struct __device_builtin__ float3
{
    float x, y, z;
};
struct __device_builtin__ __builtin_align__(16) float4
{
    float x, y, z, w;
};
struct __device_builtin__ longlong1
{
    long long int x;
};
struct __device_builtin__ ulonglong1
{
    unsigned long long int x;
};
struct __device_builtin__ __builtin_align__(16) longlong2
{
    long long int x, y;
};
struct __device_builtin__ __builtin_align__(16) ulonglong2
{
    unsigned long long int x, y;
};
struct __device_builtin__ double1
{
    double x;
};
struct __device_builtin__ __builtin_align__(16) double2
```

```
{
    double x, y;
}
```

请思考并回答下面的问题：

（1）为什么 char3 的存储对齐要求只要是一个完整的字节地址即可？

（2）Win32 系统和非 Win32 系统对于 long2 数据类型的支持有什么不同？

2.17　阅读下面将灰度图像转为黑白图像的代码，并观察其运行结果，见图 2.25。

```
#include <iostream>
#include <opencv2/opencv.hpp>
#include "opencv2/highgui/highgui.hpp"
using namespace cv;
using namespace std;
int main(int argc, char** argv){
    IplImage* imgIn = cvLoadImage("person.jpg",0);
    cvNamedWindow("C");
    cvShowImage("C",imgIn);
    cvWaitKey();
    IplImage* imgOut=cvCreateImage(cvSize(imgIn->width,imgIn->height),IPL_DEPTH_8U,1);
    for(int i=0;i<imgIn->height;i++){
        uchar *ptrIn = (uchar *)imgIn->imageData+i*imgIn->widthStep;
        uchar *ptrOut = (uchar *)imgOut->imageData+i*imgOut->widthStep;
        for (int j=0;j<imgIn->width;j++){
            if(ptrIn[j] >127) ptrOut[j]= 0;
            else ptrOut[j]= 255;
        }
    }
    cvNamedWindow("B");
    cvShowImage("B",imgOut);
    cvWaitKey();
    cvReleaseImage(&imgIn);
    cvReleaseImage(&imgOut);
    return 0 ;
}
```

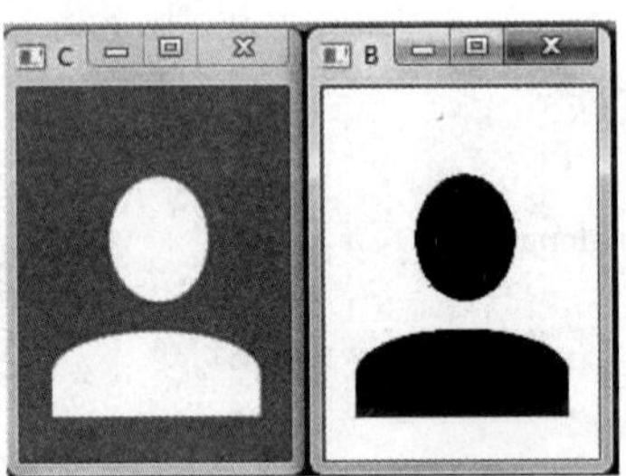

图 2.25　灰度图像转黑白图像

（1）OpenCV 中的 include/opencv2/core/types_c.h 文件中定义了 uchar 数据类型：

```
#ifndef HAVE_IPL
typedef unsigned char uchar;
typedef unsigned short ushort;
#endif
```

uchar 与 char 之间的区别是什么？如果将代码中的 uchar 改为 char，输出会发生什么变化？并解释其原因。

（2）如果将 widthStep 改为 width 输出会发生什么变化？

（3）指针 ptrIn 和 ptrOut 指向的位置保存的是图像的什么数据？ptrIn[j] 和 ptrOut[j]所处位置与其各自图像数据初始位置之间的偏移量是什么？

第3章　程序翻译和链接

计算机可以理解的是机器语言，机器语言通过处理器硬件执行。人类易于理解的是高级编程语言，C语言是其中之一。高级编程语言需要被翻译为机器语言，才能在计算机上执行。翻译和链接是程序执行之前的必经处理阶段。本章以C程序为例，介绍高级语言翻译和链接过程中所涉及的概念和技术。

3.1　程序预处理

预处理（preprocessing）是程序翻译的第一步。预处理器只对以#开头的语句进行解析，而不对全部源程序代码进行解析。预处理器使用的命令也称为预处理器制导（preprocessor directives），即以“#”符号开始的语句。源程序中的制导语句告诉预处理器执行某些具体的行动。预处理制导通常用来使得源程序的修改变得更加简易，同时也使得在不同执行环境下的程序编译更加容易。

3.1.1　预处理制导类型

C语言是使用预处理器的编程语言，尽管不同的编译器支持的预处理制导种类有所不同。C语言预处理器制导一般包括源文件包含、宏定义、条件包含、pragma制导等，如表3.1所示。

表3.1　预处理器制导类型

预处理器	语法/描述
源文件包含 （source file inclusion）	语法：#include <file_name>或者#include “file_name” 将file_name文件源代码加入到包含此头文件的程序中
宏定义	语法：#define 定义各种类型的常数值和代码段
条件包含	语法：#ifdef，#endif，#if，#else，#ifndef 编译之前在源程序中包含或者不包含本条件所限制的代码
pragma制导	语法：#pragma 符号串 与机器或者操作系统有关的编译特性，符号串给出具体的编译指令和参数。例如，#pragma omp for制导让多个线程分担一个for循环体的执行任务
其他制导	语法：#undef、语法：#import等

（1）源文件包含

源文件包含使用#include <header>或者#include “file”形式表达。这里的header和file与表3.1中提到的file_name等价。当预处理器发现#include制导，就用header或者file的全部内容替换该制导语句。源文件包含也经常被称为头文件包含，出现在程序的最开始处，也因此得名头文件。头文件里面含有被程序调用的公用函数接口、全局变量等内容。

（2）宏定义

宏定义用于定义符号常量或者函数表达式。例如：

```
#define TABLE_SIZE 100
#define getmax(a,b) a>b?a:b
```

当预处理器遇到宏定义制导时，就将程序中出现的宏定义符号或者宏定义函数替换为宏定义值或者宏定义表达式。结合上面的两条宏定义语句，就用宏定义值 100 替换程序代码中出现的宏定义符号 TABLE_SIZE，用宏定义表达式 a>b?a:b 替换程序代码中出现的宏定义函数 getmax(a,b)。只对宏定义进行修改就会使得源代码中对宏定义的引用之处得到更改，从而使程序的修改更加方便。

（3）条件包含

条件包含（conditional inclusion）中的#ifdef identifier 和#ifndef identifier 分别与#if defined identifier 和#if !defined identifier 等价。可以认为#ifdef 是#if defined 的简洁形式，同样地，#ifndef 是#if !defined 的简洁形式。如果某个定义出现（#ifdef）或者不出现（#ifndef），条件包含内的代码就要加入到源代码中。我们知道诊断代码是调试版程序的一个必要部分，但是并不适于留在提交版代码中。如果使用预处理器#ifdef 将诊断代码包围起来，就可以很容易地在提交版代码中略去诊断代码的执行。示例如下：

```
#define DEBUG
…
#ifdef DEBUG
…//诊断代码
#endif
```

通过调整对于 DEBUG 的定义，就能够控制向源代码中增加诊断代码部分，或者使源代码中不包含诊断代码部分。

（4）#pragma 制导

#pragma 制导有多种表现形式，例如#pragma omp、#pragma comment 等等。#pragma 制导与编译器和运行平台（操作系统和处理器）有很大的关系，例如，VC++支持对#pragma omp for 的识别，但是 VC++ 6.0 编译器就不支持对于#pragma omp for 的识别，不过编译器并不停止翻译，只是给出警示信息。#pragma omp for 是 VC++支持 OpenMP 多线程共享存储并行编程模型的制导语句，编译器据此产生相应的多线程代码，即将该制导语句紧接的 for 循环体交由多个线程共同分担。

举一个例子来说明#pragma comment 的用途。在源程序中通过#pragma comment(lib, "opencv_core20.lib")语句可以指示编译器在目标代码中留给链接器一条注释，告诉链接器在库依赖列表中增加 opencv_core20.lib 库。#pragma comment(lib, "opencv_core20.lib")与在工程属性中的 linker->input->additional dependencies 添加名为 opencv_core20.lib 的库具有等效的作用。

（5）#undef

#undef 用于解除一个已被定义的宏变量，一般与#define 成对使用。#undef 的应用示例

如下：

```
#define WIDTH 80
#define ADD( X, Y ) ((X) + (Y))
…
#undef WIDTH
#undef ADD
```

#undef 移除了程序先前定义的符号常量 WIDTH，以及宏定义函数 ADD，并且在解除这些定义时，只需给出要解除的符号常量和宏定义名即可。在命令行中，使用/U 选项，并且后接要解除的宏定义名也可以达到和使用#undef 同样的效果。

结合图 3.1 所示的程序段及其运行结果，对表 3.1 中的预处理器制导进行示例说明。

```
#include <stdio.h>
#define PI 3.14
#define SQUARE(n) n*n
int main()
{
   float r;
   double circleArea;
   printf("Please input radius: ");
   scanf("%f",&r);
   circleArea=PI* SQUARE(r);
   #ifdef DEBUG
   printf("DEBUG is defined. the radius is %lf\n",r);
   #else
   printf("DEBUG is not defined\n");
   #endif
   printf("The circle area is %lf\n",circleArea);
   return 0;
}
```

```
C:\Windows\system32\cmd.exe
Please input radius: 2
DEBUG is not defined
The circle area is 12.560000
请按任意键继续. . .
```

图 3.1　预处理器制导应用示例

预处理器首先将 . h 头文件（header file）与此程序代码 . c 文件连接在一起。也可以说，#include 制导告诉预处理器将 stdio. h 文件中的内容直接放入图 3.1 程序代码中。另外，对于常数 PI，在图 3.1 程序代码中直接代入其值；对于宏 SQUARE(n)在程序代码中以 r * r 展开。图 3.1 程序段也用到了条件编译#ifdef DEBUG…#else…#endif。此程序代码中没有定义 DEBUG，因此，语句 printf(“DEBUG is defined. The radius is %lf\n”,r)也呈低亮度显示。Visual Studio VC++支持通过命令行给出 DEBUG 定义，从而驱动程序按照存在 DEBUG 定义的模式执行，命令行配置过程如图 3.2 所示。

通过源程序所在工程的属性配置，即 C/C++→Command Line，在附加选项中，添加/DDEBUG，之后构建并运行该程序即得到有 DEBUG 定义的运行结果。这里，/D 是定义常量和宏的选择，紧随其后的 DEBUG 表明启用程序中的宏定义，这也是从命令行启用宏定义的方式。不知读者是否已经观察到图 3.2 中，在 All Options 中，已有/D “_DEBUG” 选择，如果在源程序代码中直接使用#ifdef _DEBUG，则不需要在命令行 Additional Options 中再去定义，就可以得到下面的输出内容，如图 3.3 所示。

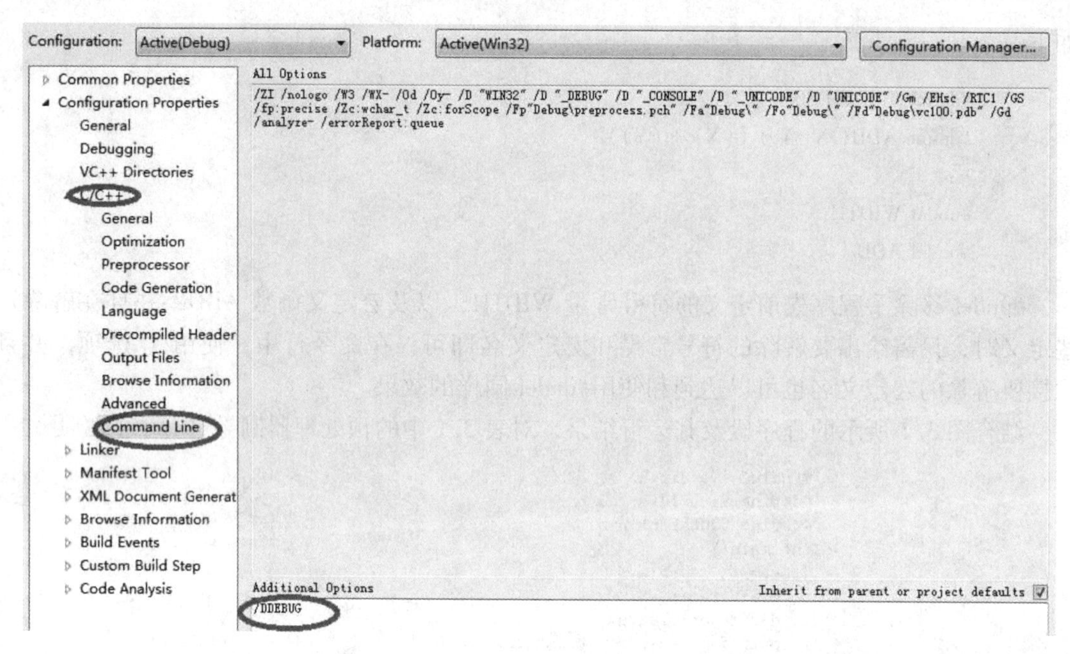

图 3.2　Microsoft Visual Studio VC++ 命令行增加选项配置示例

```
1  #include <stdio.h>
2  #define PI 3.14
3  #define SQUARE(n) n*n
4  int main()
5  {
6      float r;
7      double circleArea;
8      printf("Please input radius: ");
9      scanf("%f",&r);
10     circleArea=PI* SQUARE(r);
11     #ifdef _DEBUG
12     printf("DEBUG is defined. the radius is %lf\n",r);
13     #else
14     printf("DEBUG is not defined\n");
15     #endif
16     printf("The circle area is %lf\n",circleArea);
17     return 0;
18 }
```

```
C:\Windows\system32\cmd.exe
Please input radius: 2
DEBUG is defined. the radius is 2.000000
The circle area is 12.560000
请按任意键继续. . .
```

图 3.3　直接使用#ifdef _DEBUG 的输出结果

3.1.2　头文件的作用

头文件是扩展名为 . h 的文件，用来进行函数声明和宏定义。也有头文件的扩展名为 . hpp，例如，OpenCV 的头文件就有 opencv. hpp、core. hpp 等。存在两种类型的头文件，一种为编译器自带的，例如 stdio. h；另一种为用户自定义的，用于描述用户自定义函数。在 C 或者 C++程序中，通常将常数、宏、全局变量、函数原型（非代码实现，也称为函数接口）

放在头文件描述。

在源程序中引用#include 头文件，就相当于将其所描述的内容并且是程序所需要的内容复制进入当前程序中。头文件方便了程序对共享信息的使用，体现了软件重用的核心思想。另外对于头文件内容的更新并不影响其包含程序的使用，也体现了代码良好的结构化。对源程序代码修改之后，只需要重新编译源代码，无须对头文件进行编译，节省了编译用时。目前的集成开发工具一般都支持单独编译，即只对修改部分的代码进行单独编译，这为大型软件工程项目的管理提供了效率保障，减少了编译时间开销。

VC++在 include 目录下包含很多头文件，例如 stdio. h、time. h、math. h 等，我们在编写带有输入输出语句、时间计时语句、数学特殊函数计算语句的程序段时将要调用的函数，都在这些头文件中得以描述。头文件可以用文本编辑器打开，也可以用 Visual Studio VC++ 集成开发工具打开。下面是支持 OpenMP 并行程序的头文件 omp. h，请读者关注头文件中的注释内容，以便深入理解具体的头文件。

```
//-------------------------------------------------------------
// OpenMP runtime support library for Visual C++
// Copyright (C) Microsoft Corporation. All rights reserved.
//-------------------------------------------------------------
// OpenMP C/C++ Version 2.0 March 2002


#pragma once
//告诉 C++编译器这是一个外部定义的 C 程序头文件
#if defined(__cplusplus)
extern "C" {
#endif
// __cdecl 是 C 语言编译器命名和调用系统函数的规则
#define _OMPAPI __cdecl
#if !defined(_OMP_LOCK_T)
#define _OMP_LOCK_T
typedef void * omp_lock_t;                //OpenMP 锁结构体
#endif

#if !defined(_OMP_NEST_LOCK_T)
#define _OMP_NEST_LOCK_T
typedef void * omp_nest_lock_t;           //OpenMP 嵌套锁结构体
#endif

#if !defined(_OPENMP)                     //如果开启了 OpenMP

//如果定义了_DEBUG,程序编译时使用 vcompd 调试版库函数,否则使用 vcomp 库函数
#if defined(_DEBUG)
    #pragma comment(lib, "vcompd")
#else // _DEBUG
```

```
    #pragma comment(lib, "vcomp")
#endif // _DEBUG

#endif // _OPENMP
//宏定义用于描述:将一个函数声明为动态库导入函数
#if !defined(_OMPIMP)
#define _OMPIMP __declspec(dllimport)
#endif
//设定并发线程数量的函数接口
_OMPIMP void _OMPAPI
omp_set_num_threads(
    int _Num_threads
    );
//获取当前线程总数的函数接口
_OMPIMP int _OMPAPI
omp_get_num_threads(
    void
    );
//获取当前线程 id 的函数接口
_OMPIMP int _OMPAPI
omp_get_thread_num(
    void
    );
//…这里省略一些函数,没有给出全部的 OpenMP 定义函数
//获取当前壁钟时间(以秒计)的函数接口
_OMPIMP double _OMPAPI
omp_get_wtime(
    void
    );
//获取处理器时钟时间(以秒计)的函数接口
_OMPIMP double _OMPAPI
omp_get_wtick(
    void
    );
//告诉 C++编译器,这是 C 头文件的结尾
#if defined(__cplusplus)
}
#endif
```

上面这个 omp.h 是使用 OpenMP 并行编程模型编写源程序时引入的头文件，虽然这里只节选了部分函数接口声明，但是该文件结构是完整的。这里包括了宏定义、条件编译选择函数库、函数声明。

3.1.3　条件包含的应用

条件包含控制预处理器向源程序中加入不同的头文件或者代码，使程序具有更加灵活的环境适应性。下面通过 stdio. h 和一个应用程序例举条件包含的应用。

(1) 条件包含防止头文件被多次包含

一个头文件在一个源程序代码中不能被多次包含，编译器会报告错误，这个问题通常发生在一个名为 A. h 的头文件被另一个名为 B. h 的头文件引入，而该程序同时引入了 A. h 和 B. h。防止此类错误的标准做法是将头文件包括在条件包含之内：

```
#ifndef HEADER_FILE
#define HEADER_FILE
/ * HEADER_FILE 头文件内容 * /
#endif //ifndef HEADER_FILE
```

当 HEADER_FILE 头文件被再次包含时，#ifndef 测试的条件不再成立，预处理器就会跳过 HEADER_FILE 头文件内容，编译器就不会两次包含同样的内容。下面是 stdio. h 避免头文件重复被包含的实例，如图 3.4 所示。stdio. h 使用了#ifndef _INC_STDIO。实际上，stdio. h 也使用了#pragma once，这也是告诉编译器无论一个头文件被引入多少次，只对这个头文件包含一次。有些编译器不支持#pragma once，这也是 stdio. h 使用#pragma once 和 #ifndef _INC_STDIO 双保险的原因。

```
1   /***
2   *stdio.h - definitions/declarations for standard I/O routines
3   *
4   *       Copyright (c) Microsoft Corporation. All rights reserved.
5   *
6   *Purpose:
7   *       This file defines the structures, values, macros, and functions
8   *       used by the level 2 I/O ("standard I/O") routines.
9   *       [ANSI/System V]
10  *
11  *       [Public]
12  *
13  ****/
14
15  #pragma once
16
17  #ifndef _INC_STDIO
18  #define _INC_STDIO
    .......
738 #endif  /* _INC_STDIO */
739
```

图 3.4　VC++ stdio. h 片段

(2) 条件包含增强程序对执行环境的适应性

条件包含可以使程序在不同的环境下有不同的表现，从而增加程序的灵活性。这里的环境可以是计算机操作系统，也可以是计算机体系结构。由于程序运行的机器和操作系统不同，即使功能需求相同，程序也有可能需要不同的代码。例如，在 Windows 和 Linux 下，对于路径表达就是用不同的分隔符，Windows 使用符号\作为文件路径分隔符，而 Linux 使用符号/作为文件路径分隔符。如果程序需要在 Windows 和 Linux 环境下运行，并且需要指定当前路径下的子目录中的某个文件，条件包含就很适于解决这个问题。图 3.5 是条件包含解决应用程序对运行环境适应性的示例。

```
#include "stdio.h"
#define _WIN32  1
//#define _linux    1

#ifdef _WIN32
#define FILE_SEPARATOR  "\\"
#endif

#ifdef _linux_
#define FILE_SEPARATOR  "/"
#endif

main(){
    //in windows - ".\filedir\filename.txt"
    //in linux - "./filedir/filename.txt"
    const char * mypath = "." FILE_SEPARATOR "filedir" FILE_SEPARATOR "filename.txt";
    printf("Path:%s\n",mypath);
    return  0;
}
```

```
C:\Windows\system32\cmd.exe
Path:.\filedir\filename.txt
请按任意键继续. . .
```

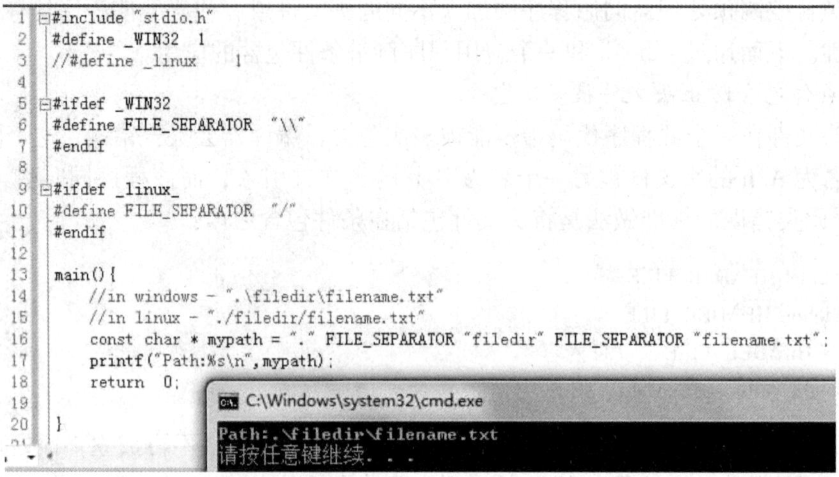

图 3.5　条件包含解决应用程序对运行环境适应性的示例

需要说明的是，图 3.5 中的案例程序在 Windows 路径分隔符\ 的前面加上一个转义符号\，最终成为\\。C 语言中有一些特殊字符，该字符表达的内容与字面意义不同，对于这些特殊字符的输出就需要在其前面加转义符号\，目的是正确显示其真正的内容。例如，为了显示一个上引号'，就需要在其前面加上转义符号，即\'。为了输出符号\，并使其区别于转义字符\，必须在其前面加上转义符号\。

另外，在程序调试期间，经常要添加一些输出语句，但是通过调试之后，程序并不需要这些输出信息。然而考虑到以后更新修改，又需要保留这些输出语句。这种情况下对调试输出语句采取条件包含，就能很好地解决此问题。

3.2　程序翻译

程序翻译指的是将高级编程语言程序转化为机器语言程序。本节介绍两种类型的翻译过程，即编译（compiling）和解释（interpreting）。尽管不是编程语言本身的特性，编译和解释却是编程语言如何实现的核心。我们依靠编译和解释工具将高级语言程序代码转换为计算机机器代码。

3.2.1　编译

编译是将整个源程序翻译为机器语言程序的过程。编译器（compiler）本身是一个系统级程序，该程序将用户源程序代码（source code）转换为目标代码（object code），即目标机器（target machine）能够理解的代码。目标代码也称为机器代码（machine code），能在处理器上执行。图 3.6 示意了高级语言程序的编译过程。

图 3.6 中，编译器的输入是用户源程序，其输出是计算机可理解的目标代码，该目标代码由处理器来执行。因此，编译器将用户源程序的翻译和执行过程分离开来。源程序代码是人类易于理解的文本文件，而机器能够理解的代码是使用 0/1 表示的代码，不适于人类阅

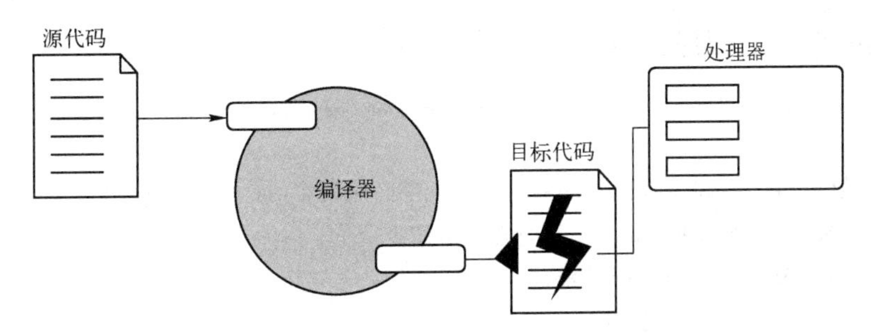

图 3.6 高级语言程序的编译过程

读。与目标代码一一对应的、以助记符表示的代码称为汇编代码（assembly code）。相比目标代码，汇编代码是人类可读代码。一般来说，编译器也能够给出源程序的汇编代码。而汇编代码通过汇编器（assembler）生成目标代码。当然，编译器也包含了汇编器的功能。

在 Linux 操作系统下，一个 C 程序经过编译后生成的目标文件后缀是 . o；而 Windows 操作系统下，一个 C 程序经过编译后生成的目标文件后缀是 . obj。目标代码可以在计算机上直接执行，但是这个目标代码是依赖于机器的，也就是说这个目标代码在其他体系结构的计算机上可能无法执行。

采用编译方式实现翻译过程的编程语言有 C 和 C++等。下面以 Windows 下 VC++为例，对一个 HelloWorld. c 源代码进行编译之后，生成 HelloWorld. obj 文件，如果在其项目配置属性中选择 C/C++→Output Files→Assembler Output→Assembly, Machine Code and Source (/FAcs)，如图 3.7 所示，就可以得到包含汇编代码、机器代码和源代码的集成文件 HelloWorld. cod。

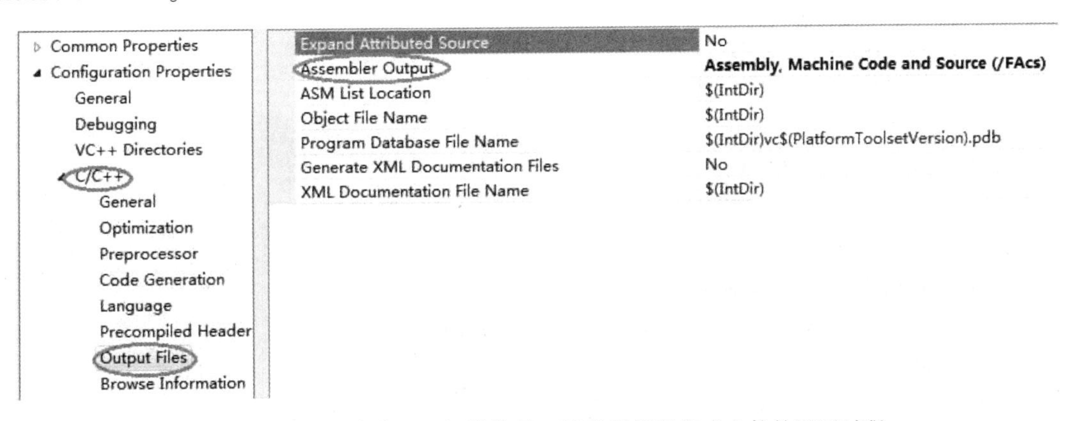

图 3.7 产生汇编代码、机器代码、源程序代码集成文件的配置过程

对于一个 HelloWorld. c 的源代码：

```
#include stdio. h
int main( ) {
    Printf( "Hello World! \n" );
    return 0;
}
```

集成汇编代码、机器代码和源程序代码的 HelloWorld. cod 内容如下（为了读者更好地理解该文件，其中的中文注释是后期加入的）：

```
; Listing generated by Microsoft (R) Optimizing Compiler Version 16.00.40219.01

    TITLE   F:\cbookprog\chapter3\compileOutput\HelloWorld.c;程序路径名
    .686P;支持所有 PentiumPro 处理器汇编指令
    .XMM;支持流式 SIMD 扩展指令
    include listing.inc;头文件
    .model  flat;存储模型,即 32 位操作系统的存储模型

INCLUDELIB MSVCRTD;微软 VC 运行时库
INCLUDELIB OLDNAMES;为新旧版本兼容而进行旧名和新名之间映射

PUBLIC  ??_C@_0O@NFOCKKMG@Hello?5World?$CB?6?$AA@    ; 'string'
PUBLIC  _main
EXTRN   __imp__printf:PROC
;   COMDAT ??_C@_0O@NFOCKKMG@Hello?5World?$CB?6?$AA@
; File f:\cbookprog\chapter3\compileoutput\helloworld.c
CONST   SEGMENT ;常数段开始
??_C@_0O@NFOCKKMG@Hello?5World?$CB?6?$AA@ DB 'Hello World!', 0aH, 00H ; 'string'
; Function compile flags: /Odtp /ZI
CONST   ENDS;常数段结束
;   COMDAT _main
_TEXT   SEGMENT;代码段开始
_main   PROC      ; COMDAT

    ; 4   : {源代码第 4 行

    00000  55          push   ebp
    00001  8b ec       mov ebp, esp
    00003  83 ec 40    sub esp, 64          ; 00000040H
    00006  53          push   ebx
    00007  56          push   esi
    00008  57          push   edi

    ; 5   : printf("Hello World!\n");源代码第 5 行

    00009  68 00 00 00 00   push OFFSET ??_C@_0O@NFOCKKMG@Hello?5World?$CB?6?$AA@
    0000e  ff 15 00 00 00 00   call    DWORD PTR __imp__printf
    00014  83 c4 04    add esp, 4

    ; 6 : return 0; 源代码第 6 行
```

```
        00017   33 c0       xor eax, eax

        ; 7    : }源代码第7行

        00019   5f          pop edi
        0001a   5e          pop esi
        0001b   5b          pop ebx
        0001c   8b e5       mov esp, ebp
        0001e   5d          pop ebp
        0001f   c3          ret 0
_main   ENDP
_TEXT   ENDS;代码段结束
END
```

由此可知，一条高级语言的语句被翻译为若干条汇编语句；一个由头文件和主程序main()构成的C程序被翻译为由多个部分组成的一个汇编程序，这些部分分别为：

(1) 制导性描述

以“.”符号开始的制导性指令，描述程序适应的机器环境，见代码中的辅助理解标注。

(2) 包含头文件 listing. inc

这是一个关于数据对齐的头文件，位于 vc\include\路径下，读者可以打开此源文件，观察其内容。

(3) INCLUDELIB

指示链接器将当前的程序模块与MSVCRTD和OLDNAMES库链接，INCLUDELIB后接库名称。

(4) PUBLIC 声明

将_main模块声明为公共模块。在本程序中，被外部函数访问的常数也在此声明为公用常量，??_C@_0O@NFOCKKMG@Hello?5World?$CB?6?$AA@是编译器为此常量生成的一种称为修饰名（decorated names）的表示。这里的修饰名是编译器为Hello World!生成的一种内部表达名称，为链接生成可执行代码使用。修饰名在编译器和链接器内部使用，对于高级语言程序员而言是透明的；不同版本的Visual Studio VC++编译器生成修饰名的规则也略有不同，为不同体系结构的目标机器生成的修饰名也会不同。

(5) EXTRN 声明

将PROC中使用的printf声明为外部调用函数，亦即该函数不在本程序代码中定义。汇编代码位于printf前面的__imp__代表printf是一个导入函数，这个标志被链接器使用。

(6) 常数段

以CONST SEGMENT开始，以CONST ENDS结束。Visual Studio VC++ 编译器将常量数据放在此段中，例如本程序中要输出的串“Hello World!”。

(7) 代码段

以_TEXT SEGMENT开始，以_TEXT ENDS结束。代码内容为指令序号、十六进制机器码及其对应的汇编指令，每一条C程序语句对应一段汇编代码。至此，读者可以更加感受到高级程序设计语言的易读性!

编译器将一个高级语言程序翻译为机器语言程序需要完成很多任务，主要包括：预处理（preprocessing）、词法分析（lexical analysis）、语法解析（parsing）、源代码的语义分析（semantics analysis）、中间代码生成（intermediate code generation）、代码优化（code optimization）和目标代码（target code）生成。3.1.1 节描述了预处理阶段需要完成的工作。C 语言是含有预处理功能的编程语言，不是所有的编程语言都支持预处理功能，因此也不是所有的编译器都包含预处理器。词法分析将源代码转换为符号串；语法解析将符号串转换为抽象语法树，也就是为源程序建立一棵语法树；语义分析解析语法树的含义；中间代码是介于源代码和汇编代码之间的表达式；通过代码优化产生目标代码。

源程序在编译期间可能会有错误产生，这些错误都可以归属到上述编译过程的某一个阶段。但是大部分程序错误都发生在词法分析和语法分析阶段，即关键字拼写和程序语句语法问题。当然如果是与程序功能有关的错误，那就另当别论了。

3.2.2 解释

解释是将源程序中的一条语句翻译为机器指令的过程。这里强调的是逐条语句进行翻译，并不是整个程序的翻译。解释器（interpreter）本身也是一个系统级程序，它的输入就是要被翻译的源程序语句，输出是面向目标机的可执行指令，由处理器完成高级语言程序语句的执行过程。图 3.8 示意了高级语言程序的解释过程。

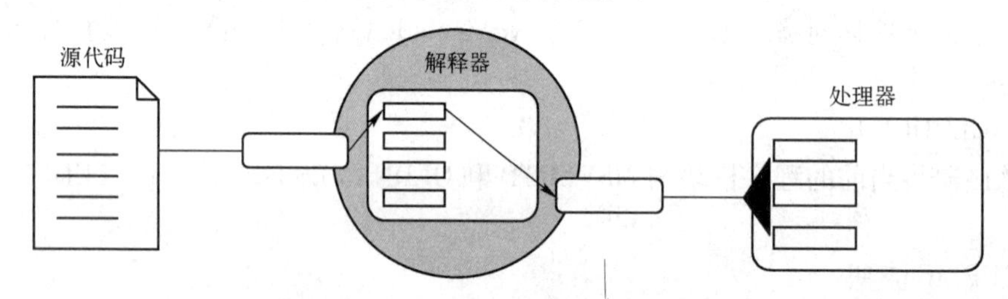

图 3.8 高级语言程序的解释过程

解释器对于源程序是逐条解释并执行的，并不保存目标机器代码，而是直接给出执行结果。与解释器不同的编译器则将整个源程序统一翻译之后再去执行。通过解释执行的高级语言程序，每次执行都伴随解释的过程；而程序一经编译之后，就可以直接执行，即使多次执行也不再需要编译。采用解释方式实现翻译过程的编程语言有 Python、PHP、Perl 和 MATLAB 等。下面以 MATLAB 为例，对解释方式工作的编程语言进行简要说明。

MATLAB 是由 MathWorks 公司开发的主要用于数值计算的编程语言，是一个解释型编程语言。MATLAB 程序可以在交互模式（interactive mode）或者批模式（batch mode）下被逐条解释和执行。MATLAB 程序也称为脚本（script），其文件后缀名是 .m；程序由命令（command）或者函数（function）构成，可以用其自带的编辑器进行编辑。在交互模式下，通过命令行窗口输入单条命令，即可得到相应的结果；在批模式下，可以执行一系列的命令，这些命令以程序的形式保存。下面通过一个输出 5 个数据的程序 MATLAB_output.m（见图 3.9）例举批模式和交互模式解释执行过程。

当以批模式解释执行时，可以选择 Run，在命令行窗口看到输出，如图 3.10 所示。

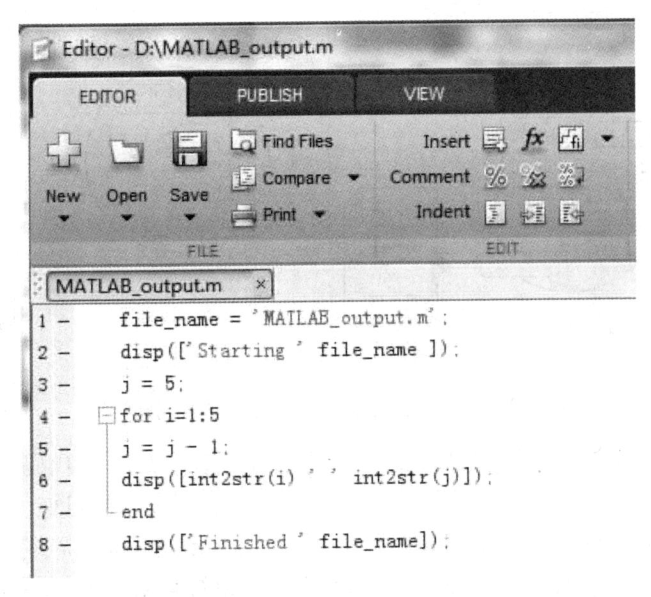

图 3.9　MATLAB_output. m 程序代码

虽然是批模式执行，但仍然是逐条命令解释执行。当以交互模式执行时，即在输入命令提示符（>>）下逐条输入命令，其过程及结果如图 3.11 所示。

```
Command Window
>> MATLAB_output
Starting MATLAB_output.m
1 4
2 3
3 2
4 1
5 0
Finished MATLAB_output.m
fx >>
```

图 3.10　MATLAB_output. m 程序批模式解释执行

```
Command Window
>> file_name = 'MATLAB_output.m';
>> disp(['Starting ' file_name ]);
Starting MATLAB_output.m
>> j = 5;
>> for i=1:5
j = j - 1;
disp([int2str(i) ' ' int2str(j)]);
end
1 4
2 3
3 2
4 1
5 0
>> disp(['Finished ' file_name]);
Finished MATLAB_output.m
fx >>
```

图 3.11　MATLAB_output. m 程序交互模式解释执行

从交互输出可以看出，for…end 之间，MATLAB 将其视为“一条”命令，整个循环的描述全部结束后，给出了相应的输出结果。

3.2.3　双重翻译

有些编程语言需要先编译再解释，然后才能执行。编译后生成的并不是目标机器代码，而是中间代码。这个中间代码也可以看成是一种抽象的机器代码，也称这个抽象机器为虚拟机。这里的中间代码也可以看作是这个虚拟机的命令。虚拟机以解释的方式翻译中间代码，并在实际的目标机器上执行。图 3.12 示意了高级语言程序先编译再解释的翻译过程。

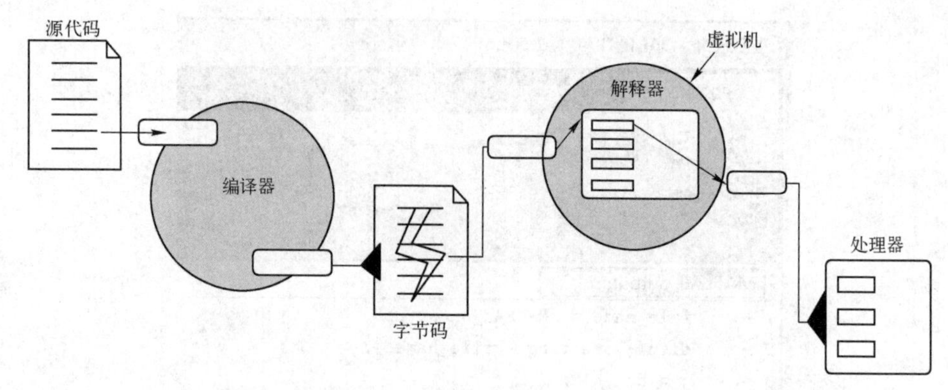

图 3.12 高级语言程序先编译再解释的翻译过程

Java 就是一种以先编译、再解释方式实现的编程语言。Java 源代码（.java）经过编译器（javac）编译之后生成了字节码（byte code），相当于虚拟机的目标文件，以 .class 的形式存在；其字节码文件的执行是由 Java 虚拟机（java virtual machine，JVM）解释实现的，当然，JVM 也是一个系统级软件。Java 程序经过编译和解释双重翻译之后，才能被最终执行。由于 JVM 的输入是统一的字节码，JVM 本身支持 Windows、Linux、Mac OS X 和 Solaris 等多种操作系统平台，完成字节码到目标机器码的解释型翻译由 JVM 完成，这也是 Java 程序可以跨平台的原因。这意味着在 Mac OS X 上编写的 Java 程序可以运行在 Windows 操作系统上。

微软公司开发的 Visual C#也是一种以双重翻译实现的编程语言，但是采用双重编译过程。Visual C#编译器将源代码翻译为中间语言（intermediate language，IL）代码；IL 代码再经过 JIT（just-in-time，即时）编译进一步产生目标机器代码。Visual C#是微软 .NET 框架支持的编程语言之一；IL 也称为微软通用中间语言。在某种意义上，IL 也是 .NET 的虚拟汇编语言（assembly language）。这也进一步表明，.NET 框架起到了一个虚拟机的作用，为 IL 代码提供虚拟运行环境。尽管有中间语言代码，但微软 .NET 框架的设计目标不是跨平台，而是通过设计 IL 达到为其所支持的多个编程语言（如 Visual Basic .NET、Visual C++ .NET）提供运行时的有效支持。

JIT 编译也称为动态翻译（dynamic translation），在程序执行期间将字节码或者中间代码翻译为本机可执行代码；但是这个翻译与解释器存在不同，不同点在于 JIT 缓存已经被解释过的机器指令，并且重用这些机器代码指令序列，从而节省时间和资源，避免重新解释先前已经执行过的字节码或者中间代码。实际上 JIT 编译是虚拟机或者说虚拟运行环境中的一种特有方式。目前，JIT 编译也是 Java 运行时环境的一部分，用来改善 Java 应用的执行性能。当一段字节码已经被编译过，JVM 就会直接调用这些编译后的目标代码，而不再对这些字节码进行解释，从而节省了时间。事实上，JVM 在初始解释字节码时，并没有可直接使用的已编译过的字节码，但是 JVM 一直在统计字节码重复使用的情况。只有重复使用达到了设计的阈值，才对其进行编译，生成目标机器码。当然，也可以禁止 JIT 编译，这样 Java 程序的字节码就完全以解释的方式执行。

3.3 链接

链接（linking）是将符号名与存储地址绑定的过程，也是将多段目标代码和数据合并为一个单一可执行文件的过程。这里的多段目标代码通常包括用户源代码编译生成的目标代码及源代码所调用的库函数（库例程）目标代码。库（library）链接可以发生在多个阶段。依据链接所发生的阶段不同，可以将链接分为静态链接（static linking）、加载时动态链接（load-time dynamic linking）以及运行时动态链接（runtime dynamic linking）。

3.3.1　库的基本概念

库是一个代码包（a package of code），可以被很多程序重用（reuse），能够减少软件开发成本。库通常被编译为目标代码，而不是以源代码的形式存在，这也是知识产权保护的一种体现，因为目标代码不具有可读性。

库通常由两部分组成：描述库功能的头文件和已经编译好的目标机器代码。有些库包含多个头文件，例如，计算机视觉库 OpenCV 包括 core. hpp、highgui. hpp 等多个头文件。Windows 操作系统支持的库通常以 . zip 文件形式发布，而 Linux 操作系统支持的库通常以 . rpm 文件形式发布。你可以根据编写程序功能的需要，去获取相应的库，尽可能地减少自编写代码量，多多利用已有的库资源。

将获取的库在操作系统下安装时，头文件通常放在 include 子目录下，库例程目标代码通常放在 lib 子目录下。并且要确保编译器知道头文件所在的路径，也要确保链接器（linker）知道库例程目标代码所在的位置路径。这也是配置集成开发工具的关键问题之一。

在编写程序时，需要引用库函数，就在源代码中包含（#include）这些库函数所在的头文件。例如，我们经常在 C 程序中使用输出语句，而 printf( ) 函数是 C 语言支持的一个标准输出函数，在程序开始处给出#include <stdio. h>语句之后，就可以调用 printf( ) 函数。这里的 stdio. h 头文件就包含了对 printf( ) 函数原形的描述，如图 3. 13 所示。

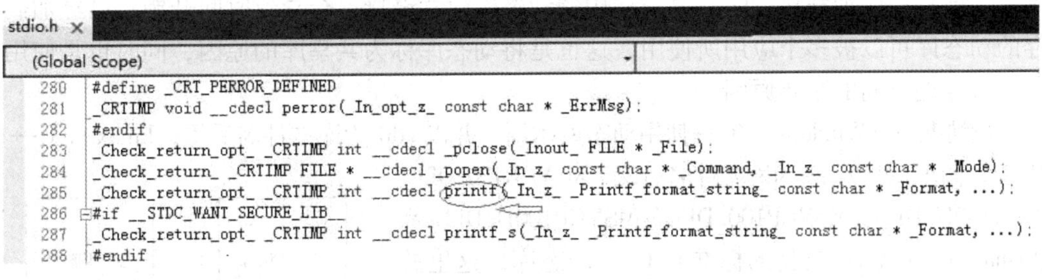

```
stdio.h ×
(Global Scope)
280  #define _CRT_PERROR_DEFINED
281  _CRTIMP void __cdecl perror(_In_opt_z_ const char * _ErrMsg);
282  #endif
283  _Check_return_opt_ _CRTIMP int __cdecl _pclose(_Inout_ FILE * _File);
284  _Check_return_ _CRTIMP FILE * __cdecl _popen(_In_z_ const char * _Command, _In_z_ const char * _Mode);
285  _Check_return_opt_ _CRTIMP int __cdecl printf(_In_z_ _Printf_format_string_ const char * _Format, ...);
286  #if __STDC_WANT_SECURE_LIB__
287  _Check_return_opt_ _CRTIMP int __cdecl printf_s(_In_z_ _Printf_format_string_ const char * _Format, ...);
288  #endif
```

图 3. 13　stdio. h 头文件片段：printf( ) 函数原形的描述

图 3. 13 中的_Check_return_opt_　_CRTIMP 是检查运行时对于库函数的静态或者动态声明方式，__cdecl 描述 C/C++程序默认的调用规则，printf（_In_z_ _Printf_format_string_ const char * _Format，...）是调用函数及其参数格式描述。Printf( ) 函数包含在 C 标准库中，例如，3. 2. 1 节中 HelloWorld. c 程序经编译后产生的汇编代码内就给出了这个库名称，即 MSVCRTD 库。

库也分为静态库（static library）和动态库（dynamic library），其中动态库也称为共享库（shared library）。

（1）静态库

静态库是预先编译完成的目标代码，被用来与调用它的程序目标代码合并，并且构成一个最终可执行代码。静态库在链接期间与源程序目标代码结合。链接之后，将静态库内容加入到应用程序代码中，如图 3. 14 所示。

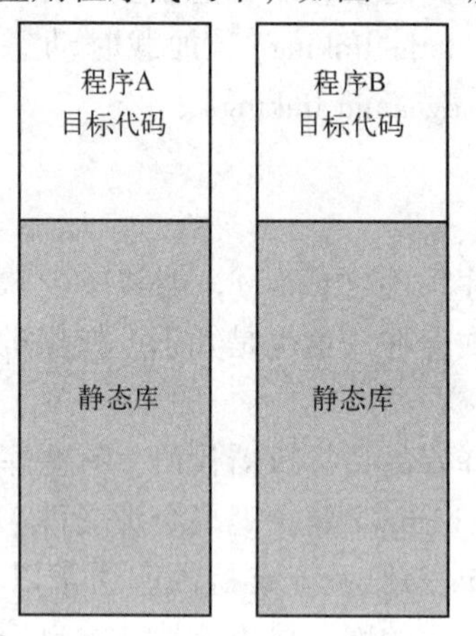

图 3. 14 程序目标代码与静态库链接

程序调用静态库就会增加程序可执行代码占用的内存空间，但是在程序加载执行时没有额外的时间开销。应用程序的可执行代码一旦生成以后，就自包含了静态库内容。调用静态库的应用程序不受后期静态库更新的影响，但是如果要调用更新的静态库函数，必须重新编译应用程序的代码。

Windows C/C++的静态库以 . lib 为文件名后缀，Linux C/C++的静态库以 . a 为文件名后缀。标准 C 定义了一系列函数，例如输入 scanf、输出 printf、串操作 strcpy、整型数学函数 rand 等。LIBCMT. LIB 是微软编译器提供的 C 标准函数库，它的 debug 版本是 LIBCMTD. LIB。在 VC++项目属性（C/C++→Code Generation→Runtime Library）库选择中，这两个库分别对应/MT 和 /MTd 选项，这里的 MT 代表的是 multi-threaded，MTd 中的 d 代表 debug 版本。一般而言，debug 版本的库忽略对于速度和存储空间方面的优化，并且会包括一些附加信息，例如诊断符号等。LIBCMT. LIB、LIBCMTD. LIB、LIBCPMT. LIB、LIBCPMTD. LIB 都是 Visual Studio VC++支持的标准 C/C++静态库。

（2）动态库

动态库是应用程序执行期间加载的库例程。动态库是可执行代码，但是其自身无法执行，需要以被调用的方式执行。因此，调用动态库的应用程序的可执行代码并不会增大内存占用量，但在程序加载执行时需要与调用的动态库建立链接，会导致时间开销。已经加载至内存的动态库可以被多个应用所使用，这也是将动态库称为共享库的原因，同时也是使用动态库节省存储空间的主要原因。

一般情况下，Windows C/C++使用动态库术语，并以 . dll 为库文件名后缀；Linux C/C++ 使用共享库术语，并以 . so 为库文件名后缀。MSVCR100. DLL、MSVCR100D. DLL、MSVCP100. DLL、MSVCP100D. DLL 都是 Visual Studio VC++支持的标准 C/C++ 动态库，这里的 100 代表了一个版本号，随着 Visual Studio VC++ 新版本的发布，此处关于版本的描述信息也会随之变化；另外，版本号 100 之后的 D 代表了该库是一个 debug 版本的库，版本号 100 之后没有 D 的代表了该库是一个 release 版本的库。

动态库有利于存储空间的有效使用，多道程序对动态库/共享库的共享使用如图 3. 15 所示。

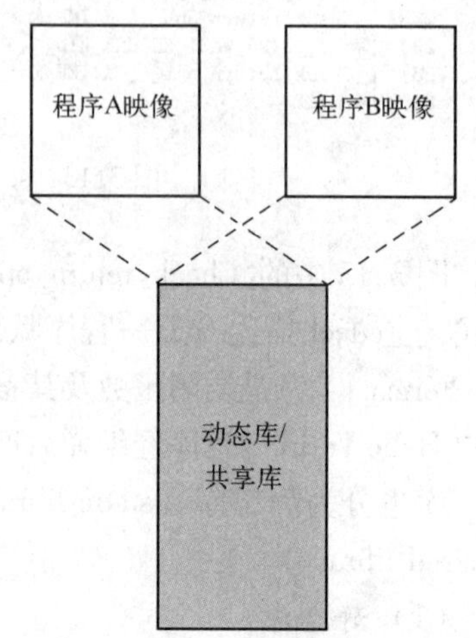

图 3. 15 程序执行映像与动态库链接

经链接之后生成的可执行代码也称为程序可执行映像（image）。虽然动态库本身并没有包括在程序可执行映像中，但是动态库的版本对于执行中的应用程序很重要，需要符合应用程序的需要。如果运行环境中的动态库与程序开发过程中使用的动态库之间不匹配，应用程序是无法顺利执行的。

3.3.2　静态链接

编译之后的链接可以将源程序目标代码和其调用的静态库函数合并为一个可执行文件，这一过程称为静态链接（static linking）。换言之，静态链接是紧跟编译之后的目标代码合并过程。静态链接之后，静态库内容被加入到应用程序可执行代码中，如图 3.16 所示。

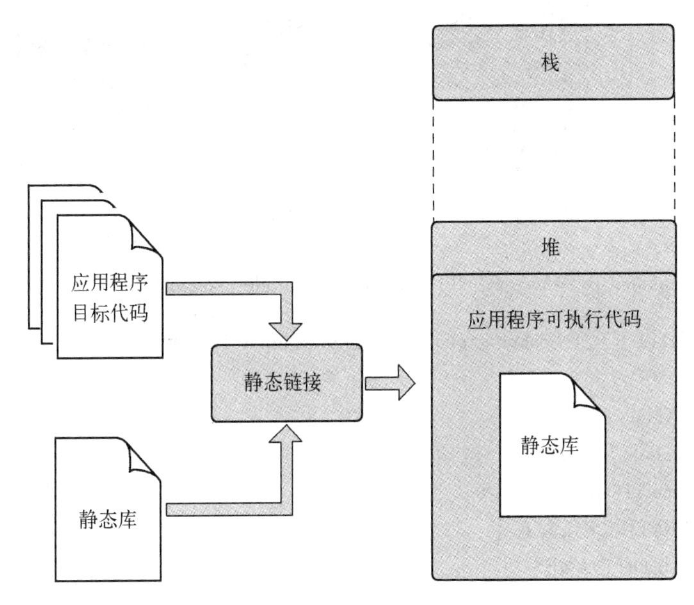

图 3.16　程序静态链接过程

经过静态链接之后的代码量要比源程序目标代码量大，因为向其加入了被调用函数的目标代码。如果一个计算机运行多个程序，每个程序调用的静态函数有重叠时，就需要消耗重复的存储空间。不过，加入了静态函数的目标代码的可移植性好。静态链接的缺点是静态库有改进更新时，程序无法获益，必须经过重新编译才可以。但是使用静态库的程序执行速度快。

另外，图 3.16 中，栈用于保存应用程序使用的局部变量及与函数调用有关的信息存储空间，堆用于保存应用程序使用的动态申请空间。C 程序执行代码占用的存储空间、局部变量及调用函数使用的栈空间、程序动态申请使用的堆空间是相互独立的。

再进一步，编译器通过/MT 选项表达使用静态库。针对经典的 helloworld. c 源代码，如图 3.17 所示，在工程属性页选择运行时库，即 C/C++→Code Generation→Runtime Library→Multi-threaded(/MT)，或者选择 Multi-threaded Debug(/MTd)，两者都是选择了静态库中的 printf 实现。

虽然 VC++ 显示的是 Runtime Library，在此选项中依然支持对于静态库的选择，这里的 Runtime Library 只是 VC++的定义习惯。在选择了静态库之后，产生的汇编代码如下，请关注以下代码中的中文注释。

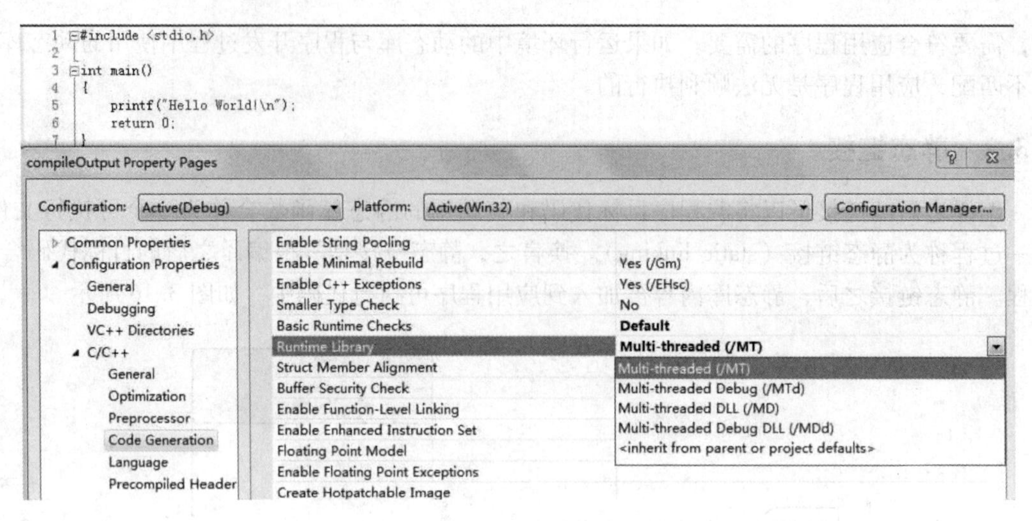

图 3.17 VC++静态库的选择方法

```
; Listing generated by Microsoft (R) Optimizing Compiler Version 16.00.40219.01

        TITLE   F:\cbookprog\chapter3\compileOutput\HelloWorld.c
        .686P
        .XMM
        include listing.inc
        .model  flat
INCLUDELIB LIBCMT;静态库
INCLUDELIB OLDNAMES

PUBLIC  ??_C@_0O@NFOCKKMG@Hello?5World?$CB?6?$AA@    ; 'string'
PUBLIC  _main
EXTRN   _printf:PROC
;   COMDAT ??_C@_0O@NFOCKKMG@Hello?5World?$CB?6?$AA@
; File f:\cbookprog\chapter3\compileoutput\helloworld.c
CONST   SEGMENT
??_C@_0O@NFOCKKMG@Hello?5World?$CB?6?$AA@ DB 'Hello World!', 0aH, 00H ; 'string'
; Function compile flags: /Odtp /ZI
CONST   ENDS
;   COMDAT _main
_TEXT   SEGMENT
_main   PROC                    ; COMDAT

    ; 4    : {

    00000  55        push   ebp
    00001  8b ec     mov ebp, esp
    00003  83 ec 40  sub esp, 64    ; 00000040H
    00006  53        push   ebx
    00007  56        push   esi
```

```
    00008  57          push    edi

    ; 5   : printf("Hello World!\n");

    00009  68 00 00 00 00    push OFFSET ??_C@_0O@NFOCKKMG@Hello?5World?$CB?6?$AA@
    0000e  e8 00 00 00 00    call    _printf;调用静态库中的_printf 实现
    00013  83 c4 04          add esp, 4

    ; 6   : return 0;

    00016  33 c0       xor eax, eax

    ; 7   : }

    00018  5f          pop edi
    00019  5e          pop esi
    0001a  5b          pop ebx
    0001b  8b e5       mov esp, ebp
    0001d  5d          pop ebp
    0001e  c3          ret 0
_main   ENDP
_TEXT  ENDS
END
```

如果在C代码生成时运行时库选择调试版静态库，即/MTd，如图3.18所示，所使用的库就是LIBCMTD。

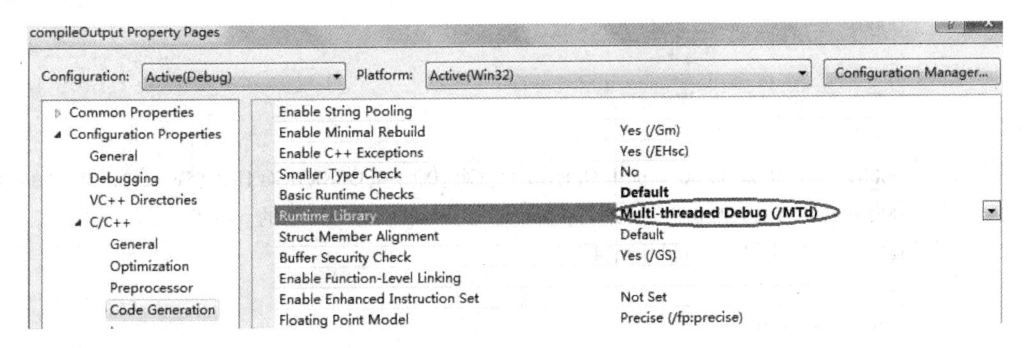

图3.18　VC++调试版静态库的选择方法

下面的汇编代码可以观察验证引用库的变化，请注意此代码的中文注释。

```
; Listing generated by Microsoft (R) Optimizing Compiler Version 16.00.40219.01


    TITLE   F:\cbookprog\chapter3\compileOutput\HelloWorld.c
    .686P
    .XMM
    include listing.inc
    .model  flat
```

```
INCLUDELIB LIBCMTD;debug 版静态库
INCLUDELIB OLDNAMES

PUBLIC   ??_C@_0O@NFOCKKMG@Hello?5World?$CB?6?$AA@   ; 'string'
PUBLIC   _main
EXTRN    _printf:PROC
;   COMDAT ??_C@_0O@NFOCKKMG@Hello?5World?$CB?6?$AA@
; File f:\cbookprog\chapter3\compileoutput\helloworld.c
CONST   SEGMENT
??_C@_0O@NFOCKKMG@Hello?5World?$CB?6?$AA@  DB 'Hello World!', 0aH, 00H ; 'string'
; Function compile flags: /Odtp /ZI
CONST   ENDS
;   COMDAT _main
_TEXT   SEGMENT
_main   PROC                    ; COMDAT

    ; 4   : {

    00000  55          push   ebp
    00001  8b ec       mov ebp, esp
    00003  83 ec 40    sub esp, 64          ; 00000040H
    00006  53          push   ebx
    00007  56          push   esi
    00008  57          push   edi

    ; 5   : printf("Hello World!\n");

    00009  68 00 00 00 00   push OFFSET ??_C@_0O@NFOCKKMG@Hello?5World?$CB?6?$AA@
    0000e  e8 00 00 00 00   call   _printf;调用 debug 版静态库中的_printf
    00013  83 c4 04         add esp, 4

    ; 6   : return 0;

    00016  33 c0       xor eax, eax

    ; 7   : }

    00018  5f          pop edi
    00019  5e          pop esi
    0001a  5b          pop ebx
    0001b  8b e5       mov esp, ebp
    0001d  5d          pop ebp
    0001e  c3          ret 0
```

```
_main    ENDP
_TEXT    ENDS
END
```

3.3.3　动态链接

动态链接（dynamic linking）将动态库或者共享库（shared library）的名字加入可执行映像（executable image）中。本书对于动态库和共享库视为同等概念，不作区分。对于共享库的调用直到程序映像执行时才发生，此时程序映像和共享库都放入内存。因此，动态链接适于多个程序共享一个库的情况。

共享库设计思想将常用例程（routines）集成在一起，以库文件形式单独存在，保存于磁盘中，依据使用需要，按需加载至内存。使用共享例程可以显著减少程序映像占用的磁盘空间。共享库一旦被装入内存，所有调用该库函数的程序映像都可以使用，如图 3.19 所示。

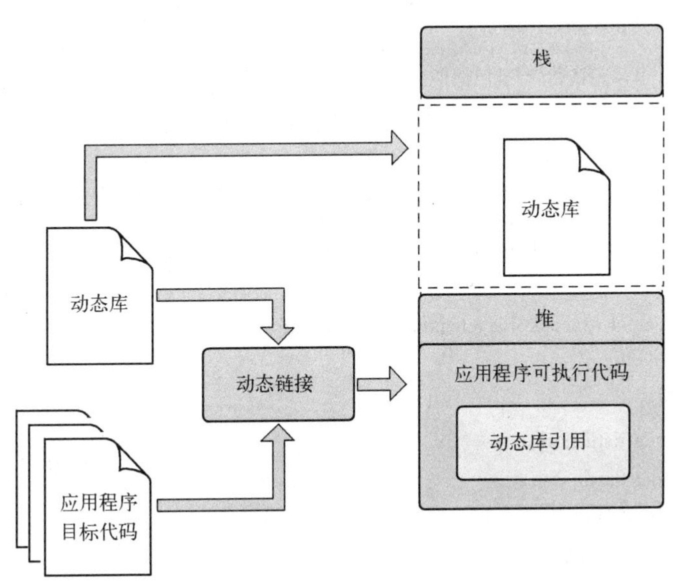

图 3.19　程序动态链接过程

动态库被第一个引用它的执行程序触发加载到内存可执行空间，多个应用程序可以同时访问动态库的内容。动态库虽然不占用每个程序的内存空间，但是需要在每个程序中增设一个动态库引用，作为与动态库的联结纽带。应用程序可以自动继承动态库的更新，而无须重新编译；但是如果动态库发生了改变，使得已经生成的程序映像无法执行时，就需要对源程序进行重新编译了。微软 Visual Studio 是一个产品系列，包括 VS2005、VS2008、VS2010、VS2012、VS2013、VS2015，直至目前的 VS2017；其中 VC++库的版本分别为 v8.0、v9.0、v10.0、v11.0、v12.0、v14.0 和 v15.0。原则上高版本库应该兼容低版本库，也就是说，使用低版本库编写的程序可以在高版本库的运行时环境下运行，这对应用程序的开发也是一种保护，也是软件更新的基本要求。不过，访问动态库比访问静态库花费的时间要多。程序加载至内存时，才与所调用的动态库中的例程链接。

我们仍然以 helloworld. c 为例，如图 3. 20 所示选择动态库中的 printf 函数实现，即工程属性页中 C/C++→Code Generation→Runtime Library→Multi-threaded DLL（/MD）。

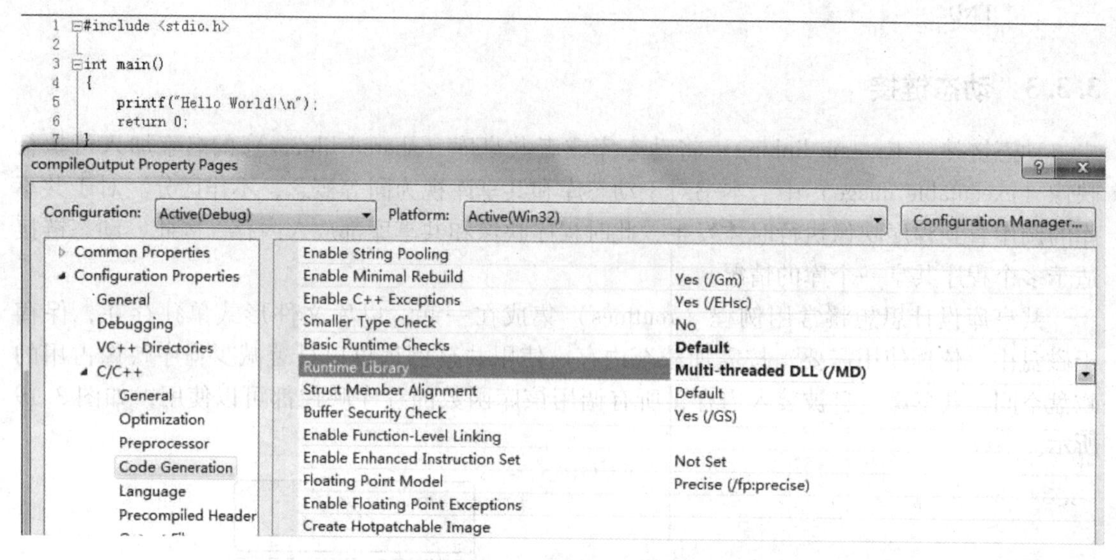

图 3. 20　VC++动态库的选择方法

经过上面的选择配置后，所生成的汇编代码如下，请关注以下代码中的中文注释。

```
; Listing generated by Microsoft (R) Optimizing Compiler Version 16.00.40219.01

		TITLE	F:\cbookprog\chapter3\compileOutput\HelloWorld.c
		.686P
		.XMM
		include listing.inc
		.model flat
INCLUDELIB MSVCRT;导入库
INCLUDELIB OLDNAMES

PUBLIC	??_C@_0O@NFOCKKMG@Hello?5World?$CB?6?$AA@	; 'string'
PUBLIC	_main
EXTRN	__imp__printf:PROC
;COMDAT ??_C@_0O@NFOCKKMG@Hello?5World?$CB?6?$AA@
; File f:\cbookprog\chapter3\compileoutput\helloworld.c
CONST	SEGMENT
??_C@_0O@NFOCKKMG@Hello?5World?$CB?6?$AA@ DB 'Hello World!', 0aH, 00H; 'string'
; Function compile flags: /Odtp /ZI
CONST	ENDS
;	COMDAT _main
_TEXT	SEGMENT
_main	PROC					; COMDAT
```

```
; 4     : {

00000     55      push      ebp
00001     8b ec       mov ebp, esp
00003     83 ec 40   sub esp, 64               ; 00000040H
00006     53      push      ebx
00007     56      push      esi
00008     57      push      edi

; 5     :     printf( "Hello World! \n" );

00009     68 00 00 00 00 push OFFSET ??_C@ _0O@ NFOCKKMG@ Hello?5World? $CB?6? $
AA@
0000e     ff 15 00 00 00 00   call DWORD PTR __imp__printf;动态库中的 printf 实现
00014     83 c4 04      add   esp, 4

; 6     :     return 0;

00017     33 c0         xor eax, eax

; 7     : }

00019     5f         pop edi
0001a     5e         pop esi
0001b     5b         pop ebx
0001c     8b e5         mov esp, ebp
0001e     5d         pop ebp
0001f     c3         ret 0
_main   ENDP
_TEXT   ENDS
END
```

这里需要加以说明的是 MSVCRT 文件名后缀 . lib，即 MSVCRT. lib（在 VC\lib 路径下）从名称上看是静态库，因为以 . lib 作为文件后缀。实际上 MSVCRT. lib 是一个导入库(import library)。导入库包含链接器所需要的指向动态库的信息，导入库本身并不包含函数定义和实现。因此，相比于包含函数实现的静态库和动态库而言，导入库文件容量较小。

选择调试版动态库的方法如图 3. 21 所示，即在工程属性页中选择 C/C++→Code Generation→Runtime Library→Multi-threaded Debug DLL（/MDd）。

经过上面的选择配置后，所生成的汇编代码如下，请关注以下代码中的中文注释。

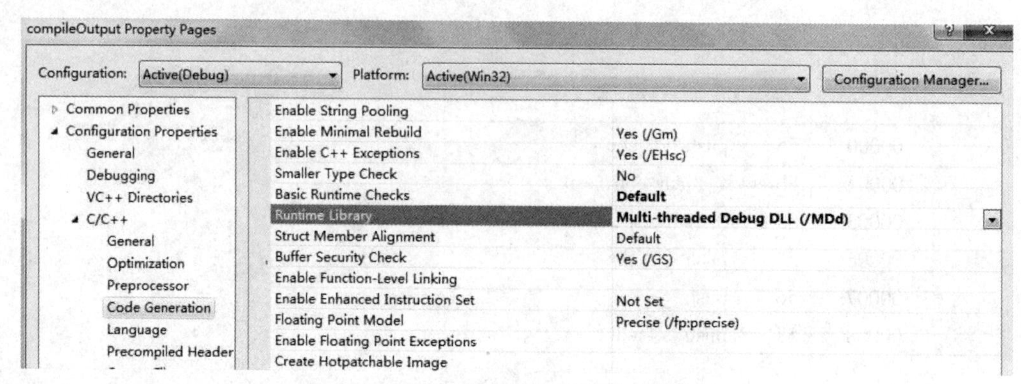

图 3.21　VC++调试版动态库的选择方法

```
; Listing generated by Microsoft (R) Optimizing Compiler Version 16.00.40219.01

        TITLE   F:\cbookprog\chapter3\compileOutput\HelloWorld.c
        .686P
        .XMM
        include listing.inc
        .model  flat
INCLUDELIB MSVCRTD;debug版导入库
INCLUDELIB OLDNAMES

PUBLIC  ??_C@_0O@NFOCKKMG@Hello?5World?$CB?6?$AA@       ; 'string'
PUBLIC  _main
EXTRN   __imp__printf:PROC
;   COMDAT ??_C@_0O@NFOCKKMG@Hello?5World?$CB?6?$AA@
; File f:\cbookprog\chapter3\compileoutput\helloworld.c
CONST   SEGMENT
??_C@_0O@NFOCKKMG@Hello?5World?$CB?6?$AA@ DB 'Hello World!', 0aH, 00H
; 'string'
; Function compile flags: /Odtp /ZI
CONST   ENDS
;   COMDAT _main
_TEXT   SEGMENT
_main   PROC                            ; COMDAT

    ; 4      : {

    00000   55          push    ebp
    00001   8b ec           mov ebp, esp
    00003   83 ec 40        sub esp, 64     ; 00000040H
    00006   53          push    ebx
    00007   56          push    esi
    00008   57          push    edi
```

```
; 5     :       printf( "Hello World!\n" );

  00009  68 00 00 00 00    push OFFSET ??_C@_0O@NFOCKKMG@Hello?5World?$CB?6?$
AA@
  0000e  ff 15 00 00 00 00   call DWORD PTR __imp__printf;动态库中的 printf 实现
  00014  83 c4 04    add esp, 4

; 6     :       return 0;

  00017  33 c0       xor eax, eax

; 7     : }

  00019  5f        pop edi
  0001a  5e        pop esi
  0001b  5b        pop ebx
  0001c  8b e5     mov esp, ebp
  0001e  5d        pop ebp
  0001f  c3        ret 0
_main  ENDP
_TEXT  ENDS
END
```

同样，MSVCRTD 文件名后缀 . lib，即 MSVCRTD. lib（在 VC \ lib 路径下）从名称上看是静态库，因为以 . lib 作为文件后缀。实际上 MSVCRTD. lib 也是一个导入库。由于有了导入库，对于一个要调用动态库的应用程序，就存在两种链接方式，即加载时动态链接（load-time dynamic linking）和运行时动态链接（run-time dynamic linking）。加载时动态链接发生在应用程序被装入内存时刻，而运行时动态链接发生在应用程序执行过程之中。如果应用程序初始启动性能很重要，就不要使用加载时动态链接方式，最好采取运行时动态链接方式。反之，如果应用程序执行性能很重要，但又要使用动态库，就建议采用加载时动态链接方式。

采用导入库及加载时动态链接和运行时动态链接是微软 Windows 操作系统实现动态链接的一种方式。Windows 操作系统提供的应用编程接口（application programming interface, API）以一组动态库的形式实现，所以调用 Windows API 的进程都使用动态链接。

3.4　集成开发环境的配置

集成开发环境（integrated development environment, IDE）是一个软件包，汇聚了开发者编写、测试软件所需要的基本工具。一个典型的 IDE 环境包括代码编辑器、编译器或者解释器、链接器以及调试器，并且支持图形化的用户界面。常用的 IDE 工具有 Eclipse、Visual Studio、IntelliJ 等。下面我们以微软 Visual Studio 为例，说明其对 C 程序编译、链接过程的支持。值得说明的是 Visual Studio 各个版本之间在环境配置方面是相同的。

3.4.1　关于头文件指向的配置

软件重用是程序开发的重要基础，重用思想在软件开发的多个阶段都有应用。在构建程序可执行代码阶段的软件重用最初就是引用静态库，即一系列目标代码的集合。随着多任务操作系统的发展，出现了另外一种软件重用的方式，即引用动态库，并且在运行时将动态库加载至内存。引用已有库是应用程序的必要组成。正像前面提到的，库由两部分构成：定义库函数的头文件和库函数实现代码。告诉编译器头文件的位置是配置集成开发工具的关键内容之一。

使用微软 VC++集成开发工具指出头文件的方法是：在工程的配置属性页面选择 configuration properties→C/C++→General→Additional Include Directories 添加附加的头文件路径，用于使用非 VC++提供的库函数，而 VC++自带库函数不需要使用者额外指明位置。依据程序需求，可以添加多个头文件路径。下面是调用计算机视觉库 OpenCV 进行图像显示的程序示例，为该程序添加 opencv.hpp 头文件的过程如图 3.22 所示。

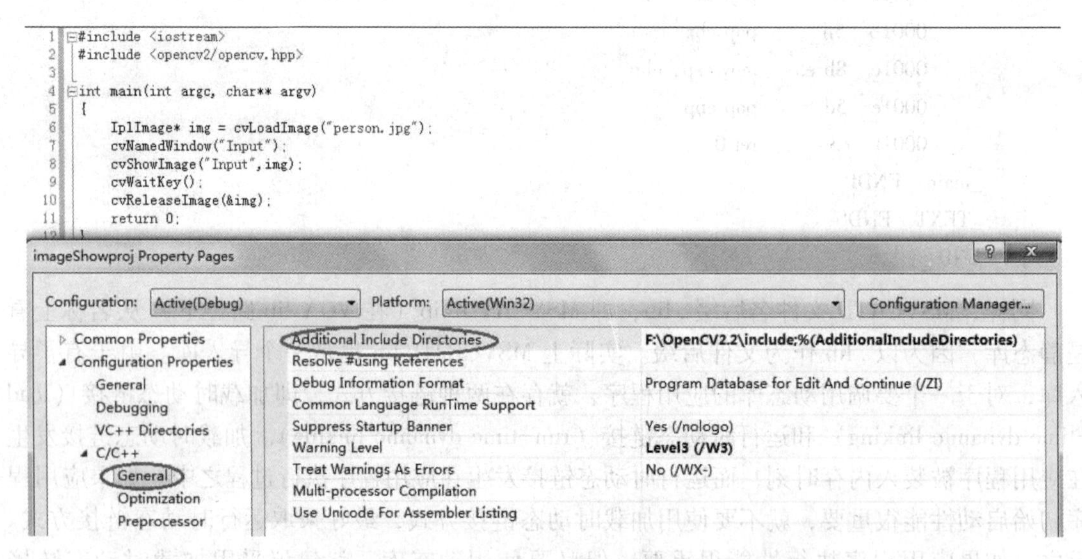

图 3.22　OpenCV 示例程序及其头文件添加过程

C/C++→General→Additional Include Directories 是与工程绑定的附加头文件路径指定步骤，每一个工程都需要依此配置，除非这个工程不需要来自系统外部的头文件，只使用 Windows 系统和 Visual Studio 提供的内部头文件。

除了 C/C++→Additional Include Directories，VC++集成开发环境还有一处与头文件路径有关的配置，即 VC++ Directories→Include Directories，如图 3.23 所示。

图 3.23 中的包含路径（include directories）是 Visual Studio 集成开发环境默认搜索的位置，并且 $(IncludePath) 内容来自 VC 安装目录下的 include（即 $(VCInstallDir)include）、VC 安装子目录 atlmfc 下的 include（即 $(VCInstallDir)atlmfc\include）、$(WindowsSdkDir) 下的 include 和 $(FrameworkSDKDir) 下的 include，这里的 $(VCInstallDir)、$(WindowsSdkDir) 和 $(FrameworkSDKDir) 都可以从 Macros>>查阅得到，如图 3.24 所示。也存在 Win-

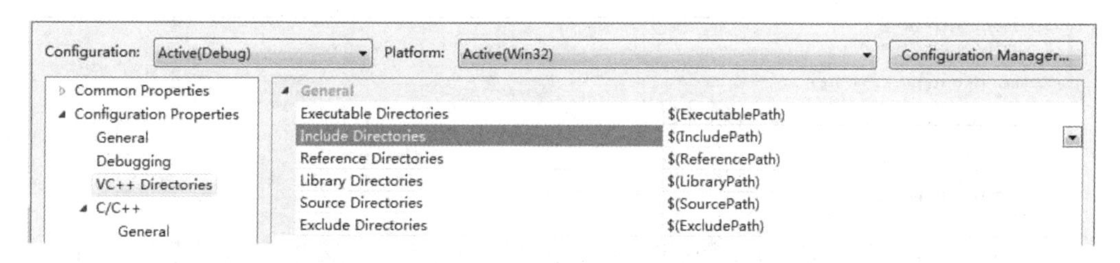

图 3.23　Visual Studio 集成开发环境自带头文件的位置

dowsSdkDir 和 FrameworkSDKDir 宏定义相同的情况，即它们指向同一个路径；读者可以查阅一下所使用的 VC++，观察是否出现这里所提到的情况。除了操作系统和集成开发工具提供的包含头文件，也可以在此继续增加头文件的来源。

VC++所提供的头文件路径都已在 VC++ Directories→Include Directories 中给出。一般情况下，我们无需对 VC++ Directories→Include Directories 进行配置。关于应用程序头文件目录的指定，只需配置应用程序工程属性页的 C/C++→Additional Include Directories 即可。

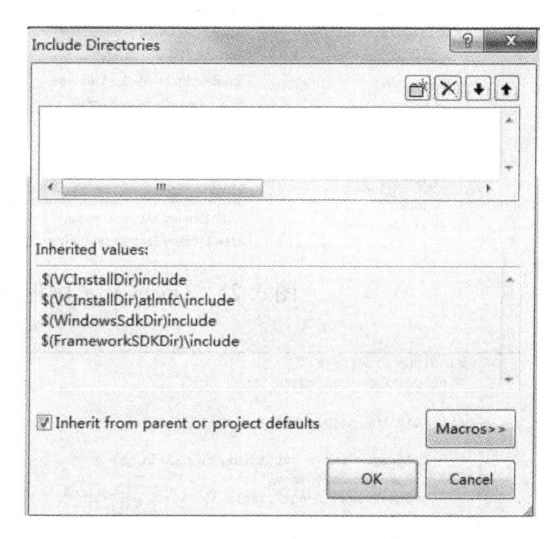

图 3.24　Visual Studio VC++默认头文件添加示意

3.4.2　关于库指向的配置

源程序经过编译生成目标代码后，需要与调用的库函数进行链接，生成可执行代码。描述库函数的头文件和库函数本身是各自独立存储的，所以还要告诉链接器：应用程序调用的库函数所在的位置。在工程的配置属性页面选择 configuration properties→linker→General→Additional Library Directories 可以添加额外的库文件路径，用于指向非 Visual Studio 提供的库函数。下面是调用计算机视觉库 OpenCV 进行图像显示的程序示例，为该程序添加库文件路径的过程如图 3.25 所示。

除了添加引用库文件的路径，还要指出应用程序代码所依赖的库名称。图 3.25 程序中的语句 6~9 需要调用 opencv_highgui220d.lib 库，而语句 10 需要调用 opencv_core220d.lib 库，这两个库缺少任何一个都会使程序不能成功通过编译。在工程的配置属性页面 configuration properties→linker→Input→Additional Dependencies 之处添加应用程序具体需要使用的库名称，这里也需要高级语言程序员知道所调用的函数属于哪个库。图 3.26 是调用计算机视觉库 OpenCV 进行图像显示的程序示例具体添加库文件名称的过程。

此外，VC++集成开发环境默认搜索库文件的位置见图 3.23 中的库路径（Library Directories），并且 $(LibraryPath)内容来自 VC 安装目录下的 lib（即 $(VCInstallDir)lib）、VC 安装子目录 atlmfc 下的 lib（即 $(VCInstallDir)atlmfc\lib）、$(WindowsSdkDir)下的 lib 和 $(FrameworkSDKDir)下的 lib。

还有一种增加库指向的方法，用于同一解决方案下多个工程之间新定义库的引用，即在工程属性页中的 Framework and References 选项上增加新的访问（add new reference），即加入

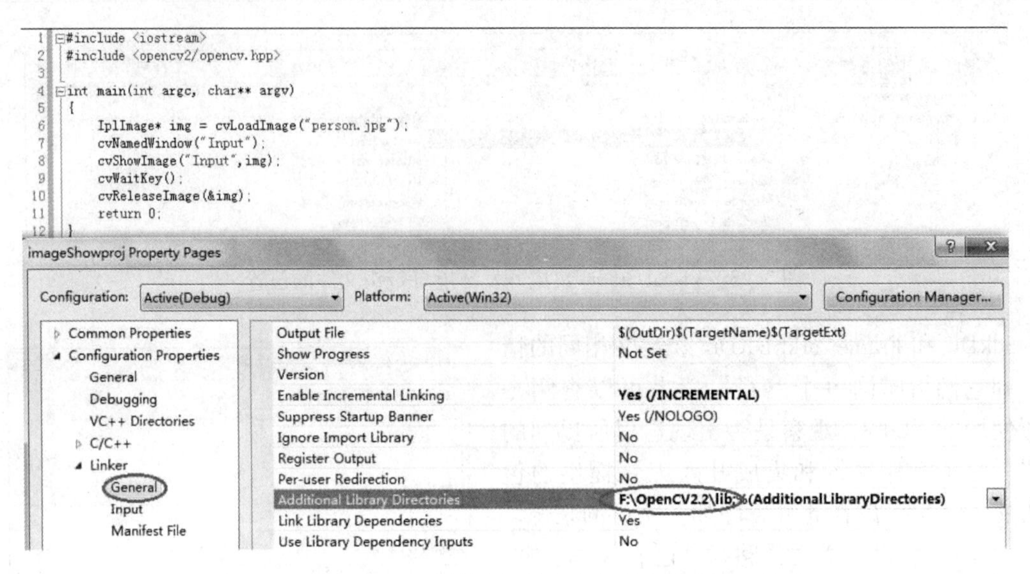

图 3.25　OpenCV 示例程序及其库文件所在路径添加过程

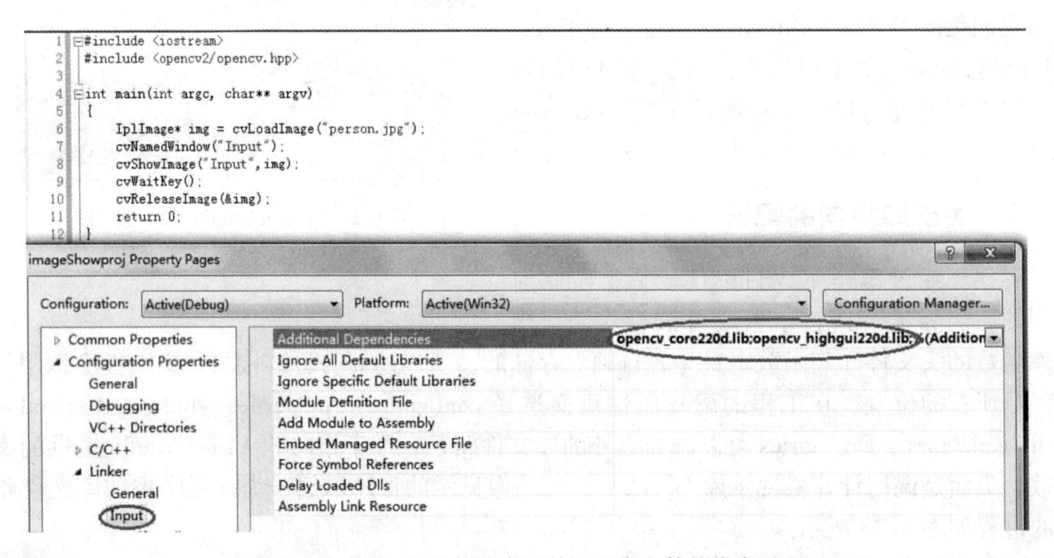

图 3.26　OpenCV 示例程序及其调用库文件的指定过程

创建新增库的工程名，通常也是库名；不同的 VC++版本放置 Reference 的位置也有变化，这里不再细化。

3.4.3　关于平台选择的配置

微软 VC++集成开发工具对于应用程序的管理层次是解决方案（.sln）—工程项目（.vcxproj）—源程序（.c 或者 .cpp）；一个解决方案下可以创建多个工程，但只能有一个工程作为当前活跃工程；每个工程内有其源程序代码。图 3.27 示意了一个包含 4 个工程的解决方案，该解决方案名称为 StaticAndDynamicLibraryAndClient，工程名称分别为 DynamicLibrary、DynamicLibraryClient、StaticLibrary 和 StaticLibraryClient，这里的解决方案名和工程名都省略了后缀，即 .sln 或 .vcxproj。

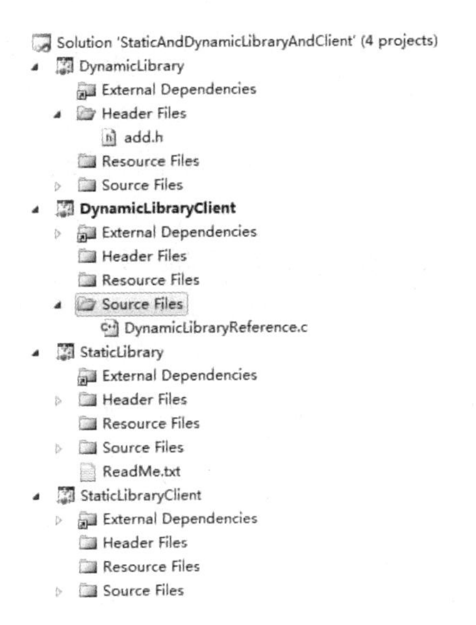

图 3.27 同一解决方案下多个工程结构示意

解决方案的工作环境也称为平台（platform），这里的平台也是可执行程序的运行环境，此环境与计算机操作系统和处理器体系结构有关。微软 Visual Studio 目前可支持的目标平台操作系统包括 Windows XP、Windows Server 2003、Windows Vista、Windows Server 2008、Windows 7、Windows Server 2012 R2、Windows 8、Windows 10、iOS、Android 和 Linux。

与解决方案关联的 Configuration Manager 配置页面或者属性配置页面都可以对一个解决方案下具体工程的目标运行平台进行选择，如图 3.28 所示。图 3.28 中的 Win32 指一个 32 位 Windows 操作系统的平台环境，表明与此对应的工程应用的目标运行平台是一个 Windows 32 位操作系统平台。当然，如果一个解决方案选择 x64 平台（x64 指一个运行在 64 位处理器上的 64 位操作系统环境），它是无法运行在一个 32 位的 Windows 操作系统上的。读者可以根据目前使用的 Visual Studio 版本，观察目前支持的目标运行平台选择。Visual Studio 所支持的目标运行平台种类越多，说明该集成开发环境适用的范围越广。

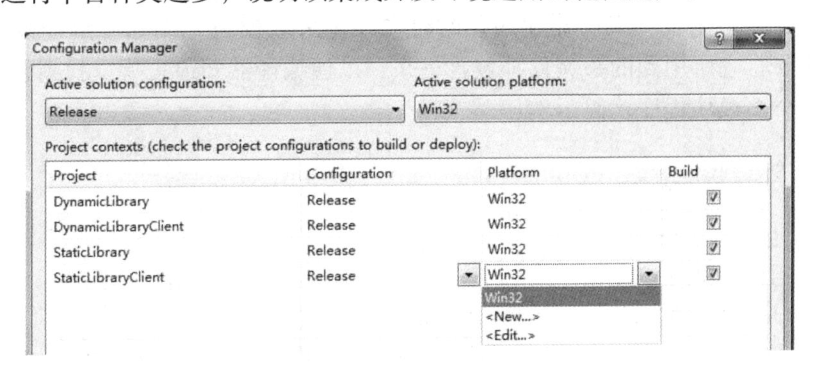

图 3.28 解决方案中具体工程的目标运行平台选择

除了在解决方案属性和配置管理器进行目标平台的配置选择之外，还可以在一个工程的构建定制（build customization）中进行选择。例如，我们要开发一个同时在 CPU 和 GPU 上运行的应用，就需要部分可执行代码的目标平台是 GPU。Nvidia GPU 使用 CUDA 编程模型；

作为标志信息，CUDA 6.5（.targets，.props）是 Nvidia GPU 目标平台代表，如图 3.29 所示，我们需要选择 CUDA 作为目标平台。

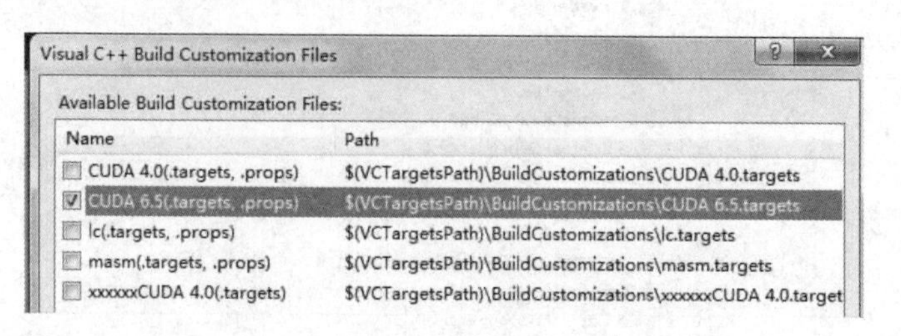

图 3.29　通过工程的构建定制选择目标运行平台

图 3.29 中有两项关于 CUDA 目标平台的选择，但是这里只勾选了 CUDA6.5，这是因为在安装 CUDA6.5 之前，本机曾安装了 CUDA4.0。当然，这里选择了较新的软件版本。

习题 3

3.1　对于编程语言的实现而言，双重编译的优势是什么？阅读关于 .NET 框架的资料，分析其设计理念。

3.2　如何理解“经过静态链接之后的目标代码可移植性好”？

3.3　查看一下自己的 VC 的头文件在哪里？studio.h 中的内容是什么？分析 printf( ) 源代码的内容。

3.4　以 helloworld.c 程序为例，通过实验比较其使用静态库和动态库的执行性能，并分析其原因。

3.5　C 是一个模块化的程序设计语言。程序可以有多个模块（modules），或者说是多个文件（files）。原则上每个文件完成不同的处理功能，并且被其他的文件调用。主文件就是包含 main( ) 的那个文件。每个文件中所涉及的函数和变量都有作用域范围的问题，亦即公共（public）还是私有（private）。一个模块内的公共部分要在头文件（.h 文件）中声明。即便一个程序有多个模块，编译器在编译的时候还是采取模块分别独立编译策略。正因如此，每个模块要将它所用到的头文件都包含进来，以便编译器知道去哪里找到它所引用的调用。下面是一个多模块程序代码示例：

```
File: header.h

#ifndef HEADER_EXAMPLE
#define HEADER_EXAMPLE
typedef long int INT32;              /* Used below so must be in header */
void f(INT32);                       /* external scope function go in header */
#endif

File: sub.c

#include <stdio.h>
```

```
#include "header.h"              /* " " in include causes compiler to look
                                    for header in the current working dir */

typedef double Real;             /* This type only used internally to this file,
                                    so it's not in header file */
static void g(INT32, Real);      /* internal scope function prototypes do
                                    not go in header */

void f(INT32 x)
{
  g(x, 2.5);
}

static void g(INT32 x, Real d)
{
  printf("%f\n", x/d);
}

File: main.c

#include <stdio.h>
#include "header.h"

int main(void)
{
  INT32 x;

  printf("Enter a integer: ");
  scanf("%ld", &x);
  f(x);
  return 0;
}
```

运行该程序，并体会其模块化的编程思想、独立编译过程以及变量的作用域。

3.6 应用编程接口 API 也是软件代码重用（reuse）的一种形式。操作系统会提供 API。例如 Windows API 为 C/C++程序提供以下类别调用功能。

（1）基础服务：提供对 Windows 系统基础可用资源的访问。包括文件系统、设备、进程和线程，访问 Windows 注册表，错误处理等。

（2）图形设备接口：提供图形内容输出功能，包括向监视器、打印机等的输出。

（3）用户接口：提供创建和管理屏幕窗口，以及按钮、导航条的基本控制、接收鼠标和键盘的输入，以及其他与 GUI 有关的功能。

（4）常用对话框库：为应用提供打开文件和保存文件的标准对话框，以及选择颜色和字体等功能。

（5）常用控制库：为应用提供一些高级控制，例如状态栏、进度条、工具栏和标签页。

（6）Windows Shell：允许应用程序使用操作系统命令，并对其更改和增强。

（7）网络服务：允许应用程序使用多种网络功能，包括 NetBIOS，Winsock，NetDDE，RPC 等。

除了操作系统，还有一些其他应用也提供 API。例如 Twitter 和 Facebook 都为接入它们的应用提供了 API。通过查阅资料，列举一些著名应用提供的 API，并深入理解这一软件重用方式。

3.7　用 C 程序设计语言编写的源程序，其源代码文件名后缀为 . c。在 Windows 操作系统下的 C 程序经编译之后生成的目标文件名后缀为 . obj，进一步经过链接之后生成的可执行文件名后缀为 . exe。在 Linux 操作系统下的 C 程序经编译之后生成的目标文件名后缀为 . o，进一步经过链接之后生成的可执行文件名后缀为 . out 或者无后缀名。C 源代码在不同操作系统使用不同的编译器，过程示意如图 3. 30 所示。

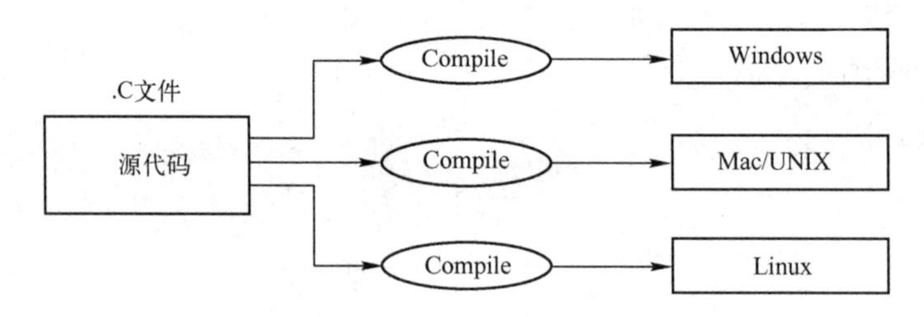

图 3. 30　不同操作系统平台下的 C 程序编译

叙述你的 C 程序从编写到执行所经历的关键阶段，以及各阶段产生的文件。

3. 8　程序源代码经过编译之后生成目标代码（. obj），目标代码无法解析外部访问，即对库函数的调用。目标代码经过链接之后，生成可执行代码（. exe）。可执行代码包含了对库调用的指引信息。如果调用的是静态库，就将其目标代码与源程序生成的目标代码合并生成最终的可执行代码；如果调用的是动态库，就将其目标代码与动态库的指引信息合并生成最终的可执行代码，但是动态库的执行代码并不包含在该程序的可执行代码中。动态库在内存中占据的空间与应用程序可执行代码所占用的空间相互独立，但是加载到内存的动态库可以被多道程序使用。你对应用程序使用静态库还是动态库的观点是什么？

3. 9　一个库函数需要在一个头文件中被声明，在一个 . c 或者 . cpp 文件中被定义。这两个文件示例如下：

头文件 add. h：

```
#ifndef ADD_H
#define ADD_H
int add (int a, int b);
#endif        //ADD_H
```

库文件 add. c：

```
#include "add. h"
int add (int a, int b){
```

```
    return a+b;
}
```

下面是在 VC++下创建一个静态库的过程。

（1）创建一个新的解决方案（StaticAndDynamiLibraryAndClient）和一个新工程（StaticLibrary），工程模板（templates）选择 Win32 Console Application，应用设置（Application Settings）中的应用类型（Application type）选择静态库（Static library），附加选择（Additional options）空工程（Empty project）。

（2）在 StaticLibrary 工程的头文件（Header Files）中添加 add. h；在源文件（Source Files）中添加 add. c。

（3）进行 build，会生成 StaticLibrary. lib，即我们要创建的静态库，如图 3. 31 所示。

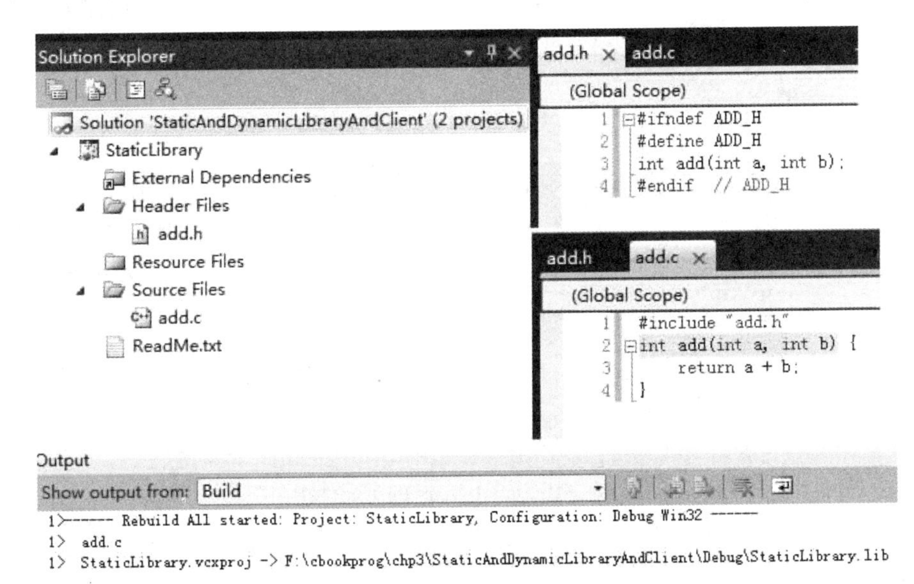

图 3. 31　静态库 StaticLibrary 创建示意

下面是继续在 VC++下创建一个调用静态库的 C 程序。

（4）在 StaticAndDynamiLibraryAndClient 下继续增加一个新工程 StaticLibraryClient，工程模板（templates）选择 Win32 Console Application，应用设置（Application Settings）中的应用类型（Application type）选择控制台应用（Console Application），附加选择（Additional options）空工程（Empty project）。在 StaticLibraryClient 工程的源文件（Source Files）中添加 StaticLibraryReference. c。主要测试静态库用途。

（5）在 StaticLibraryClient 工程的属性页（Property Page）的框架和访问项（Framework and References）增加新的访问（Add New Reference），加入新创建的 StaticLibrary。结果如图 3. 32 所示。

（6）在 StaticLibraryClient 工程的属性页（Property Page）的配置属性（Configuration Properties）中，C/C++的通常（General）属性，附加包含目录（Additional Include Directories）中加入 StaticLibrary，即 add. h 所在的位置，如图 3. 33 所示。

（7）进行 build，并将 StaticLibraryClient 置为启动工程（Single startup project），之后，

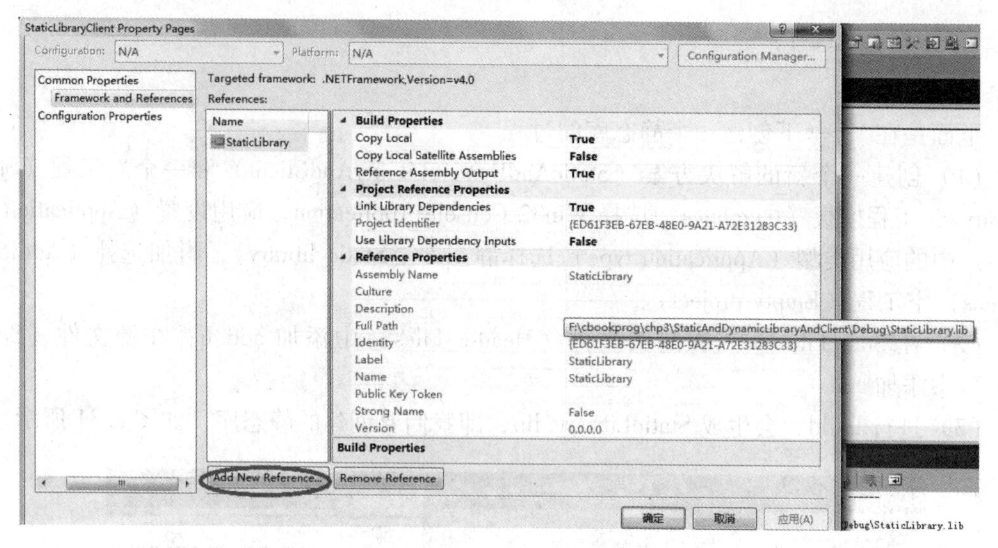

图 3.32 同一解决方案下工程之间静态库引用配置

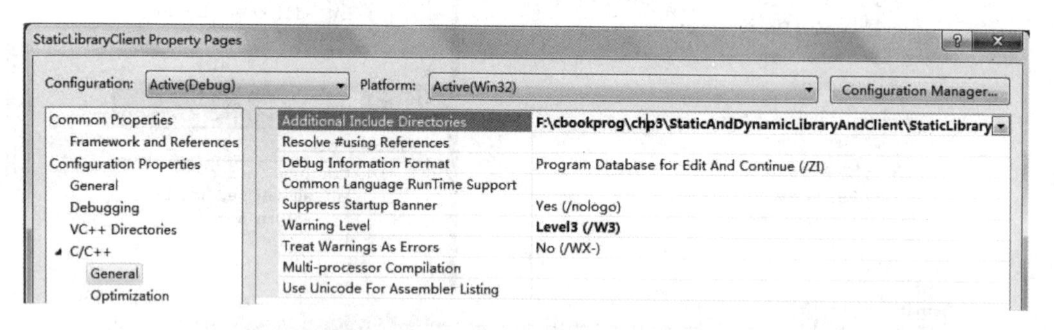

图 3.33 静态库 StaticLibrary 的头文件指向配置

可以运行并得到测试结果，如图 3.34 和图 3.35 所示。

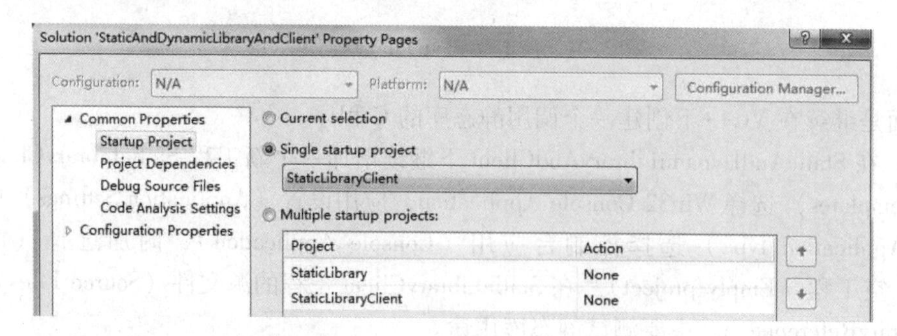

图 3.34 在解决方案中设置一个工程为启动工程

实践上面创建静态库和调用过程，并体会其中的概念。

3.10 当 DLL 被创建时，同时生成一个 .dll 和一个 .lib 文件。这个 .lib 文件就是随 DLL 动态库一起生成的导入库（import library）。

下面是在 VC++下创建一个动态库的过程。

（1）继续在 StaticAndDynamiLibraryAndClient 解决方案下增加一个新工程（DynamicLi-

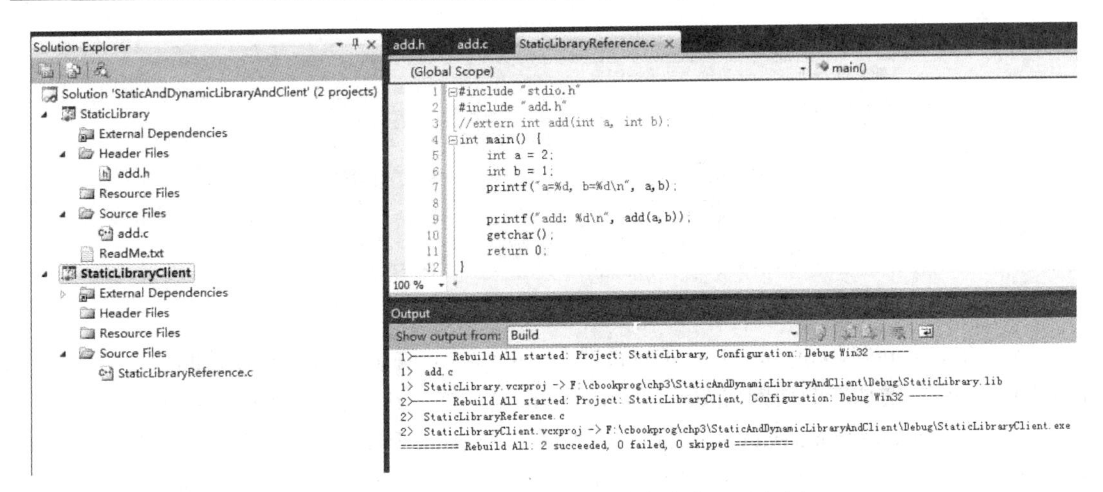

图 3.35　同一解决方案下调用静态库的工程案例

brary），工程模板（templates）选择 Win32 Console Application，应用设置（Application Settings）中的应用类型（Application type）选择动态库（DLL），附加选择（Additional options）空工程（Empty project）。

（2）在 DynamicLibrary 工程的头文件（Header Files）中添加 add. h；在源文件（Source Files）中添加 add. c。

```
add.h:
#ifndef ADD_H
#define ADD_H
int__declspec(dllexport) add(int a, int b);
#endif                    // ADD_H
```

在头文件中对动态库中的函数描述形式为：int __declspec（dllexport）add（_int x，int y）。这里的__declspec(dllexport)是函数动态声明关键字。

```
add.c:
#include "add.h"
int add(int a, int b) {
    return a+b;
}
```

（3）进行 build，会生成 DynamicLibrary. lib 和 DynamicLibrary. dll，即要创建的动态库。如图 3.36 所示，可以看到 DynamicLibrary. lib 要比 DynamicLibrary. dll 文件的容量小很多。

下面是继续在 VC++下创建一个调用动态库的 C 程序。

（4）在 StaticAndDynamiLibraryAndClient 下继续增加一个新工程 DynamicLibraryClient，工程模板（templates）选择 Win32 Console Application，应用设置（Application Settings）中的应用类型（Application type）选择控制台应用（Console Application），附加选择（Additional options）空工程（Empty project）。在 DynamicLibraryClient 工程的源文件（Source Files）中添加 DynamicLibraryReference. c。主要测试动态库用途。

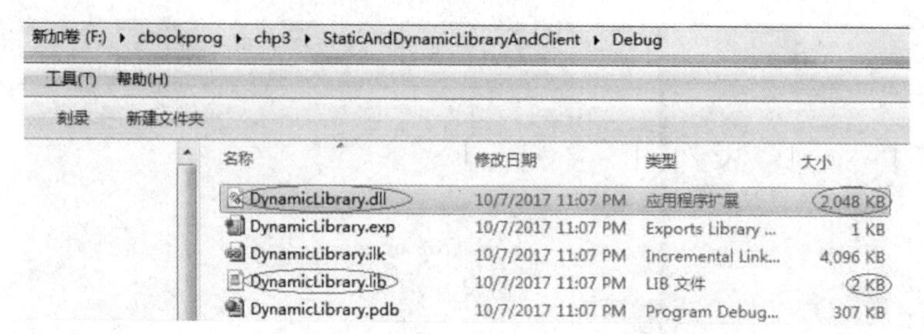

图 3.36 构建动态库 DynamicLibrary 产生的文件

（5）在 DynamicLibraryClient 工程的属性页（Property Page）的框架和访问项（Framework and References）增加新的访问（Add New Reference），加入新创建的 DynamicLibrary。

（6）在 DynamicLibraryClient 工程的属性页（Property Page）的配置属性（Configuration Properties）中，C/C++ 的通常（General）属性，附加包含目录（Additional Include Directories）中加入 DynamicLibrary 头文件，即 add.h 所在的位置。

（7）进行 build，并将 DynamicLibraryClient 置为启动工程（Single startup project），之后可以运行并得到测试结果。

实践上面创建动态库和调用过程，并体会其中的概念。

3.11 在 VC++集成开发环境中，可以看到建立的 .c 或者 .cpp 源文件经过编译之后，在所属工程路径下的 debug 目录下，生成了与源文件同名，但后缀为 .obj 的目标代码；经过链接之后，并没有产生同名且后缀为 .exe 的可执行文件。实际上，VC++集成开发环境默认将可执行文件的名字取为该工程的名字，请见图 3.37 工程属性页中通常属性项关于目标文件名的指定方式：Configuration Properties→General→Target Name→ $(ProjectName)。请尝试分析 VC++集成开发环境这样配置的原因。如果你要让可执行文件与源文件同名，应该怎么做?

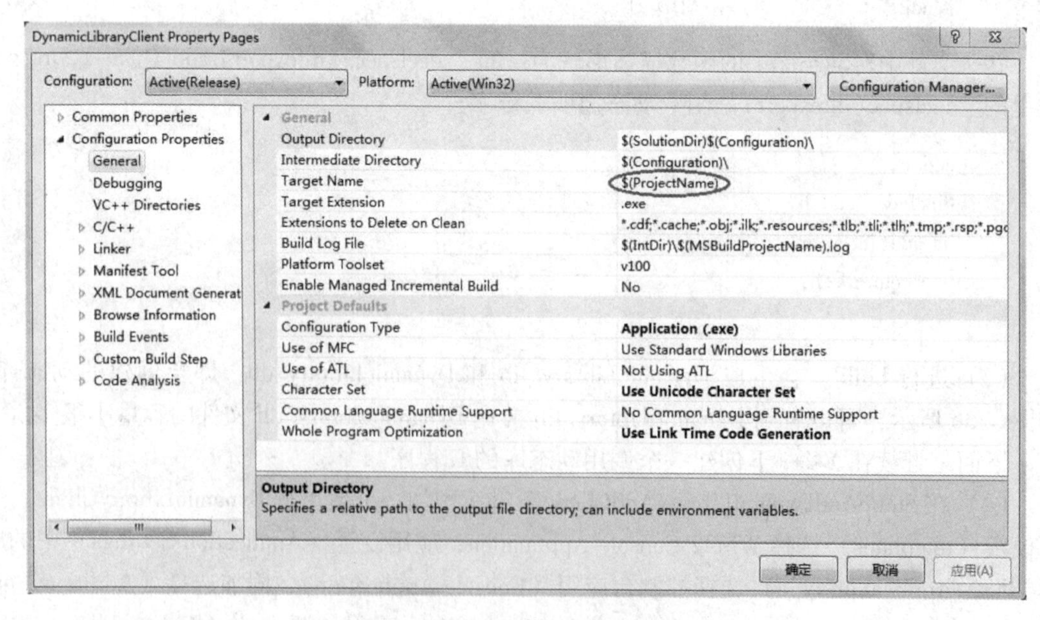

图 3.37 VC++可执行文件名的生成示意

3.12　目标文件基本上包括如下信息。

(1) 编译后生成的针对目标处理器的二进制代码，也可以说是 CPU 能够理解的低级指令。

(2) 程序用到的静态数据（如常量字符串等）。如同二进制代码，数据格式也依赖于目标机（如高端字节排序、低端字节排序，即数据格式也与目标机体系结构有关）。

(3) 程序符号名表。

(4) 程序导入信息，引导访问的外部函数。

(5) 程序导出信息，引导输出的外部函数。

请具体化一个程序导入信息和一个程序导出信息。

3.13　微软公共语言运行时（common language runtime, CLR）是.NET 框架的一个重要概念，.NET 框架如图 3.38 所示。

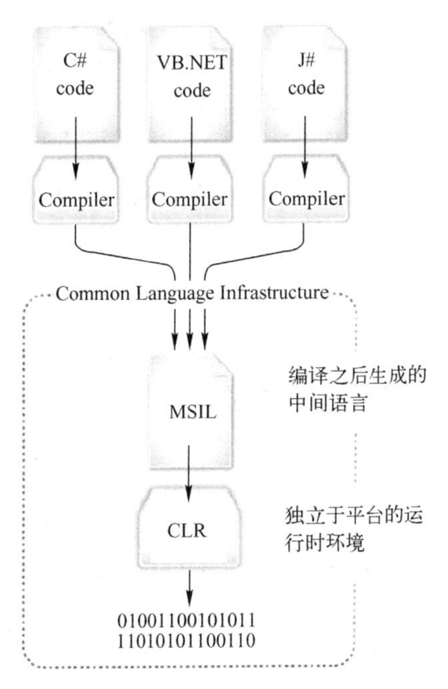

图 3.38　.NET 框架

.NET 框架支持的编程语言，例如 C#，经过编译之后生成微软中间语言（MicroSoft intermediate language, MSIL）代码，此代码与平台无关。CLR 为微软中间语言代码提供运行时环境，包括进行即时编译（just-in-time compilers）、垃圾回收（garbage collection, GC）、代码管理（code manager）等。我们在创建 Visual Studio VC++工程时，一般选择的是 Win32 Console Application 工程模板，如图 3.39 所示。

该工程中的源代码在编译链接后生成的是平台直接可执行代码，也称为本机代码（native code），不是微软中间语言代码。但是，如果在创建工程时，选择 CLR Console Application 模板，该工程中的源代码在编译链接后生成的即是微软中间语言代码。尝试将 Win32 Console Application 工程模板下创建的工程改为在 CLR Console Application 模板下创建，并且编译运行，观察中间代码文件的生成，并与先前工程做出比较。

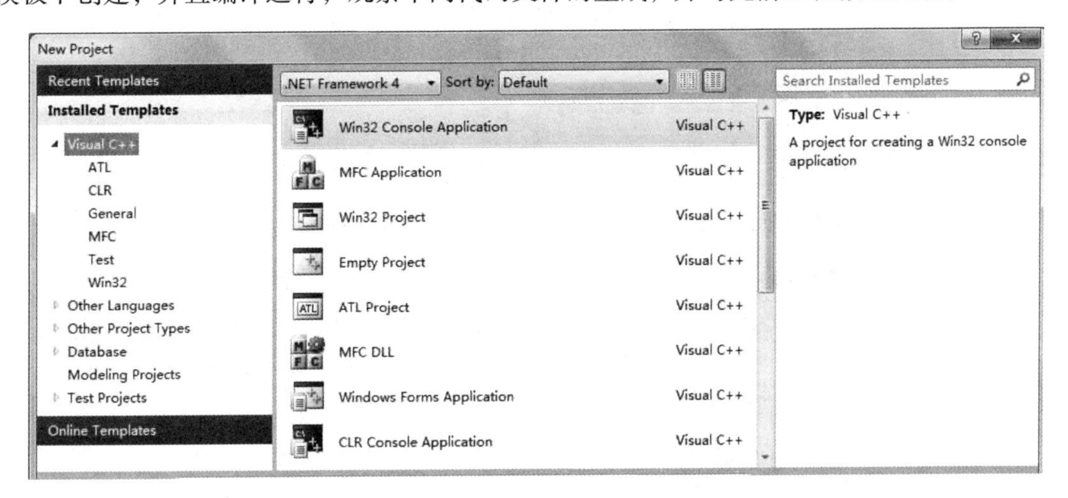

图 3.39　创建 VC++工程模板选择示意

3.14 交叉编译器（cross compiler）是运行在一种体系结构计算机上的编译器，但是能生成另外一种体系结构计算机的目标代码。图 3.40 和图 3.41 分别示意了编译器和交叉编译器的应用。

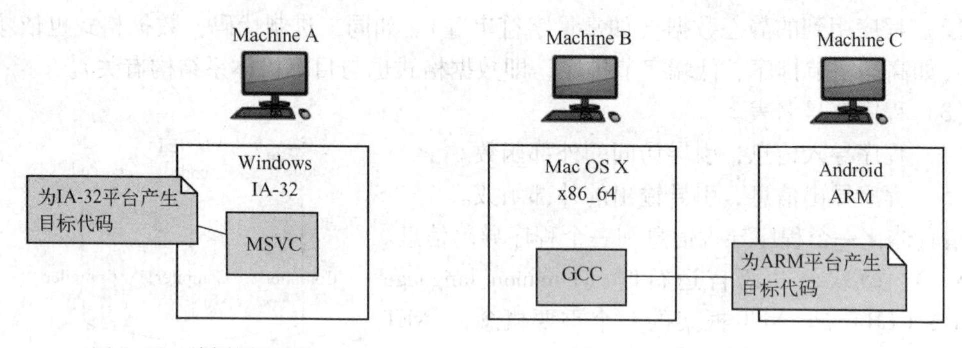

图 3.40 编译器应用　　图 3.41 交叉编译器的应用

图 3.40 中，机器 A 上运行微软 VC 编译器为本机（IA-32 处理器，Windows 操作系统）编译生成目标代码，不是交叉编译。图 3.41 中机器 B 的处理器体系结构为 x86-64，即 64 位 x86 处理器，操作系统为 Mac OS X。机器 C 的处理器为 ARM，操作系统是 Android。机器 B 上运行的 GCC 编译器为目标平台 ARM 编译生成目标代码，属于交叉编译。Visual Studio 2017 也支持使用 GCC 编译器为 ARM 目标平台进行交叉编译。

（1）如何理解 VC 中的平台选择与交叉编译器之间的关联？

（2）试为下面的交叉编译器用途找出一种应用案例：

① 交叉编译器用于为新型体系结构的计算机生成软件；

② 交叉编译器为某种无法宿主编译器的专用设备生成软件。

3.15 VC++工程有两种配置模式，即 debug（调试）模式和 release（发布）模式。就像其名称所表达的：debug 模式用于程序调试，而 release 模式用于代码发布。对于此项配置模式的选择，可以通过两种方式，一种方式是在 Configuration Manager 下选择，如图 3.42 所示；另一种方式是在工程的属性页中进行 debug 或者 release 模式选择，如图 3.43 所示。

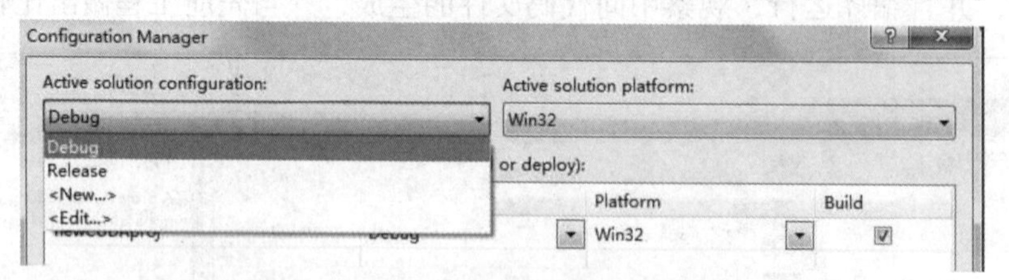

图 3.42 通过 Configuration Manager 进行 debug 或者 release 模式选择

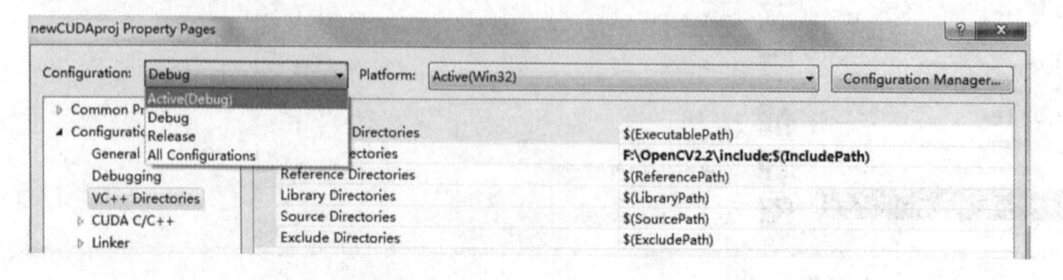

图 3.43 在工程属性页中进行 debug 或者 release 模式选择

程序在 debug 模式下编译时产生全部的符号调试信息，并且不进行编译优化，而 release 模式下编译程序不产生符号调试信息，但是进行编译优化。Debug 信息在一个后缀名为 . pdb 的文件中，放在所在解决方案的\Debug 目录下。要想在后期对一个 release 版本的应用进行调试，生成一个 PDB 文件保存调试信息是非常重要的。用 Visual Studio 打开一个 . pdb 文件，并尝试分析其文件内容。

第 4 章　程序的并行执行

高级语言程序经过链接之后生成可执行代码、以及程序存储映像（a memory map of the program）。程序可执行代码由处理器（processor）以流水化方式并行执行。作为计算机的核心部件，处理器内部并行技术的设计与实现对于程序的执行效率有很大的影响。随着多核处理器的普及，多线程并行程序得到了硬件的有力支持。作为程序员，了解处理器如何执行程序，有助于程序的优化。

4.1　程序存储映像

程序经过链接之后生成了存储映像，也称为可执行映像（executable image）。程序的存储映像通常由代码段、数据段、堆、栈构成，该映像在逻辑地址空间的存储布局如图 4.1 所示。

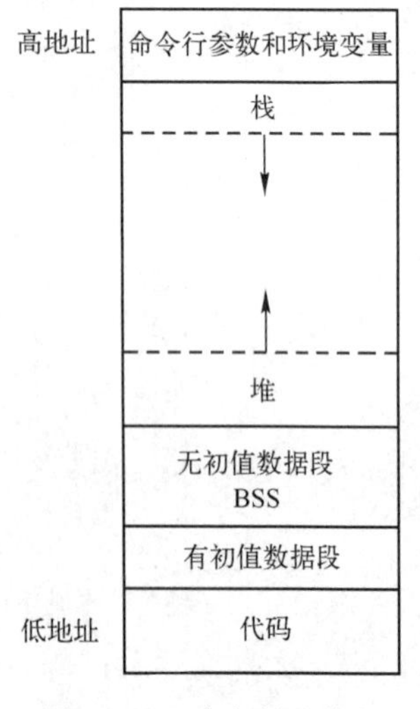

图 4.1　程序存储映像在逻辑地址空间的存储布局

这里我们所说的逻辑地址空间即程序空间，逻辑地址空间与虚拟地址空间等价。在程序实际运行时，上述代码段、数据段、堆和栈被映射到内存物理地址。我们以下面的程序及其运行结果为例，见图 4.2，分析该程序存储映像和实际内存占用情况。

图 4.2 中的示例程序使用了已赋初值的全局字符数组变量 c[ ]、全局常量字符数组 s[ ]、未初始化全局字符变量 m、已赋初值 0 的全局整型变量 k、未初始化静态整型变量 n、已赋初值的静态整型变量 i、未初始化静态整型变量 j、已赋初值的局部整型变量 len、指向动态字符存储区域的字符指针变量 p。此程序每次执行时，所有变量所获得的存储地址都不相同，这表明程序执行获得的内存物理地址具有动态分配特性。但是每次链接之后，其代码段、数据段的起始地址都没有变化（除非程序内容发生变化），这也说明程序经过链接之后生成的是逻辑地址。

通过对微软 VC++集成开发工具工程属性进行配置，即 linker→debugging→Generate MAP file 选择 yes(/MAP)，即可生成该程序的存储映像文件。程序存储映像文件列出了该程序所有代码段（CODE）和数据段（DATA）信息，包括段起始地址、段长度、段名、段类别；程序调用的函数和变量信息，包括所在段地址、使用名、相对虚拟地址和基地址、所在库；入口点，给出其所在的段位置表示；静态符号，描述 C 程序使用的基本初始化例程信息，包括所在段地址、例程名、相对虚拟地址和基地址、所在库。下面结合图 4.2 示例程序及其运行结果、存储映像文件和机器汇编代码进行综合分析。

```
1  #include <stdio.h>
2  #include <stdlib.h>
3  char c[]="helloworld"; //read-write
4  const char s[]="good morning";//read-only
5  char m;//uninitialized global variable
6  int k=0;
7  static int n;
8  int main(){
9  static int i=11;//initialized static variable
10 static int j;//uninitialized static variable
11 int len=20;//initialized local variable
12 char *p=(char*) malloc (sizeof(char)*len);//char pointer
13 printf("The address of static variable i is%p, and it's content is %d\n",&i, i);
14 printf("The address of static variable j is%p, and it's content is %d\n",&j, j);
15 printf("The address of char array c[] is %p, and it's content is %s\n",&c, c);
16 printf("The address of const char array s[] is %p, and it's content is %s\n",&s, s);
17 printf("The address of char variable m is %p, and it's content is %s\n",&m, m);
18 printf("The address of local variable len is%p, and it's content is %d\n",&len, len);
19 printf("The address of pointer *p is %p, and it's content is %c\n",&p, *p);
20 printf("The address of global variable k is%p, and it's content is %d\n",&k, k);
21 printf("The address of global variable n is%p, and it's content is %d\n",&n, n);
22 return 0;
23 }
```

```
C:\Windows\system32\cmd.exe
The address of static variable i is0138300C, and it's content is 11
The address of static variable j is01383034, and it's content is 0
The address of char array c[] is 01383000, and it's content is helloworld
The address of const char array s[] is 013820EC, and it's content is good mornin
g
The address of char variable m is 01383394, and it's content is (null)
The address of local variable len is0016F81C, and it's content is 20
The address of pointer *p is 0016F818, and it's content is ?
The address of global variable k is01383038, and it's content is 0
The address of global variable n is01383030, and it's content is 0
请按任意键继续. . .
```

图 4.2　地址分配示例程序及其运行结果

4.1.1 代码段

图 4.2 示例程序在链接后生成的存储映像文件对于代码段的描述如下：

```
Start            Length      Name     Class
0001:00000000    00000a02H   .text    CODE
```

此程序代码段名称为 .text，长度为 a02H（十六进制表示）。代码段的内容是程序经过编译之后的指令机器码。代码段是可以共享的，但是为防止程序被意外修改，代码段通常是只读（read-only）段。本程序代码段内容（微软 VC++生成）如下：

```
_TEXT   SEGMENT;代码段开始
_p$=-8                  ; size=4
_len$=-4                ; size=4
_main   PROC            ; COMDAT
```

```
; 8    : int main(){

  00000 55          push   ebp
  00001 8b ec          mov ebp, esp
  00003 83 ec 48    sub esp, 72                  ; 00000048H
  00006 53          push   ebx
  00007 56          push   esi
  00008 57          push   edi

; 9    : static int i=11;//initialized static variable
; 10   : static int j;//uninitialized static variable
; 11   : int len=20;//initialized local variable

  00009 c7 45 fc 14 00
    00 00            mov DWORD PTR _len $[ebp], 20 ; 00000014H

; 12   : char *p=(char*) malloc (sizeof(char) * len);//char pointer

  00010 8b 45 fc    mov eax, DWORD PTR _len $[ebp]
  00013 50          push   eax
  00014 ff 15 00 00 00
    00       call       DWORD PTR __imp__malloc
  0001a 83 c4 04    add esp, 4
  0001d 89 45 f8    mov DWORD PTR _p $[ebp], eax

; 13   : printf("The address of static variable i is%p, and it's content is %d\n",&i, i);

  00020 a1 00 00 00 00    mov eax, DWORD PTR ?i@?1??main@@9@9
  00025 50          push      eax
  00026 68 00 00 00 00    push    OFFSET ?i@?1??main@@9@9
  0002b 68 00 00 00 00    push    OFFSET ??_C@_0DP@PJAPAFFM@The?5address?5of?5static?
5variable?5i@
  00030 ff 15 00 00 00
    00       call       DWORD PTR __imp__printf
  00036 83 c4 0c    add esp, 12               ; 0000000cH

; 14   : printf("The address of static variable j is%p, and it's content is %d\n",&j, j);

  00039 a1 00 00 00 00    mov eax, DWORD PTR ?j@?1??main@@9@9
  0003e 50          push      eax
  0003f 68 00 00 00 00    push    OFFSET ?j@?1??main@@9@9
  00044 68 00 00 00 00    push    OFFSET ??_C@_0DP@DABAANOD@The?5address?5of?5static?
5variable?5j@
```

```
  00049  ff 15 00 00 00
    00     call      DWORD PTR __imp__printf
  0004f  83 c4 0c    add esp, 12              ; 0000000cH

; 15   : printf("The address of char array c[ ] is %p, and it's content is %s\n",&c, c);

  00052  68 00 00 00 00    push    OFFSET _c
  00057  68 00 00 00 00    push    OFFSET _c
  0005c  68 00 00 00 00    push    OFFSET ??_C@_0DN@LCNCGGHP@The?5address?5of?5char?
5array?5c?$FL?$FN?5is@
  00061  ff 15 00 00 00
    00     call      DWORD PTR __imp__printf
  00067  83 c4 0c    add esp, 12              ; 0000000cH

; 16   : printf("The address of const char array s[ ] is %p, and it's content is %s\n",&s, s);

  0006a  68 00 00 00 00    push    OFFSET _s
  0006f  68 00 00 00 00    push    OFFSET _s
  00074  68 00 00 00 00    push    OFFSET ??_C@_0ED@BKHLBLEJ@The?5address?5of?5const?5char?
5array?5@
  00079  ff 15 00 00 00
    00     call      DWORD PTR __imp__printf
  0007f  83 c4 0c    add esp, 12              ; 0000000cH

; 17   : printf("The address of char variable m is %p, and it's content is %s\n",&m, m);

  00082  0f be 05 00 00
    00 00          movsx     eax, BYTE PTR _m
  00089  50        push      eax
  0008a  68 00 00 00 00     push    OFFSET _m
  0008f  68 00 00 00 00     push    OFFSET ??_C@_0DO@HPCADILI@The?5address?5of?5char?
5variable?5m?5i@
  00094  ff 15 00 00 00
    00     call      DWORD PTR __imp__printf
  0009a  83 c4 0c    add esp, 12              ; 0000000cH

; 18   : printf("The address of local variable len is%p, and it's content is %d\n",&len, len);

  0009d  8b 45 fc      mov eax, DWORD PTR _len$[ebp]
  000a0  50        push      eax
  000a1  8d 4d fc      lea ecx, DWORD PTR _len$[ebp]
  000a4  51        push      ecx
  000a5  68 00 00 00 00    push    OFFSET ??_C@_0EA@KFLEBAPF@The?5address?5of?5local?
```

```
5variable?5le@
    000aa  ff 15 00 00 00
      00      call      DWORD PTR __imp__printf
    000b0  83 c4 0c    add esp, 12              ; 0000000cH

; 19     : printf("The address of pointer *p is %p, and it's content is %c\n",&p, *p);

    000b3  8b 45 f8      mov eax, DWORD PTR _p $[ebp]
    000b6  0f be 08      movsx    ecx, BYTE PTR [eax]
    000b9  51        push      ecx
    000ba  8d 55 f8      lea  edx, DWORD PTR _p $[ebp]
    000bd  52        push      edx
    000be  68 00 00 00 00    push    OFFSET ??_C@_0DJ@IHBFANLP@The?5address?5of?5pointer?
5?$CKp?5is?5?$CFp?0@
    000c3  ff 15 00 00 00
      00      call      DWORD PTR __imp__printf
    000c9  83 c4 0c    add esp, 12              ; 0000000cH

; 20     : printf("The address of global variable k is%p, and it's content is %d\n",&k, k);

    000cc  a1 00 00 00 00    mov eax, DWORD PTR _k
    000d1  50        push      eax
    000d2  68 00 00 00 00    push    OFFSET _k
    000d7  68 00 00 00 00    push    OFFSET ??_C@_0DP@ICPIOLHL@The?5address?5of?5global?
5variable?5k@
    000dc  ff 15 00 00 00
      00      call      DWORD PTR __imp__printf
    000e2  83 c4 0c    add esp, 12              ; 0000000cH

; 21     : printf("The address of global variable n is%p, and it's content is %d\n",&n, n);

    000e5  a1 00 00 00 00    mov eax, DWORD PTR _n
    000ea  50        push      eax
    000eb  68 00 00 00 00    push    OFFSET _n
    000f0  68 00 00 00 00    push    OFFSET ??_C@_0DP@CKIPEPL@The?5address?5of?5global?
5variable?5n@
    000f5  ff 15 00 00 00
      00      call      DWORD PTR __imp__printf
    000fb  83 c4 0c    add esp, 12              ; 0000000cH

; 22     : return 0;

    000fe  33 c0      xor eax, eax
```

```
; 23    : }

  00100  5f      pop edi
  00101  5e      pop esi
  00102  5b      pop ebx
  00103  8b e5       mov esp, ebp
  00105  5d      pop ebp
  00106  c3      ret 0
_main   ENDP
_TEXT   ENDS;代码段结束
```

为了便于阅读，上面的代码段除了给出机器码，还有汇编助记符，以及对应的 C 语句。此 main 程序代码长度只有 106（十六进制表示），小于该程序存储映像给出的代码段长度（a02H），这一点也说明链接了库函数之后，程序代码长度的变化。另外，静态整型变量 i 和 j 虽然是在 main( ) 函数内部声明，但仍然不属于局部变量。只有整型变量 len 和指针变量 p 是局部变量。

4.1.2　数据段

数据段用来存放程序所使用的数据。图 4.2 示例程序的存储映像文件对于数据段信息描述如图 4.3 所示，方框内的 .data、.bss、.rdata 是与本程序定义的变量有直接关系的三个数据段。一般情况下，.data 数据段（也称为 DATA 数据段）存放已初始化（initialized）数据，而 .bss 数据段（也称为 BSS 数据段，block started by symbol）存放未初始化（uninitialized）数据，.rdata 数据段是常数段；但是此 C 程序的局部变量不放在这三个数据段，动态分配空间的变量也不放在这三个数据段。已初始化数据段保存程序在运行之前就已经有确定值的数据，该区域的数据可以是只读（read-only）或者是可读写（read-write）。BSS 段位于数据段的尾部（按照图 4.1 所示也可以说 BSS 在数据段的上部）。BSS 段包含程序未经初始化的静态变量，这些变量在原代码中都没有被设定初值，但是操作系统一般将其初始化为 0。不同的编译器和链接器也会有各自的程序存储布局特点。

VC++将图 4.2 所示的程序代码中已经定义初值的全局字符数组变量 c[ ]、静态整型变量 i 均放在 DATA 数据段；未初始化的全局变量字符变量 m 也放在了 DATA 数据段，但是设定了 COMM 标志；全局字符数组常量 s[ ]放在了 CONST 常数段。具体内容如下。

```
_DATA      SEGMENT
_c   DB    'helloworld', 00H              ; 定义初值为 helloworld 的字符数组 c
  ORG  $ +1
?i@ ?1??main@ @ 9@ 9 DD 0bH               ; 'main'::'2'::i 定义初值为 11 的整型变量 i
_DATA      ENDS
_DATA      SEGMENT
COMM _m:BYTE
_DATA      ENDS
CONST      SEGMENT
```

```
_s   DB    'good morning', 00H           ;定义值为 good morning 的常量数组 s
CONST    ENDS
```

```
Start          Length      Name                 Class
0002:00000000 000000acH .idata$5                DATA
0002:000000ac 00000004H .CRT$XCA                DATA
0002:000000b0 00000004H .CRT$XCAA               DATA
0002:000000b4 00000004H .CRT$XCZ                DATA
0002:000000b8 00000004H .CRT$XIA                DATA
0002:000000bc 00000004H .CRT$XIAA               DATA
0002:000000c0 00000004H .CRT$XIY                DATA
0002:000000c4 00000004H .CRT$XIZ                DATA
0002:000000d0 000002d0H .rdata                  DATA
0002:000003a0 0000003eH .rdata$debug            DATA
0002:000003e0 00000004H .rdata$sxdata           DATA
0002:000003e4 00000004H .rtc$IAA                DATA
0002:000003e8 00000004H .rtc$IZZ                DATA
0002:000003ec 00000004H .rtc$TAA                DATA
0002:000003f0 00000004H .rtc$TZZ                DATA
0002:000003f8 0000005cH .xdata$x                DATA
0002:00000454 00000028H .idata$2                DATA
0002:0000047c 00000014H .idata$3                DATA
0002:00000490 000000acH .idata$4                DATA
0002:0000053c 000002d6H .idata$6                DATA
0002:00000812 00000000H .edata                  DATA
0003:00000000 00000030H .data                   DATA
0003:00000030 00000380H .bss                    DATA
```

图 4.3 存储映像文件中的数据段信息

图 4.2 所示的程序代码中，静态整型变量 n、j（未经初始化，但输出值为 0）放在 BSS 段；全局整型变量 k 虽然被赋了初值 0，但是也被放在了 BSS 段。BSS 段内容如下：

```
_BSS SEGMENT
_k     DD   01H DUP (?)
_BSS ENDS
_BSS SEGMENT
_n     DD   01H DUP (?)
?j@?1??main@@9@9 DD 01H DUP (?)      ; 'main'::'2'::j 为 j 分配一个双字空间(32 位)
_BSS ENDS
```

与初始化数据段相比，保存在未初始化数据段中的数据不会显著增大程序可执行文件的容量。VC++将程序中 printf 语句的输出信息放在了 .map 程序存储映像文件内 .rdata 只读数据段，内容如下。

```
Address          Publics by Value                              Rva+Base        Lib:Object
0002:000000fc    ??_C@_0DP@CKIPEPL@The?5address?5of?5global?5variable?5n@ 004020fc
memorylayout.obj
0002:0000013c    ??_C@_0DP@ICPIOLHL@The?5address?5of?5global?5variable?5k@ 0040213c
memorylayout.obj
0002:0000017c    ??_C@_0DJ@IHBFANLP@The?5address?5of?5pointer?5?$CKp?5is?5?$CFp?0@
0040217c       memorylayout.obj
```

```
0002:000001b8   ??_C@ OEA@ KFLEBAPF@ The?5address?5of?5local?5variable?5le@  004021b8
memorylayout.obj
0002:000001f8   ??_C@ _ODO@ HPCADILI@ The?5address?5of?5char?5variable?5m?5i@  004021f8
memorylayout.obj
0002:00000238   ??_C@ _OED@ BKHLBLEJ@ The?5address?5of?5const?5char?5array?5@  00402238
memorylayout.obj
0002:0000027c   ??_C@ _ODN@ LCNCGGHP@ The?5address?5of?5char?5array?5c? $FL? $FN?5is
@ 0040227c
memorylayout.obj
0002:000002bc   ??_C@ _ODP@ DABAANOD@ The?5address?5of?5static?5variable?5j@  004022bc
memorylayout.obj
0002:000002fc   ??_C@ _ODP@ PJAPAFFM@ The?5address?5of?5static?5variable?5i@  004022fc
memorylayout.obj
```

上述地址0002：000000fc～00002fc都在.rdata只读数据段地址范围内。与.map文件中.rdata只读数据段对应的.cod汇编代码文件中的CONST常数段，对C程序中printf语句的输出信息描述如下。

```
CONST   SEGMENT
??_C@ _0DP@ CKIPEPL@ The?5address?5of?5global?5variable?5n@  DB 'The address'
    DB  'of global variable n is%p, and it''s content is %d ', 0aH, 00H ; 'string'
CONST   ENDS
CONST   SEGMENT
??_C@ _0DP@ ICPIOLHL@ The?5address?5of?5global?5variable?5k@  DB 'The address'
    DB  'of global variable k is%p, and it''s content is %d ', 0aH, 00H ; 'string'
CONST   ENDS
CONST   SEGMENT
??_C@ _0DJ@ IHBFANLP@ The?5address?5of?5pointer?5? $ CKp?5is?5? $ CFp?0@  DB 'The '
    DB  'address of pointer *p is %p, and it''s content is %c ', 0aH, 00H ; 'string'
CONST   ENDS
CONST   SEGMENT
??_C@ _0EA@ KFLEBAPF@ The?5address?5of?5local?5variable?5le@  DB 'The address'
    DB  'of local variable len is%p, and it''s content is %d ', 0aH, 00H ; 'string'
CONST   ENDS
CONST   SEGMENT
??_C@ _0DO@ HPCADILI@ The?5address?5of?5char?5variable?5m?5i@  DB 'The addres'
    DB  's of char variable m is %p, and it''s content is %s ', 0aH, 00H ; 'string'
CONST   ENDS
CONST   SEGMENT
??_C@ _0ED@ BKHLBLEJ@ The?5address?5of?5const?5char?5array?5@  DB 'The addres'
    DB  's of const char array s[ ] is %p, and it''s content is %s', 0aH
    DB  00H                 ; 'string '
CONST   ENDS
CONST   SEGMENT
```

```
??_C@_0DN@LCNCGGHP@The?5address?5of?5char?5array?5c?$FL?$FN?5is@ DB 'The '
  DB  'address of char array c[ ] is %p, and it''s content is %s', 0aH
    DB  00H                ; 'string '
CONST  ENDS
CONST  SEGMENT
??_C@_0DP@DABAANOD@The?5address?5of?5static?5variable?5j@ DB 'The address'
    DB  'of static variable j is%p, and it''s content is %d ', 0aH, 00H ; 'string'
CONST  ENDS
CONST  SEGMENT
??_C@_0DP@PJAPAFFM@The?5address?5of?5static?5variable?5i@ DB 'The address'
    DB  'of static variable i is%p, and it''s content is %d', 0aH, 00H ; 'string '
CONST  ENDS
```

4.1.3 栈

栈（stack）是一种特殊访问方式的数据存储区。栈访问操作的特点是后进先出，即最先压入（push）栈的信息最后才能被弹出（pop），最后入栈的信息可以最先被访问。栈用来保存局部变量、函数调用时的传递参数及调用返回地址。程序执行过程中，每调用一个函数都会向栈内压入一组新信息，也称其为栈帧（stack frame）或者活动记录（activation record）。C 程序使用的栈结构如图 4.4 所示。

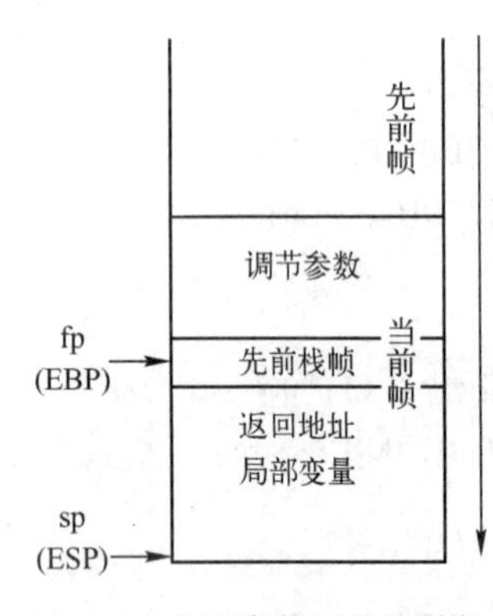

图 4.4 C 程序使用的栈结构

栈指针（stack pointer，sp）在 Intel 32 位处理器被存放在 ESP 寄存器中，ESP 一直记录栈顶位置，亦即栈当前压入或者弹出的位置；当前栈帧基地址由（frame pointer，fp）指针指向，但是 fp 指向的栈存储单元内保存的是先前栈帧（即调用函数栈帧）的基地址，fp 存放在 EBP 寄存器中。返回地址是主调函数继续执行的指令地址。当从被调用函数返回时，为此函数分配的栈空间会被释放。随着栈空间的释放，其保存的局部变量也不复存在。因此，局部变量的作用域范围有限，只在其所属的函数体内有效。

图 4.2 所示的程序代码中，整型局部变量 len 位于栈内，指向动态数据区的指针 p 也作为局部变量放在栈中。在汇编代码中，局部变量 len 和 p 分别表示为_p$=-8 和_len$=-4，这种表示使用了相对基址寻址方式，而基地址放在 EBP 寄存器中，因此，在汇编代码中将 len 变量表示为 DWORD PTR _len$[ebp]，将 p 变量表示为 DWORD PTR _p$[ebp]，即变量 len 和 p 与当前栈基地址偏移距离分别为 4 和 8，并且位于更小的地址，更准确地描述地址偏移为-4 和-8。C 语言编译器向栈内放置参数按照逆向次序，即从右向左，因此，对于 char * p=(char *) malloc (sizeof (char) * len)语句而言，len 先入栈，然后是 p 入栈。

当程序调用 malloc 函数时，结合汇编代码：

```
mov   eax, DWORD PTR _len$[ebp]
push  eax
```

```
call    DWORD PTR __imp__malloc
add     esp, 4
mov     DWORD PTR _p$[ebp], eax
```

首先将调用参数 len 传入寄存器 eax，再将 eax 内容压入栈；返回地址和先前栈帧伴随 call 调用隐式压入栈中；然后调整栈指针 esp 指向栈顶。malloc 动态分配存储空间的起始地址放在 eax 寄存器内，将该地址存入栈内（位置由_p$[ebp]指出），值得注意的是，这里没有使用 push，而是利用 mov DWORD PTR _p$[ebp]，eax 将所分配的动态地址放入栈内。

当程序调用 printf("The address of static variable i is%p, and it's content is %d\n",&i,i)函数时，结合汇编代码：

```
mov eax, DWORD PTR ?i@?1??main@@9@9
push    eax
push    OFFSET ?i@?1??main@@9@9
push    OFFSET ??_C@_0DP@PJAPAFFM@The?5address?5of?5static?5variable?5i@
call    DWORD PTR __imp__printf
add esp, 12
```

调用参数 i 及其偏移地址（&i）分别压入栈中，也将输出信息的偏移地址压入栈中；返回地址和先前栈帧伴随 call 调用隐式压入栈中；然后调整栈指针 esp 指向栈顶。对 esp 的增量与入栈信息的字节占用量有关。其余的 printf 函数调用与此类似。

结合图 4.1，随着程序的执行以及嵌套式函数调用，栈空间向下扩展，即向低地址存储区域扩展。所有函数调用都加入至栈中，编译器对于嵌套次数的支持直接受到栈空间大小的影响。

4.1.4 堆

堆（heap）是内存动态分配区域，在程序执行期间根据程序需求而被分配的存储空间。C 语言程序中的动态存储分配函数，例如 malloc、calloc 和 realloc 等，都在此区域为大规模数据分配空间。图 4.2 程序代码中 char * p=(char *) malloc (sizeof(char) * len)就在内存开辟了一个长度为 20 个字符的存储空间，即堆空间，并使用指针 p 指向该空间。分配堆空间的调用函数_malloc 位于 MSVCRT：MSVCR100.dll 库内，前者 MSVCRT 为导入库，后者 MSVCR100.dll 为动态库（内含 malloc 实现），从.map 文件可以找到此调用函数在代码段中的位置（0001：0000010e），示意如下。

```
 Address         Publics by Value              Rva+Base       Lib:Object

0000:00000001       ___safe_se_handler_count   00000001     <absolute>
0000:00000000       ___ImageBase               00400000     <linker-defined>
0001:00000000       _main                      00401000 f   memorylayout.obj
0001:00000108       _printf                    00401108 f   MSVCRT:MSVCR100.dll
0001:0000010e       _malloc                    0040110e f   MSVCRT:MSVCR100.dll
```

堆与数据段是彼此独立的数据存放区。堆是在程序执行期间动态分配；数据段在程序链接之后即被静态分配完成，但是给出的地址是逻辑地址，不是存储器的物理地址。

堆为程序处理较大量的数据提供了一种有效方式，通常使用指针访问堆中的数据。图 4.2 程序中字符型指针变量 p 所指向的存储单元位于堆内。堆空间内数据访问灵活，指针指向的堆位置都可以访问得到。与 malloc 堆空间分配语句对应的机器汇编代码如下：

```
; 12    : char * p=(char * ) malloc (sizeof(char) * len);//char pointer
  00010  8b 45 fc          mov eax, DWORD PTR _len $ [ebp]
  00013  50           push      eax
  00014  ff 15 00 00 00 00          call      DWORD PTR __imp__malloc
  0001a  83 c4 04          add esp, 4
  0001d  89 45 f8          mov DWORD PTR _p $ [ebp], eax
```

堆空间管理是一件很复杂的工作。通过动态分配的存储区在用完之后应该及时释放，否则这些存储空间不能被程序再次利用。这种动态分配的内存没有被回收的情况也会导致程序性能下降，甚至是由于缺乏可用内存空间而致使程序崩溃。伴随堆内存储空间的分配与回收，也会产生一些不连续、小容量的内存空间，这也会造成内存可用空间尚有余量，但是连续的可用空间有限，零碎空间居多。因此在使用动态内存分配时也要及时释放用完的堆空间。如果在图 4.2 程序中增加 free(p)释放已分配空间，这部分的机器汇编代码为：

```
mov   eax, DWORD PTR _p$[ebp]
push  eax
call  DWORD PTR __imp__free
add   esp, 4
```

这也是一个函数调用过程，首先将调用参数 p 压入栈内，返回地址和先前栈帧伴随 call 调用隐式压入栈中，然后调整栈顶指针 esp。

应该说明的是，不同的操作系统、编译器对于栈和堆的管理规则略有不同，不同体系结构的处理器提供的寄存器等硬件支持也存在不同。

4.2 指令并行执行

C 程序中的每一条语句（statement）翻译为若干条机器指令（instruction）之后，由处理器进行指令的执行。更进一步，处理器以流水化方式并行执行指令。指令流水线（instruction pipeline）是处理器的核心结构。

4.2.1 指令流水线

虽然处理器性能有了很大提升，但其指令流水化执行的核心技术思想一直在其新型号处理器中得以传承。本节以 Intel 486 处理器指令处理过程为例，说明指令流水化执行的思想。

486 处理器是 Intel 首款采用流水化方式执行指令的处理器。它将指令的处理过程分解为 5 个阶段，并且这 5 个阶段是以流水化的方式交接工作的。Intel 486 处理器内部的指令流水线如图 4.5 所示。

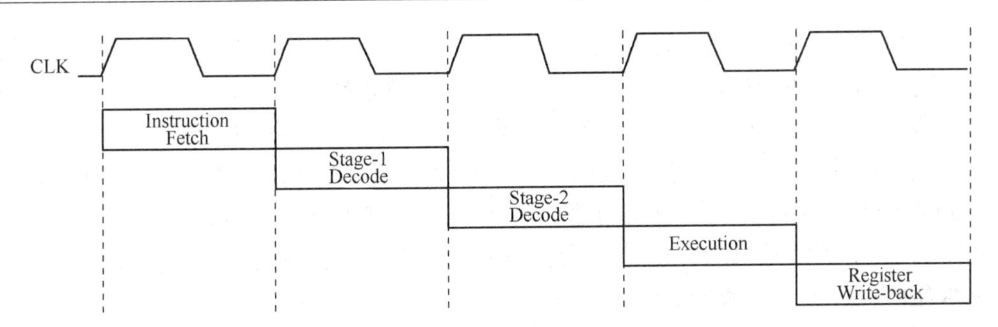

图 4.5　Intel 486 处理器指令流水线

（1） Instruction Fetch

该阶段为取指令阶段。指令从 Cache 中获取，Cache 是处理器内部的高速缓冲存储器。现代处理器的缓存可高达三级，即一级缓存（L1 Cache）、二级缓存（L2 Cache）还有三级缓存（L3 Cache）。cache 保存近期使用的指令和数据。

（2） Stage-1 Decode

该阶段为指令译码（instruction decode）阶段 1，简记为 D1。指令译码对指令功能进行解析，大部分指令都可以在一个周期内完成译码。译码阶段 1 也被称为主要译码。

（3） Stage-2 Decode

该阶段为译码阶段 2，简记为 D2。访存类指令需要在译码阶段 2 才能完成访存地址的生成。显然，访存类指令的译码需要 2 个周期。还有需要计算偏移量的指令也需要在此阶段完成。总之，不是所有的指令都在此阶段有操作，简单指令（例如操作数全部来自寄存器的算术运算指令：ADD AX，BX）在此阶段就没有操作需要完成。

（4） Execution

该阶段为执行阶段，简记为 EX。即执行整型算数和逻辑运算等。许多指令可以在一个周期内被执行完。

（5） Register Write-back

该阶段为指令提交（instruction retirement or commit）阶段，或者称为寄存器写回（register write-back）阶段，简记为 WB。指令执行完成之后，依据指令的需要，结果被写回目标寄存器。

Intel 486 指令流水线每个阶段都占用一个处理器时钟周期。流水线的 5 个阶段并行工作。多条指令在流水线中以重叠的方式被执行。指令在流水线中对各阶段部件的利用情况如图 4.6 所示。

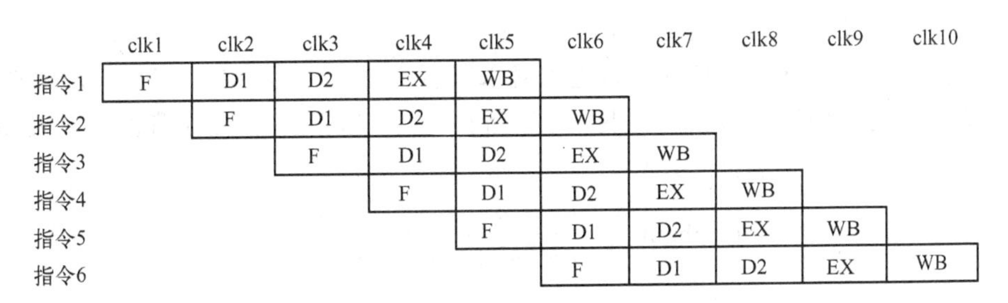

	clk1	clk2	clk3	clk4	clk5	clk6	clk7	clk8	clk9	clk10
指令1	F	D1	D2	EX	WB					
指令2		F	D1	D2	EX	WB				
指令3			F	D1	D2	EX	WB			
指令4				F	D1	D2	EX	WB		
指令5					F	D1	D2	EX	WB	
指令6						F	D1	D2	EX	WB

图 4.6　Intel 486 指令流水线时空图

图 4.6 也是一种时空图表示，这里的空间是指令所占用的流水线功能部件，时间是指令所处的执行周期。在由图 4.6 可知，指令在开始注入流水线阶段（clk1 ~ clk4）以及从流水线排空阶段（clk7 ~ clk10），流水线的各个功能段并没有完全被利用，只有当足够多的指令进入流水线（clk5 ~ clk6）时，流水线的各个功能段才完全被利用。流水线一旦被指令充满（clk5 和 clk6 时），最好的状态就是每个时钟周期都会有 1 条指令被执行完成。图 4.6 中，每条指令的执行时间并没有因为以流水化的方式执行而减少，但是 6 条指令总的执行时间却因为流水化的执行方式而减少了！

处理器从 cache 中获取指令和指令所需要的数据，然后分析指令，执行指令，并且将执行结果写回 cache。如果一条指令的处理过程可以被分割为几个阶段（stage），而且每个阶段都由相应的部件实现，就可以对指令执行的过程进行并行化处理，即以流水化（pipelining）的方式进行。这样，处理器就可以支持多条指令同时执行，从而提高指令执行的并行程度，即指令级并行（instruction level parallelism，ILP）。

4.2.2 流水线性能

我们可以用吞吐率（throughput）来衡量流水线的性能。吞吐率是单位时间里处理完成的指令数。如图 4.6 所示流水线的实际吞吐率是 $3/5\Delta t$，其中 Δt 是每周期（clk）的时间。如果不断地向流水线中注入指令（n 条），并且指令可以在流水线各段中顺利执行，则此时流水线的吞吐率是

$$\text{throughput}_{实际}=\frac{n}{(5+n-1)\Delta t}=\frac{n}{(n+4)\Delta t} \tag{4.1}$$

$$\text{throughput}_{理想}=\lim_{n\to\infty}\frac{n}{(5+n-1)\Delta t}=\lim_{n\to\infty}\frac{n}{(n+4)\Delta t}=\frac{1}{\Delta t} \tag{4.2}$$

式（4.2）表明，在理想情况下，每周期都有 1 条指令被完成，从流水线中流出。此时，$CPI_{理想}=1$。

可以从两个角度来理解式（4.1）、式（4.2）中 n 条指令在流水线中花费的总时间，即：

① 第一条指令要花费 5 个 Δt 的时间才能从流水线中流出。第一条指令被完成后，每隔 1 个 Δt 的时间，就有 1 条指令被完成，以后的 $n-1$ 条指令需要 $(n-1)\Delta t$ 的时间。n 条指令在流水线中花费的总时间是 $(5+n-1)\Delta t$。

② n 条指令依次被送入流水线需要 $n\Delta t$ 的时间。最后一条指令，即第 n 条指令被送入流水线之后，还需要 4 个 Δt 的时间才能从流水线中流出，前 $n-1$ 条指令也已经被执行完成。n 条指令在流水线中花费的总时间是 $(n+4)\Delta t$。

当然，这里有一个前提：指令一旦进入流水线后，每个周期都能平稳地向前移动。

图 4.6 所示为 5 段流水线，如果将其推广到一个 m 段的流水线（各段时间相等），则式（4.1）、式（4.2）将分别表示为

$$\text{throughput}_{实际}=\frac{n}{(m+n-1)\Delta t}=\frac{n}{(n+m-1)\Delta t} \tag{4.3}$$

$$\text{throughput}_{理想}=\lim_{n\to\infty}\frac{n}{(m+n-1)\Delta t}=\lim_{n\to\infty}\frac{n}{(n+m-1)\Delta t}=\frac{1}{\Delta t} \tag{4.4}$$

流水化是一种时间重叠式并行，向流水线注入的指令越多，即 n 值越大，它的效率就越会提高（在这些指令无依赖的情况下最好）。流水线的分段数 m 也会影响其性能，m 也通常被称为流水线的深度（pipeline depth）。对于一条具有 m 段数的流水线而言，每一条指令的执行都需要 $m\Delta t$ 的时间。但是，当指令在流水线中重叠地利用各段部件并行执行之后，每条指令的平均执行时间可以被视为 Δt，得到了 m 倍的加速。

下面给出关于衡量流水线性能的另一个参数，即流水线加速比（speedup from pipelining），表示为

$$\text{speedup}_{\text{流水线}}=\frac{\text{非流水化 } n \text{ 条指令所需时间}}{\text{流水化 } n \text{ 条指令所需时间}} \tag{4.5}$$

对于一个具有 m 段、进入 n 条指令的流水线的加速比为

$$\text{speedup}_{\text{流水线}}=\frac{nm\Delta t}{(m+n-1)\Delta t}=\frac{m}{1+\frac{m-1}{n}}$$

当 $n>>m$ 时，$\text{speedup}_{\text{流水线}} = m$。

从这个意义上看，流水线的段数越多，加速比越大，就需要深度流水。深度流水意味着有更多的指令可以被并行执行。实际上，Intel 在 486 之后的处理器流水线深度不断增加，致使 Pentium4 处理器已经有高达 20 阶段的超流水线。此外，多条流水线，又称为超标量（superscalar）流水线，也是处理器并行执行的一个特征，Intel 更是早在 Pentium（也称为 586）处理器内部就采用了两条流水线。

4.2.3 流水化并行的瓶颈

在邻近指令出现下述情况时，前面讨论的指令流水化执行都会引起执行停顿。

1. 操作数依赖

即指令之间操作数的关联。当后面指令的源操作数使用前面指令的目标操作数时，就反映一种操作数之间的依赖关系。如果后面的指令无法在需要时得到前面指令的结果，就会使指令的流水化执行遇到停顿。例如下面的代码段中：

```
ADD     EAX, EBX     ; 将 EBX 加到 EAX
NOT     EAX          ; 取 EAX 的反码,即将 EAX 的各位变反
```

ADD 指令和 NOT 指令之间关于 EAX 存在数据依赖关系，ADD 指令的结果是 NOT 指令的源操作数。如果指令是顺序执行的，指令之间的数据依赖不会给指令执行带来任何影响；如果指令是以流水方式执行的，指令之间的数据依赖就可能会妨碍后继指令的顺利执行。

2. 访存获取操作数

指令在将数据写入存储器或者读入处理器时都需要访问存储器。由于存储器的访问速度远慢于处理器的执行速度，因此访存指令致使处理器在此期间闲置。

上述停顿均由数据引起，使得计算资源不能充分利用。为了充分利用处理器资源，可以扩展程序可同时执行的指令序列，避免由于单一指令序列在流水化执行过程中存在的指令级并行瓶颈。这也将指令级并行 ILP 推进到线程级并行（thread level parallelism，TLP）。

4.3 线程级并行执行

如果说进程（process）是操作系统用来区分正在执行的不同应用的基本单元，那么线程（thread）就可称为操作系统用来分配处理器时间的基本单元。在计算机科学中，线程（thread）是程序的一个执行线索，是正在执行的程序部分及其执行状态的结合。多线程（multithreading）是操作系统管理同时执行程序的不同部分的能力，需要程序员在代码中指出多个互不依赖、可同时执行的语句。也可以说多线程是程序派生多个可同时执行任务的一种方式。因此，多线程既是一种编程模型也是一种执行模型。目前的服务器应用（如在线事务处理、Web 服务等）都有多线程同时执行的需求，即使桌面应用也愈发需要多线程并行执行。为了进一步获取高性能，避开来自单一线程指令之间有限的并行程度，现代处理器越发需要支持线程级并行技术。

4.3.1 多核处理器

伴随处理器主频的增加，能耗、散热及深度流水化和多条流水化数据通路越发成为处理器性能提升的技术瓶颈。此外，存储器访问性能也成为处理器主频增长的一个制约因素。与此同时，软件本身在多指令序列同时执行的需求影响下，也需要一个多线程可同时执行的计算环境。多核处理器（multicore processor）应运而生。

多核技术（multi-core technology）通过在一个物理封装内设置两个或多个执行核（execution core）来增强硬件多线程性能。每个执行核都可以支持指令的流水化处理（即取指、译码、分派、执行）。多核处理器，也称为片上多处理器（chip-level multiprocessor，CMP），对多线程执行的支持如图 4.7 所示。

图 4.7 中，CMP 具有 4 个双发射核，每个核被分配单一线程（分别为线程 A、B、C 和 D），每个周期可发射多条指令（垂直方向代表时间周期）。CMP 中每个核的硬件成本与超标量模型相同，所谓超标量处理器即含有多条流水线的处理器。但是超标量技术关注的是多条流水线同时提升一个指令序列（亦即单一线程内部）的并行执行能力，而 CMP 关注的是多个核同时提升多个指令序列（亦即多线程）的并行执行能力。

Intel Core 2 处理器系列和 Intel Core Duo 处理器均支持双核技术。这些双核处理器每个核都独自拥有 L1 cache，但是共享 L2 cache，如图 4.8 所示。

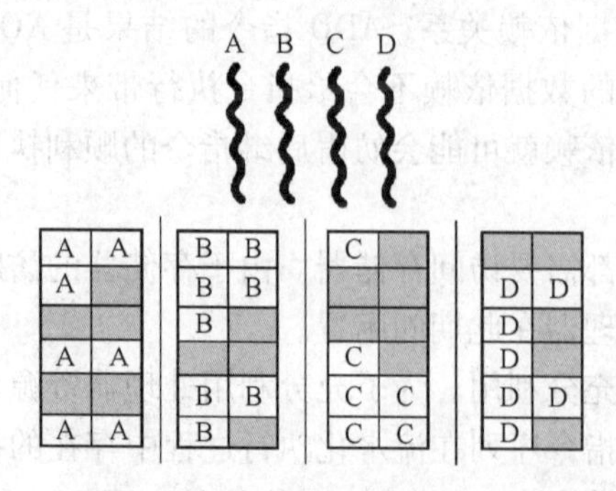

图 4.7　多核处理器对多线程的支持

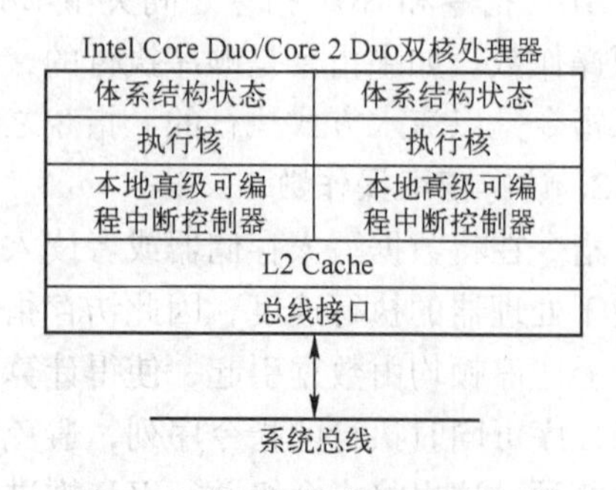

图 4.8　支持双核的 Intel 处理器

体系结构状态（architectural state）是来自Intel的术语，实质上就是各类寄存器的状态，包括通用寄存器、控制寄存器、高级可编程中断控制器（advanced programmable interrupt controller，APIC）及机器状态寄存器。执行核的关键技术仍然是流水化的数据通路。每个核都有一个本地高级可编程中断控制器（local advanced programmable interrupt controller），用于接收或者发出多核之间或者来自处理器内部亦或外部的中断请求。

Intel Xeon处理器7300、5300和3200系列支持四核技术。这些四核处理器每个核都独自拥有L1 cache，但是两个核共享一个L2 cache，如图4.9所示。

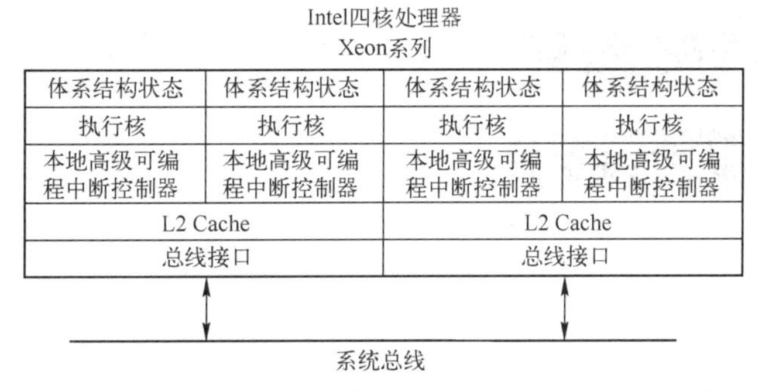

图4.9　支持四核并且两核共享L2 Cache的Intel处理器

4.3.2　多核处理器对多线程同时执行的支持

目前大部分处理器都是双核、四核，甚至是八核。每个多核处理器实际上是一个独立的CPU封装，但是表现得如同多个物理的CPU。当我们用Google Chrome浏览网页时，对于同时打开的网页，可以使用不同的CPU共同处理网页浏览的相关任务，如图4.10所示。

图4.10　处理器核的使用控制

可以通过Windows任务管理器控制程序运行在哪个核上，即右键单击选中的进程（如图4.10中的chrome.exe），然后选择“设置相关性（set afinify）”，在“处理器相关性”对话框选择相应的处理器核。并且可以进一步通过“性能”选项卡，如图4.11所示，了解每个核的任务负载。

图 4.10 和图 4.11 展示的处理器实际上是一个双核处理器，该信息可以从 CPU-Z 测试软件获取。运行 CPU-Z 得到的处理器信息如图 4.12 所示，该处理器型号为 Intel（R）Core（TM）i5-2410M CPU @2.30GHz，核心数为 2，线程数为 4。但是我们在图 4.10 所看到的是 4 个 CPU 核，这实际上是在 2 个物理核上同时支持了 4 个线程，体现的正是 4.3.3 节将要介绍的 Intel 超线程技术。

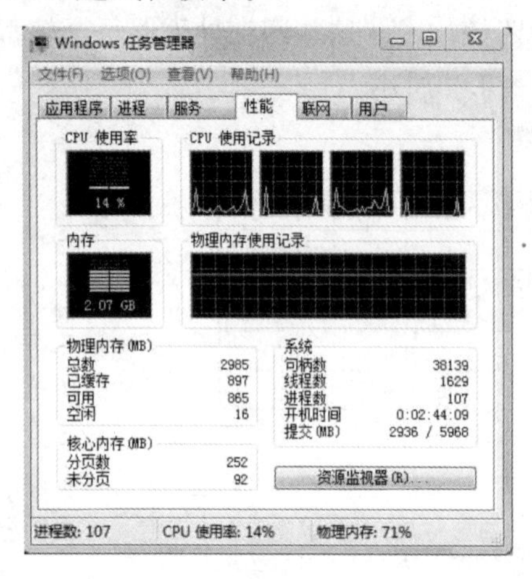

图 4.11　处理器核使用情况

图 4.12　CPU-Z 测试结果

4.3.3　Intel HT 技术

Intel hyper-threading 技术即超线程技术，以下简称 HT 技术，将同时多线程理念引入到 Intel 体系结构中，并首次在 Intel Xeon MP 处理器中实现。此后，在所有 Intel Xeon 处理器及 Intel Pentium 4 系列的部分处理器（标有支持 HT）中应用了该技术。HT 技术使得一个处理器可以同时执行程序代码中的两个线程。

一个执行的程序被称为进程，进程是线程的容器。一个进程可以包含多个线程，线程是进程中的指令序列。线程占用的资源包括所用的寄存器和栈，栈内包含临时数据，例如传递的参数、返回地址和局部变量。如果一个执行程序只有一个线程，此时进程与线程是等同的。只有单一线程的进程状态和其线程的状态是相同的；一个进程的多个线程之间可以共享程序代码以及全局数据，但寄存器和栈是每个线程独立拥有的。线程使用资源情况如图 4.13 所示。

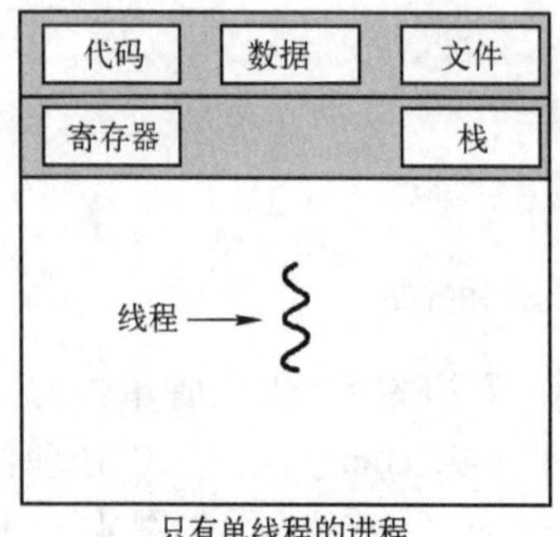

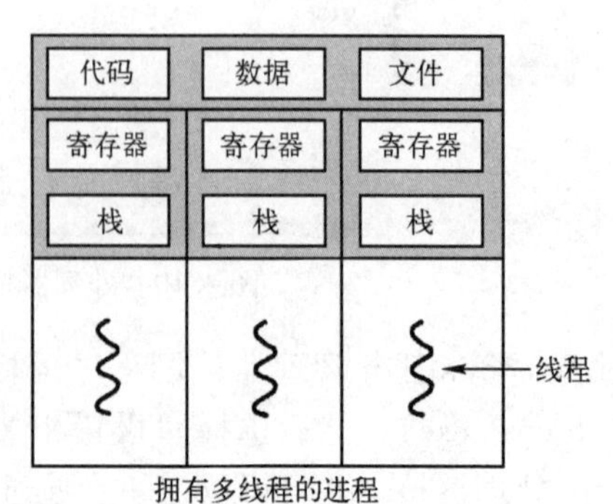

图 4.13　线程使用资源的情况

图4.13显示各线程之间独立占用寄存器和栈资源。HT技术使得单个处理器成为两个逻辑处理器，并且每个逻辑处理器都有自己的体系结构状态（architectural state，AS），如图4.14（a）所示，这两个逻辑处理器共享硬件执行资源。从软件的视角，只要AS被复制，就好像有了两个处理器一样。两个逻辑处理器共享物理处理器的几乎所有其他资源，如执行单元、转移预测、控制逻辑及总线等。图4.14（b）示意了传统的双处理器系统，即含有两个物理处理器。图4.14将支持HT的处理器及传统的双处理器系统进行了对比。

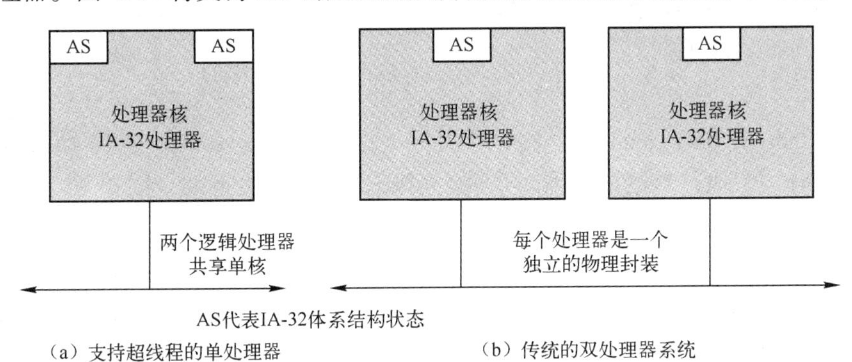

图4.14 支持HT的处理器以及传统的双处理器系统

Intel Core i7多核处理器系列从支持四核和HT技术起始。早期的Intel Core i7-900桌面机处理器就支持四核技术和HT技术，与主板芯片组通过快速通道（quickpath interconnect，QPI）连接，处理器内部集成内存控制器（integrated memory controller，IMC）通过三通道连接DDR3内存，如图4.15所示。在2017年第二季度发布的Intel Core i7-7820X桌面机处理器已经支持高达8个核和16个线程，所连接的内存类型也升级为DDR4。

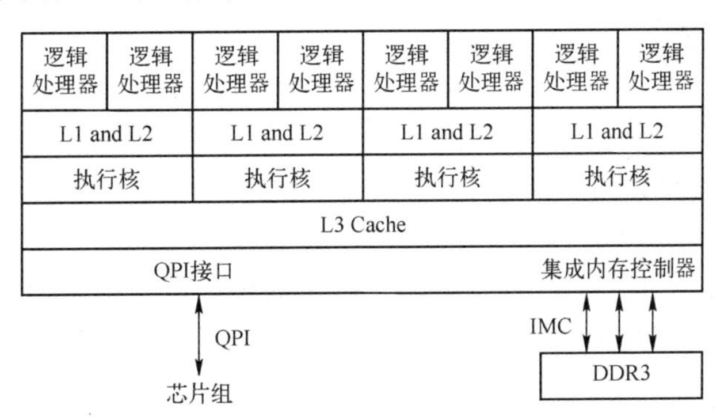

图4.15 Intel Core i7-900四核并支持HT的处理器

下面结合软件应用，进一步说明硬件资源对多个线程同时执行的支持。在典型的单核处理器运行环境，操作系统和运行在操作系统环境上的应用程序（例如E-mail、Game、Word Processor、Spreadsheet等）一起驻留在主存中。但在任意给定的时刻，只有一个应用可以访问处理器的资源，即应用是被顺序执行的，如图4.16所示。

图4.16中所涉及的邮件（E-mail）、游戏（Game）、文字处理（Word Processor）和表格处理（Spreadsheet）四类应用产生以下分解操作：打开文件（Open File）、检查邮件（Check mail）、文件归档（Archive）、通知新邮件（Notify new mail）、存盘（Write to disk）、

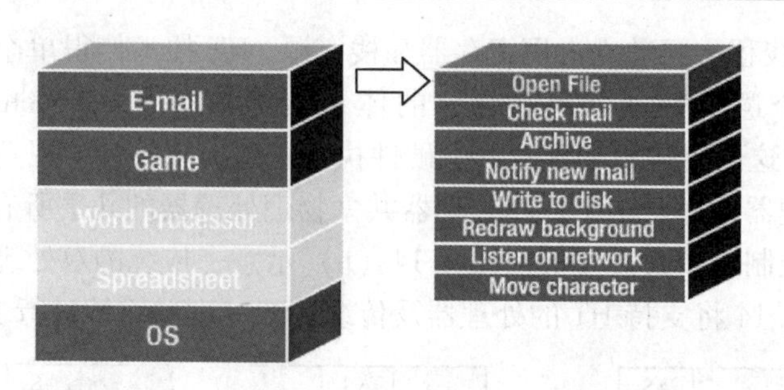

图 4.16　单核处理器运行环境中代码的顺次执行

重绘背景（Redraw background）、监听网络（Listen on network）、移动字符（Move character）。只有一个执行核的处理器对这些分解操作是顺序执行的，图 4.16 示意的为处理器正在处理操作系统所支持的打开文件操作。

当一个处理器支持 HT 技术时，每个 CPU 物理核就拥有了两个逻辑核，操作系统就可以将线程分配到每个逻辑核上，每个逻辑核都可以支持一个操作处理。因此，Open file（打开文件）和 Check mail（检查邮件）可以同时进行，如图 4.17 所示，这两个操作分别属于操作系统和邮件应用所支持的功能。

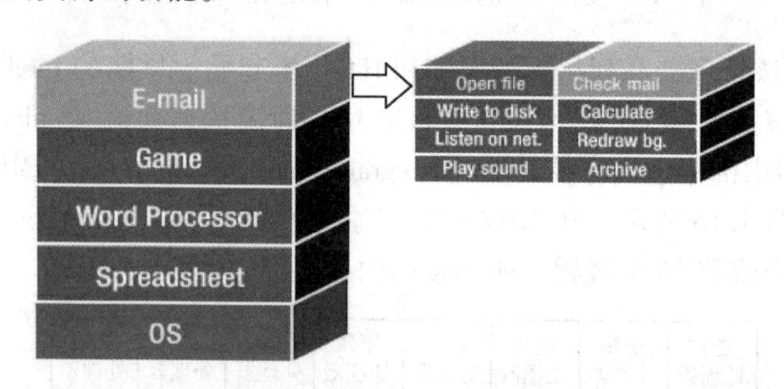

图 4.17　支持 HT 技术的单核处理器运行环境中代码的执行

对于支持 HT 的多核处理器运行环境，计算机操作系统可以首先将等待执行的进程分配到不同的物理核中；然后，再将余下等待执行的线程分配到同一物理核中不同的逻辑核上。图 4.10 显示的 Windows 任务管理器将一个双核四线程的处理器看成具有 CPU0～CPU3 共四个 CPU 的等同计算环境。图 4.18 示意支持 HT 技术的双核处理器运行环境中代码的执行。

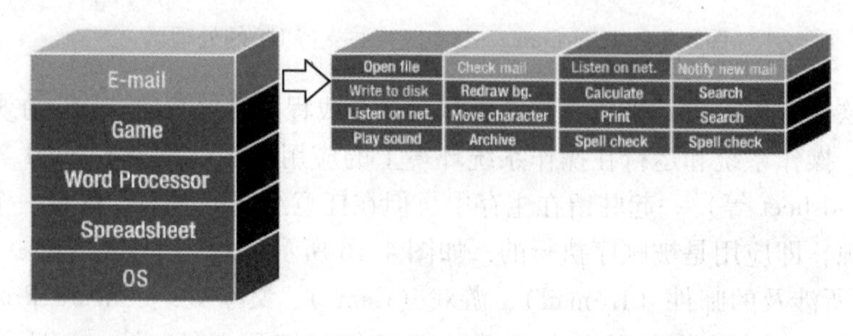

图 4.18　支持 HT 技术的双核处理器运行环境中执行代码的分配

任何在 Intel 单核处理器上执行的应用都可以在 Intel 多核处理器上运行。为了更好地发挥多核处理器的作用，运行在多核平台上的软件应该具备将负载分配到多个执行核的能力，进而达到线程级并行。目前的 Microsoft Windows XP、Windows Server 及各种版本的 Linux 均支持多线程。多核处理器可以同时执行多个线程，其中包括来自不同应用程序的线程、来自操作系统的线程或者同一个应用程序中可以并行的线程。

总之，HT 使得操作系统能将应用程序进程或线程调度到多个逻辑核上，如同系统拥有多个物理核一样。因此，HT 技术能够改善处理器的性能，使其更加适于运行多线程操作系统、多线程应用程序或者多任务环境下的单线程应用。

4.4　并行程序设计

随着多核处理器的普及，为了充分利用多核计算能力，程序员需要编写并行程序。本节讨论多核处理器环境下的并行程序设计。

4.4.1　加速 for 循环的并行构造

在计算机编程语言中，循环（loop）是一段代码的重复，并且循环体的重复次数很大。因此循环的并行执行对于程序的加速运行起到了很大的作用。但是循环并行执行要求每次迭代（iteration）所使用的数据之间是独立的，没有依赖关系，这样才能从根本上保证多个迭代不存在相互制约，而能够同时执行。

从编程语法上，在循环程序段 for 之前加上#pragma omp parallel for 可以实现多个迭代同时执行。下面的代码用于求一系列的 sin(2πn/size)值。

```
#define _USE_MATH_DEFINES
#include <math. h>
#include <omp. h>
  int main( ) {
    const int size = 256;
    double sinTable[ size ];
    int n;
    #pragma omp parallel for
          for( int n=0; n<size; ++n) {
              sinTable[ n ] = sin(2 * M_PI * n / size);
          }
    // the table is now initialized
  return 0;
  }
```

上面的 C 程序中，由于每个 sin 函数的计算值之间没有关联，因此可以同时进行计算。#pragma omp parallel for 是 OpenMP 定义的一个并行构造，也称为编译制导（compiler directive），用于指明下面的 for 循环由多个线程共同分担执行，每个线程承担一部分 sin(2 * M_PI * n/size)计算。由于 sin(2 * M_PI * n/size)只与本次迭代的 n 值有关，因此该计算的独立性很好，有利于并行执行。

OpenMP 是一个应用编程接口（API），支持 C/C++和 Fortran 编程语言。微软 VC++编译器支持 OpenMP，在其\include 目录下提供了 omp. h。但是在 VC++默认配置中并未开启对 OpenMP 的支持，需要程序员手工开启，具体步骤为：项目属性页→C/C++→language→Open MP Support→Yes(/openmp)，如图 4. 19 所示。

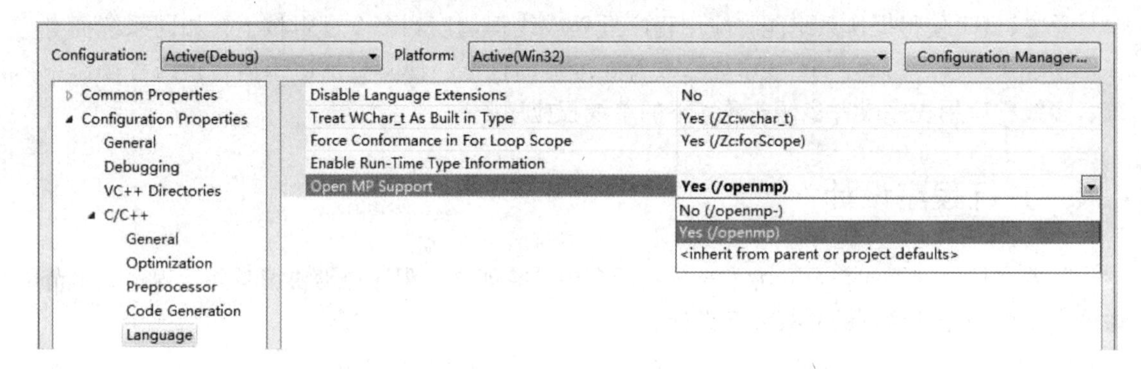

图 4. 19　Visual Studio VC++启用 OpenMP 过程示意

究竟有多少个线程共同分担 for 循环的执行呢？如果代码中没有明确指出同时工作的线程数，OpenMP 可以智能地按照计算机所支持的线程数开启同时工作的线程数。读者可以在自己的计算机运行上述代码，为了便于观察，在 for 循环中加入获取当前执行线程编号函数，即 omp_get_thread_num( )，并将其输出，以此来判定有多少线程在同时分担 for 循环的执行，添加的代码为：

```
#pragma omp parallel for
        for(int n=0; n<size; ++n){
            sinTable[n] =sin(2 * M_PI * n / size);
            printf("Thread Number: %d\n", omp_get_thread_num());
        }
```

程序员也可以通过自主设定线程数来决定多少个线程同时执行，调用函数形式为：omp_set_num_threads(int num_threads)，进一步添加的代码段如下。

```
    ...
    omp_set_num_threads(8);
#pragma omp parallel for
    for(int n=0; n<size; ++n){
        sinTable[n] =sin(2 * M_PI * n / size);
        printf("Thread Number: %d\n",omp_get_thread_num());
    }
```

读者可以通过输出信息观察到有多少个线程在同时工作。

4. 4. 2　基于共享存储的并行编程模型

OpenMP 就是一个基于共享存储的并行编程模型，使用的基础编程语言是 C/C++或者

Fortran，并在基础程序之上增加编译制导（compiler directives）、库例程（library routines）及环境变量（environment variables）建立并行程序。OpenMP 的环境变量在并行代码中是可选用的。通过 4. 4. 1 节的实例，对 OpenMP 的并行构造#pragma omp parallel for 已经有了功能上的认识。下面对 OpenMP 所基于的存储环境进行说明。

（1）共享存储（shared memory）

从硬件层面上，共享存储概念可以表示为图 4. 20 所示。

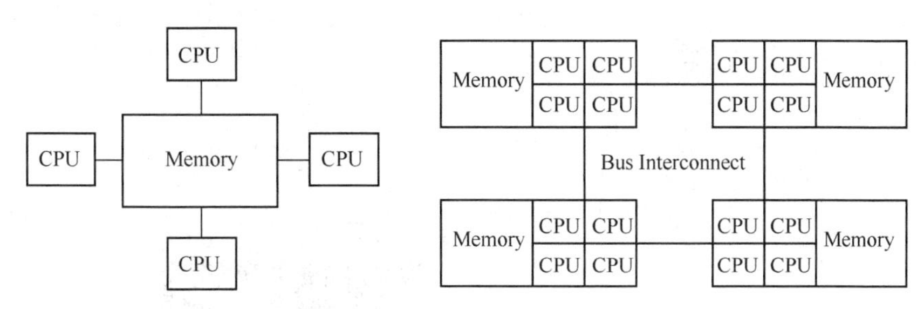

（a）统一存储器访问 UMA　　（b）非统一存储器访问 NUMA

图 4. 20　多 CPU 共享存储

图 4. 20（a）展示了多 CPU 共同访问同一个存储器，是最直观的共享存储，即统一存储器访问（uniform memory access，UMA）。另外一种复杂一些，图 4. 20（b）展示了多 CPU 共同面对一个存储编址空间，但是这个存储地址空间是由多个主存共同构成；每一个主存为本地的 CPU 提供数据的时间短，而为非本地的 CPU 提供数据的时间长，也因此称为非统一存储器访问（non uniform memory access，NUMA）。

从软件层面看共享存储，就是多个线程读写一个公共存储空间（shared memory），如图 4. 21 所示，当然每个线程（thread）也有私有数据空间（private）。

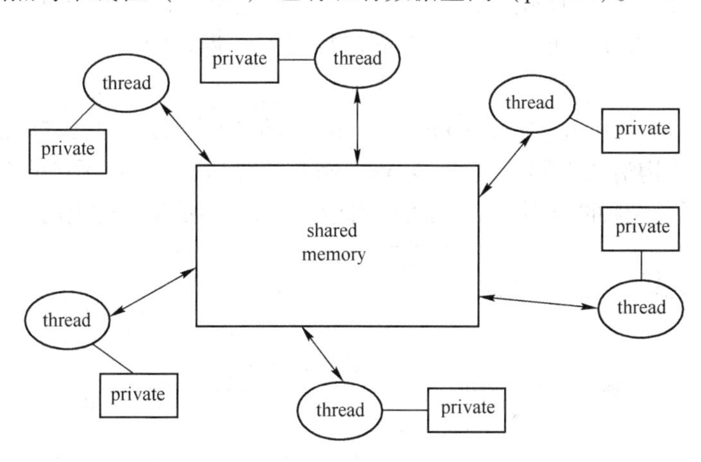

图 4. 21　多线程共享存储

共享存储器是多个处理器或者多个线程之间交换数据的媒介。处理器通过 load/store 指令从存储器读出或者向存储器写入数据，达到多处理器或者多线程之间的数据交换。

（2）数据竞争

在共享存储环境中，多个线程不能在同一时间对同一个存储单元进行同时写操作，也不能同时进行读操作和写操作。多个线程对一个存储单元进行同时写，或者读写同时发生的现象称为数据竞争（data race）。在 OpenMP 并行编程模型中提供了#pragma omp critical 构造防止数据竞争产生。图 4. 22 给出 #pragma omp critical 构造应用示例程序。

```
#include <omp.h>
#include <stdio.h>
#include <stdlib.h>
#define SIZE 10
int main()
{
    int i;
    int max;
    int a[SIZE];
    for (i = 0; i < SIZE; i++)
    {
        a[i] = rand();
        printf_s("%d\n", a[i]);
    }
    max = a[0];
    #pragma omp parallel for num_threads(4)
        for (i = 1; i < SIZE; i++)
        {
            if (a[i] > max)
            {
                #pragma omp critical
                {
                    if (a[i] > max)
                        max = a[i];
                }
            }
        }
    printf_s("max = %d\n", max);
}
```

```
C:\Windows\system32\cmd.exe
41
18467
6334
26500
19169
15724
11478
29358
26962
24464
max = 29358
请按任意键继续. . .
```

图 4. 22　#pragma omp critical 构造应用示例程序

图 4. 22 所示例代码中，变量 max 是多个线程共同使用的共享变量，继变量 max 赋初值 a[0]之后，对于 max 的修改是在 4 个线程（由#pragma omp parallel for num_threads(4)决定）之间进行的。#pragma omp critical 构造确保它所控制的代码（即该构造下限定在{…}范围内的语句）在多个线程之间顺序化执行，从而避免数据竞争。在此代码段中，if（a[i]>max）max=a[i]语句对于变量 max 的赋值在 4 个同时执行的线程之间是串行执行的，此刻的程序不再是并行执行。

除了#pragma omp critical 构造，#pragma omp atomic 构造也是防止数据竞争的，只是不如#pragma omp critical 构造的控制范围大。atomic 制导只能对一个简单标量的操作进行顺序化控制，图 4. 23 给出了这两种防止数据竞争的线程同步构造应用示例，这里的同步指顺序化操作。

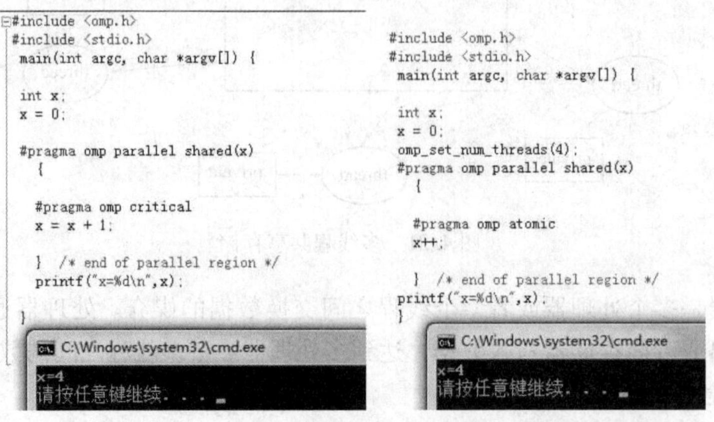

```
#include <omp.h>
#include <stdio.h>
main(int argc, char *argv[]) {

int x;
x = 0;

#pragma omp parallel shared(x)
  {

  #pragma omp critical
  x = x + 1;

  } /* end of parallel region */
  printf("x=%d\n",x);
}
```

```
C:\Windows\system32\cmd.exe
x=4
请按任意键继续. . .
```

```
#include <omp.h>
#include <stdio.h>
main(int argc, char *argv[]) {

int x;
x = 0;
omp_set_num_threads(4);
#pragma omp parallel shared(x)
  {

  #pragma omp atomic
  x++;

  } /* end of parallel region */
printf("x=%d\n",x);
}
```

```
C:\Windows\system32\cmd.exe
x=4
请按任意键继续. . .
```

图 4. 23　#pragma omp critical/atomic 构造对比应用示例程序

图 4.23 中的代码分别用#pragma omp critical 和#pragma omp atomic 构造控制了多个线程对共享变量 x 的顺序加 1 操作，这里的 x 被显示声明为共享变量，即 shared(x)。

当然，顺序化操作使得多线程并行执行退化为串行操作。面对多个线程同时独自处理的数据进行诸如累加或者求最大、最小等类型的操作需求，OpenMP 提供了归约操作和归约变量表达，图 4.24 案例程序示意 OpenMP 支持的归约表达，即 reduction（归约操作：归约变量）。

```
#include "stdio.h"
#include "omp.h"
static long num_steps = 100000;
double step;
void main ()
{
    int i; double x, pi, sum = 0.0;
    step = 1.0/(double) num_steps;
    omp_set_num_threads(4);
    #pragma omp parallel for private(x)reduction(+:sum)
    for (i=1;i<= num_steps; i++){
        x = (i-0.5)*step;
        sum = sum + 4.0/(1.0+x*x);
    }
    pi = step * sum;
    printf("PI=%f\n",pi);
    return ;
}
```

```
C:\Windows\system32\cmd.exe
PI=3.141593
请按任意键继续. . .
```

图 4.24　用求积分法估算 π 值的 OpenMP 代码

图 4.24 所示的π值估算代码采用 $\pi = \int_0^1 \frac{4}{1+x^2}dx$ 原理，即 $4 \times \arctan(x) \mid_0^1 = \int_0^1 \frac{4}{1+x^2}dx$，并且将[0..1] 区间的积分转为求曲线 $y(x) = \frac{4}{1+x^2}$ 在 $x \in [0..1]$ 区间的面积。因此，可以用若干个小矩形的面积之和近似曲线下的面积，进而得到π值。变量 num_steps 相当于矩形的数量，变量 sum 就是对矩形高的累积。该曲线下分割的矩形越多，估算的π值就越精确；这里矩形的数量相当于描述了并行计算问题规模(problem size)。变量 x 是每个线程私有的，而变量 sum 属于归约变量，在 reduction 中声明使用的归约操作，这里使用的是加法(+)。编译器为归约变量 sum 生成两个变量，其中一个变量是保存外部结果的共享变量，另一个是各个线程自己的私有变量。在并行执行的过程中，线程使用的是私有变量，完成分担的任务进行归约操作时将结果保存在外部共享变量中。

4.4.3　fork-join 并行执行模型

fork-join 是建立和执行并行程序的一种设计模式，包括产生多个执行分支以及将多个执行分支合并的过程。OpenMP 使用 fork-join 并行执行模型。所有的 OpenMP 程序都由一个单一进程开始，也可以说由一个主线程开始，在遇到 OpenMP 的并行构造之前，主线程都是在顺序执行。当遇到 OpenMP 并行构造时，主线程创建一组并行线程，这个过程就是 fork。程序中由并行构造所包围的语句是由这个线程组并行执行的。当每个线程都完成了各自的执行任务，它们进行同步并且合并，这就是 join，然后只留下主线程继续执行。图 4.25 是 fork-join 示意图。

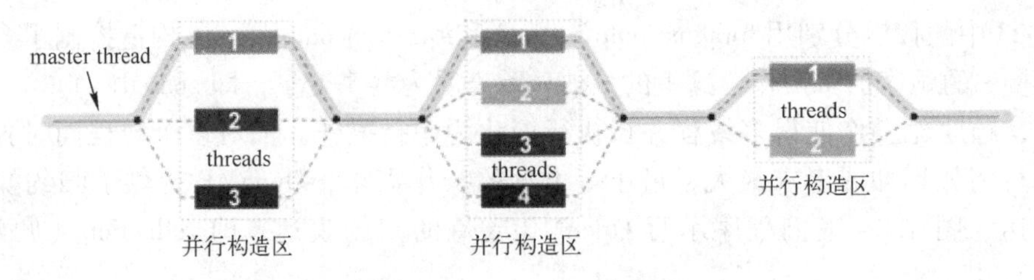

图 4.25　fork-join 并行执行模型

一个程序中有多少个并行构造取决于应用本身的需要，选择多少个线程同时执行某个并行构造由硬件资源和应用需求共同决定。

#pragma omp parallel for 是 OpenMP 一种常用的并行构造。我们在此不穷尽 OpenMP 的所有并行构造，只从并行构造面向问题的适应性角度为读者打开解决问题的思路。#pragma omp parallel for 适于所有线程都执行相同的代码片段，例如 4.4.2 节中 π 值估算代码。如果多个线程同时执行不同的代码片段，OpenMP 为此提供了#pragma omp parallel sections 并行构造，举例如图 4.26 所示。

```
#include <stdio.h>
#include "omp.h"
int main()
{
    printf("Hello from serial.\n");
    printf("before omp set Thread number=%d\n", omp_get_thread_num());
    omp_set_num_threads(2);
    printf("after omp set Thread number=%d\n", omp_get_thread_num());
    #pragma omp parallel sections
        {
            printf("Hello from parallel. Thread number=%d\n",  omp_get_thread_num());
            #pragma omp section
                for (int i = 0; i < 5; ++i) {
                    printf("i=%d at thread %d\n",i, omp_get_thread_num());
                }
            #pragma omp section
                for (int j = 0; j < 5; ++j) {
                    printf("j=%d at thread %d\n",j, omp_get_thread_num());
                }

        }
    printf("Hello from serial again.\n");
    return 0;
}
```

```
C:\Windows\system32\cmd.exe
Hello from serial.
before omp set Thread number=0
after omp set Thread number=0
Hello from parallel. Thread number=0
i=0 at thread 0
j=0 at thread 1
j=1 at thread 1
j=2 at thread 1
j=3 at thread 1
j=4 at thread 1
i=1 at thread 0
i=2 at thread 0
i=3 at thread 0
i=4 at thread 0
Hello from serial again.
请按任意键继续. . .
```

图 4.26　#pragma omp parallel sections 并行构造示意程序

图 4.26 中的代码段有几个值得注意之处：

① 从输出信息 before omp set Thread number = 0 和 after omp set Thread number = 0 可以观察到 omp_set_num_threads（2）语句的执行并没有改变当前工作的线程数量；

② #pragma omp parallel sections 并行构造只将#pragma omp section 包围的区域指定由不同的线程同时执行（体现在 i = 0 at thread 0 和 j = 0 at thread 1 等输出信息），其他部分仍然是串行执行（体现在只有 Hello from parallel. Thread number = 0 输出信息，并未有来自线程 1 的信息）；

③ 线程 0 和线程 1 相互独立执行，执行进度相互无关，这体现在 i、j 输出信息交叉出现，并且每次运行此代码时，i、j 输出信息的次序也呈随机状态。

④ 在并行构造#pragma omp parallel sections 之后，又只有一个主线程在工作，这一点从只有一条 Hello from serial again 输出信息得到验证。

如果想要多个线程同时执行同一段代码，但是可以处理不同的数据，这个应用需求与负载分担构造不同，OpenMP 还提供了#pragma omp parallel 并行构造。代码示例如图 4.27 所示。

```
#include <stdio.h>
#include "omp.h"
int main()
{
    printf("Hello from serial.\n");
    printf("before omp set Thread number=%d\n", omp_get_thread_num());
    omp_set_num_threads(2);
    printf("after omp set Thread number=%d\n", omp_get_thread_num());
    #pragma omp parallel
        {
            printf("Hello from parallel. Thread number=%d\n",  omp_get_thread_num());

        }
    printf("Hello from serial again.\n");
    return 0;
}
```

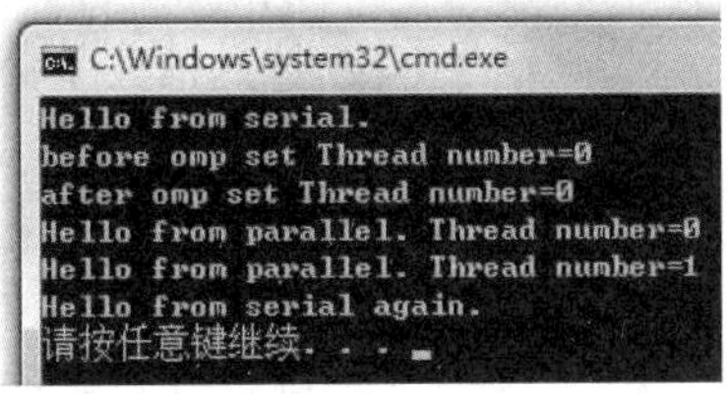

```
C:\Windows\system32\cmd.exe
Hello from serial.
before omp set Thread number=0
after omp set Thread number=0
Hello from parallel. Thread number=0
Hello from parallel. Thread number=1
Hello from serial again.
请按任意键继续. . .
```

图 4.27　#pragma omp parallel 并行构造应用程序示意

从图 4.27 中可看到#pragma omp parallel 派生出来的 2 个线程的输出信息：Hello from parallel. Thread number=0 和 Hello from parallel. Thread number=1。

总之，fork-join 是 OpenMP 编程模型的并行执行模型，也是一种典型的程序并行执行模型。本节所讨论的程序并行属于线程级并行；而单条指令在 CPU 中的流水化方式执行属于指令级并行。

习题 4

4.1　假定某个处理器有一个 7 级（段）流水线，运行的时钟频率为 100 MHz。流水线被设计为每级流水需要 2 个时钟周期。假定有一个包含 10 条指令的基本程序块进入流水线。

（1）假定流水线上没有阻塞发生，那么从第一条指令进入流水线到所有指令执行完毕需要花费多长时间？

（2）如果在执行时，每两条指令中有一条指令会导致流水线阻塞 4 个时钟周期，那么 10 条指令全部执行完毕需要多少时间？

4.2　DLX 是一个 RISC 处理器模型，由 John L. Hennessy 和 David A. Patterson 设计。John L. Hennessy 和 David A. Patterson 也是 MIPS 处理器的主要设计者。DLX 是一个简化的 MIPS，主要是为教学用途而设计的。在 DLX 的非流水实现和基本流水线实现中，5 个功能单元（即取指、译码、执行、访存和写回）所需要的执行时间分别是 10 ns、8 ns、10 ns、10 ns和 7 ns。现假设流水线机器的时钟周期时间要附加 1 ns 的额外开销，相对于非流水实现指令而言，试求基本 DLX 流水线的加速比是多少？

4.3　简述增加流水线的段数会带来的问题。现代的微处理器，如 Intel 的 Pentium 和 AMD 的 Athlon，它们运行测试码的效率大致相当，但是 AMD 的处理器时钟频率只有 Pentium 处理器频率的 65%左右。简要说明出现这种情况的原因。

4.4 理想的流水线可以达到 CPI=1，即（平均）每条指令只需 1 个周期，相当于每个周期完成 1 条指令。想要计算机每个周期完成多条指令，即让 CPI 小于 1，可以通过改变 CPU 的内部结构，使得更多的指令重叠执行，这是提高 CPU 性能的有效途径。超标量支持在一个时钟周期同时发射多条指令到处理器中冗余设置的流水线功能部件上。这里的功能部件可以是算术逻辑运算单元或乘法器等。重复设置处理器中的功能部件，或者重复设置流水的功能段，可以提高指令级并行程度。超标量处理器每个周期可以完成多条指令，从而使 CPI 小于 1。超标量是提高处理器指令级并行的一种技术。继 Intel 486 处理器之后的 Pentium 处理器采用了两个 5 段流水的超标量整型部件，如图 4.28 所示。

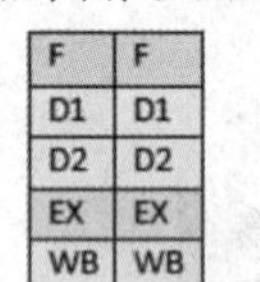

图 4.28 Pentium 处理器超标量流水线

（1）该流水线执行指令的最大吞吐率是多少？

（2）什么情况下能达到最大吞吐率？

4.5 处理器指令集有复杂和精简之分，即 CISC 指令和 RISC 指令。CISC 指令集中各指令功能的复杂程度不同，导致每条指令的执行时间存在差异；而 RISC 指令集中各指令功能的复杂程度相近，因此每条指令的执行时间相近，适于指令执行过程的流水化实现。Intel IA-32 系列处理器是典型的采用 CISC 指令集的处理器，而 MIPS 处理器是典型的采用 RISC 指令集的处理器。DLX 作为 MIPS 处理器的教学简化版，体现了 RISC 处理器指令执行流水化的核心实现。图 4.29 所示的 DLX 模型机流水线由 5 个阶段构成［取指（IF）、译码（ID）、执行（Exe）、访存（Mem）和写回（WB）］，每个阶段都需 1 个周期。任何指令都需经过 IF，将指令从指令存储器（IM）中取出送至指令寄存器 IR。所有指令的来自寄存器的源操作数都在 ID 阶段读取。所有运算指令都在 Exe 段的 ALU 中执行，但其计算结果在 WB 段写回目标寄存器。访存 load/store 指令采用基址-偏移寻址方式，在 Exe 段计算形成访存地址，在 Mem 段访问数据存储器 DM 读取或写入数据。寄存器写在前半周期完成，寄存器读在后半周期完成，即一个周期内可以完成对寄存器的读/写。

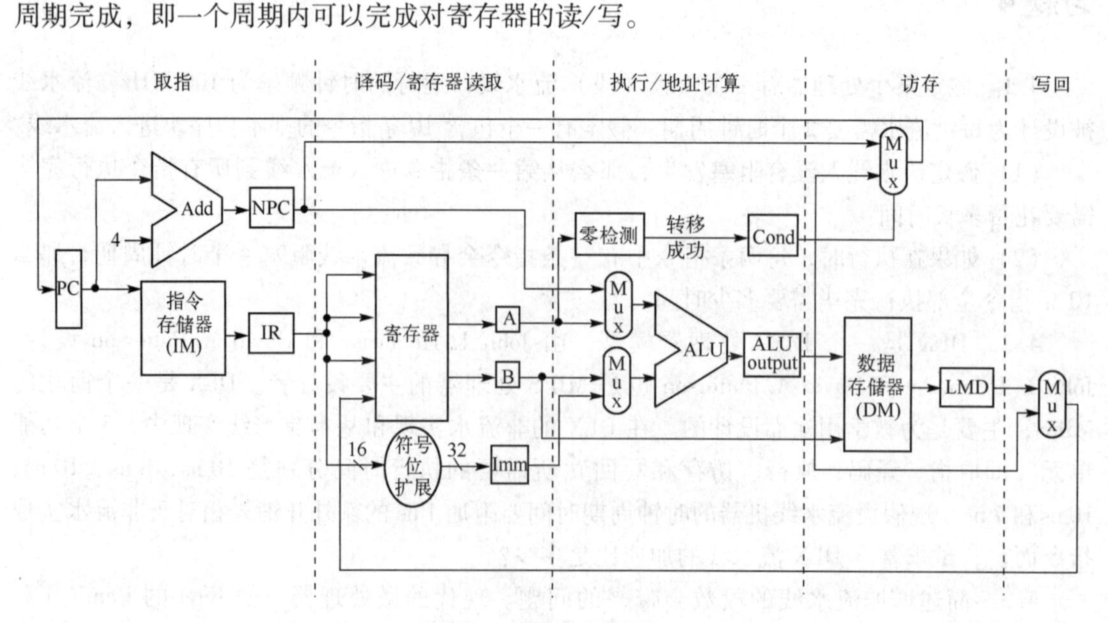

图 4.29 DLX 流水线

（1）对于下列程序段用时空图描述指令在流水线中的执行情况。

```
ADD     R1,R2,R3     ;R1←R2+R3
SUB     R4,R1,R5     ;R4←R1-R5
AND     R6,R1,R7     ;R6←R1∧R7(按位逻辑与)
OR      R8,R1,R9     ;R8←R1‖R9(按位逻辑或)
```

（2）对于下列程序段用时空图描述指令在流水线中的执行情况。

```
ADD     R1,R2,R3     ;R1←R2+R3
LW      R4,0(R1)     ;R4←Mem[(R1)+0]
SW      12(R1),R4    ;Mem[(R1)+12]←R4
```

（3）如果 ALUoutput（保存运算结果寄存器）与 Exe 段内的 Mux（运算器源操作数的多路选择器）之间有定向通路（可将运算结果在下一个周期送至 Mux）；LMD（访存数据寄存器）与 Exe 段内的 Mux 之间也有定向通路（可将访存得到的数据在下一个周期送至 Mux）。用时空图分别描述此时（1）、（2）两题程序段在流水线中的执行情况。

4.6　动态调度（dynamic scheduling）指处理器在执行指令时不按照编译器预先排好的指令次序进行。指令动态调度通常会导致乱序执行。所谓乱序执行（out-of-order execution）指处理器利用多个执行部件以不按程序指令排序的方式执行指令。这意味着排在后面的指令会比排在前面的指令提前执行。这种灵活性由于减少了执行的等待时间而改善了性能，但是，一定要确保执行结果应该按照程序运行的正确次序重新组装起来。Intel 从 P6 处理器系列开始也采用了动态调度，P6 系列处理器流水化单元组织如图 4.30 所示。

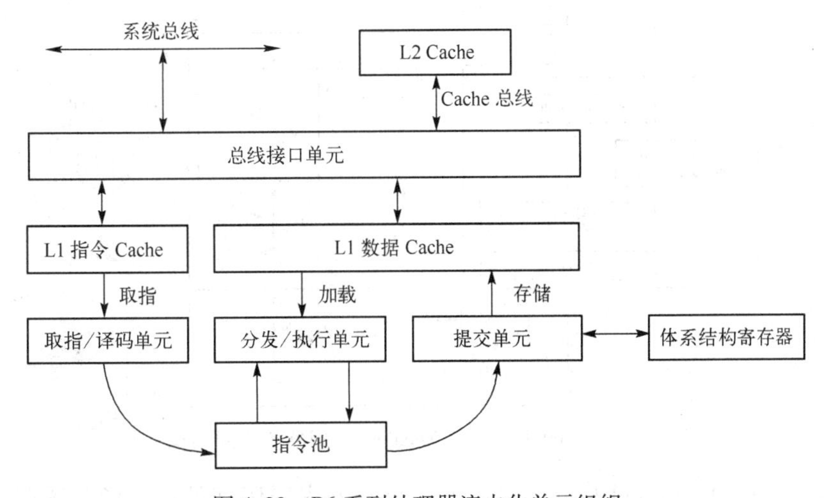

图 4.30　P6 系列处理器流水化单元组织

取指/译码单元从指令 Cache 中按序（in-order）取指令，然后将这些指令译码为 μop（μoperations）。指令池是一个指令重排序缓冲区，也被称为 ROB（reorder buffer）。分发/执行单元对没有操作数依赖的 μop 可进行乱序执行，并且将执行结果写入 ROB，之后再被按序提交。提交单元知道何时以及如何提交这些临时结果，将其保存为永久的体系结构状态。汇编语言中允许使用的寄存器，或者汇编程序员使用的寄存器，称为体系结构寄存器。

（1）下面的伪代码段如果采取乱序执行，其执行次序如何？解释其原因。

r1 ← mem[r0]; instruction1
r2 ← r1 + r2; instruction2
r5 ← r5 + 1; instruction3
r6 ← r6 - r3; instruction4

(2) 问题（1）中的代码段如果采取乱序执行，是否需要重新排序？解释其原因。

(3) 例举一个乱序执行后需要按序提交的指令序列实例。

4.7 CPU 有多种执行状态，例如 80x86 微处理器有 4 种执行状态。但是标准的 Unix 只使用内核模式（kernel mode）和用户模式（user mode）。程序在用户模式下执行时，不能直接访问内核数据和程序。在内核模式执行的应用就不受这些限制。每种 CPU 都提供特别的指令在内核和用户模式之间进行切换。当程序执行过程需要请求内核服务时，便发出系统调用请求，就从用户模式切换到内核模式，而内核处理完程序请求后，就恢复程序的用户模式。CPU 的体系结构支持多种执行模式实质上构成了一个保护层次，也被称为基于环的（ring-based）安全结构，中心环（ring 0）的限制等级最高，用于支持操作系统的内核模式。任何代码都具有权限等级，CPU 总是知道所执行代码的环等级（ring level）。你如何理解 CPU 环等级对于操作系统的执行模式？

4.8 Intel Core i7 Nehalem 处理器流水线结构如图 4.31 所示，Intel 公布其为 14 阶段（14-stage）流水线。

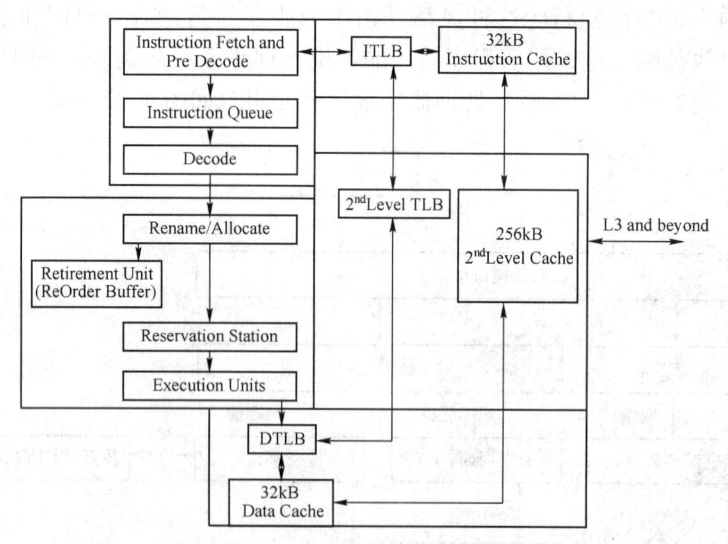

图 4.31 Intel Core i7 Nehalem 处理器流水线结构

(1) Instructions Fetch and Pre Decode 取指令和预先译码部件：从指令缓存（instruction cache）中获取要执行的指令，并对其是否转移指令进行判断，为下一次取指令提供推测取指方向。

(2) Instruction Queue 指令队列：从指令缓存一次读取的指令放入指令队列，这也是译码部件前端的一个缓冲区。

(3) Decode 译码部件：将 x86 宏指令（macro-instruction）翻译为微操作（micro-ops，或者称为 uops），这些微操作也称为内部类-RISC 指令。此译码部件可以同时进行多条指令的译码工作。至该处理器完成译码时，已经过了 4 个阶段的流水化过程。

（4）Rename/Allocate 寄存器重命名/资源分配：为每一个微操作分配其所需要的资源，包括存储、数据，将多个微操作中存在数据争用的寄存器进行换名。寄存器数据争用可能是由于指令之间的数据依赖引起的，也可能是由于程序可使用的寄存器数量不足引起的。无论哪种情况，都会引起指令的流水化执行停顿。而通过将寄存器重命名为保留站中某存储单元，即可解决寄存器之间的争用。

（5）Reservation Station 保留站：是等待执行的微操作的存放地。保留站对于微操作所需要的源操作数和目标操作数都给出存放位置信息，为寄存器重命名提供了保障。随着微操作的执行，其操作结果也可以更新保留站内存放的等待执行指令的操作数，这使得重命名的寄存器在微操作执行过程中仍然能够得到正确的数值。

（6）Retirement Unit（ReOrder Buffer）指令提交单元（指令重排序缓冲区）：由于指令可能是乱序执行，即不是按照程序中的排列次序（因为有些排在后面的指令操作数已经准备好，而排在前面的指令操作数尚未准备好），为了保证最后程序结果的正确性，需要控制指令提交结果的次序。因此，完成运算的指令放入重排序缓冲区，等待其先序指令完成后再进行按序提交。至此，从（4）到（6）又经过了 4 个阶段的流水化过程。运算类的指令需要经过执行单元后将结果放入重排序缓冲区，访存类指令在获取数据之后可直接进入重排序缓冲区。

（7）Execution Units 执行单元：用于执行指令。保留站有 6 个端口通往相应的指令执行部件（如图 4.32 所示），包括 3 个访存类部件（分别为 Port2～Port4 所连接的部件）和 3 个运算部件（分别为 Port0、Port1 和 Port5 所连接的部件）。至该处理器完成各类访存、运算时，已经过了 6 个阶段的流水化过程。

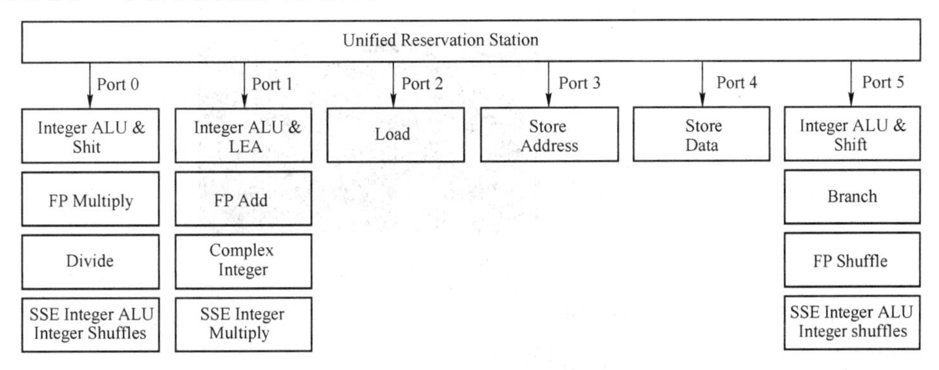

图 4.32 Intel Core i7 Nehalem 处理器执行部件

总共 14 阶段的指令处理过程并不是严格意义的从 1 至 14 的链式流水，执行部件中的 6 个阶段是一个多发射指令执行过程，即从保留站到执行部件有 6 个通道，可以同时发出 6 条指令，进行不同指令的处理。

请回答：如何能够让多阶段流水化结构中所有的部件都处于有效的理想工作状态？

4.9 关于超线程技术，请判别以下描述的正误：

☐ 通过对多个线程进行处理，改善了多线程应用的整体系统性能。

☐ 在一个处理器封装内有两个逻辑处理器。

☐ 增加了时钟周期。

☐ 对处理器的资源利用更多。

☐ 在一个处理器封装内有两个物理的处理器。
☐ 为多处理器系统提供额外的性能。
☐ 超线程是一种处理器技术。
☐ 超线程是一种操作系统技术。

4.10 变量可以被看成一个五元组（存储区域，作用域范围，类型，地址，值），其中的存储区域是栈、堆、DATA 段或者未初始化 BSS 段；作用域可以是函数本地范围、.c 文件范围、多个模块范围内有效，有局部变量、静态变量、全局变量之分；类型可以是整型、字符型、指针型等；地址也有物理地址、虚拟地址之分；值也有常量和可变量之分。

静态变量和全局变量的作用域不同，前者只在 .c 文件范围内有效，而后者在多个模块范围内有效。编译器对于静态变量的初始赋值做了限制，静态变量只能使用常数表达式被赋初始值一次，但是并不限制对静态变量进行修改！图 4.33 的代码执行结果也说明了这一点。

```
1  #include <stdio.h>
2  int z=4;
3
4  void func1() {
5       static int x = 0; // x is initialized only once
6       printf("x=%d\n", x); // outputs the value of x
7       x = x + 1;
8
9  }
10 void func2(){
11      z=5;
12      printf("z=%d\n",z);
13      z=z+1;
14 }
15 int main(int argc, char * const argv[]) {
16      func1();
17      func1();
18      func1();
19
20      func2();
21      func2();
22      func2();
23
24      getchar();
25      return 0;
26 }
```

```
F:\cbookprog\chapter5\Debug\static
x=0
x=1
x=2
z=5
z=5
z=5
```

图 4.33 变量作用域示例

运行此程序代码，并回答下列问题：

（1）什么应用情况下适于使用静态变量？

（2）使用五元组来表达本程序中使用的变量。

4.11 图 4.34 是为 HelloWorld.c 程序生成存储映像文件的配置过程示意。

程序存储映像文件给出了程序代码、数据、调用函数的位置分布，有利于在程序运行崩溃时，根据崩溃地址信息定位错误语句。程序存储映像文件是一个文本文件，包括以下方面：

（1）模块名，程序存储映射文件的名称；

（2）时间戳，该存储映射文件头的创建时间；

（3）建议加载地址；

（4）程序段列表，包括段起始地址（段号：偏移），长度，段名，段类别；

（5）公用符号列表，包括符号地址（段号：偏移），符号名，相对虚拟地址+基址，库：目标文件；

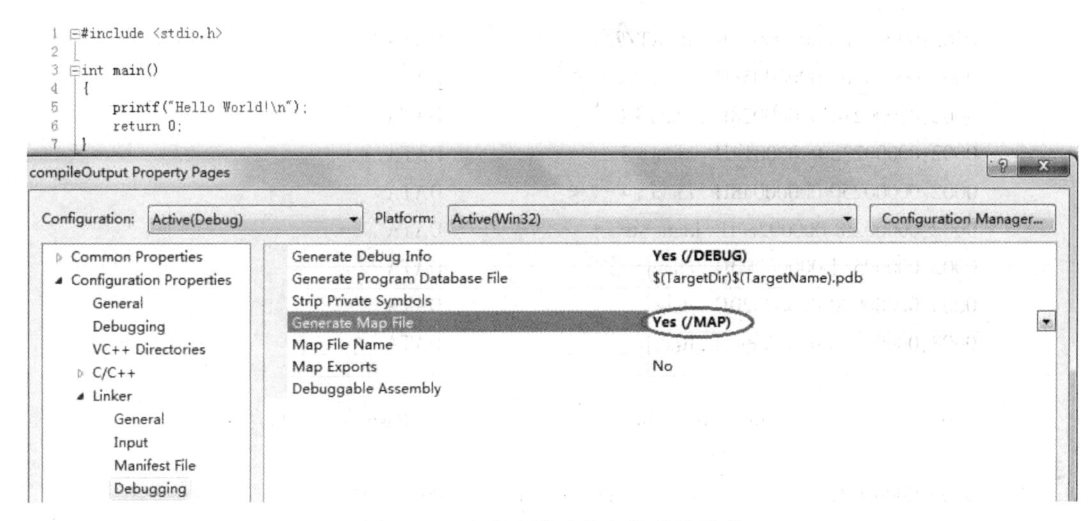

图 4.34　生成存储映像文件配置示意

（6）入口点（段号：偏移），程序从入口点（entry point）处开始执行。程序入口是指源代码中开始语句，C 语言应用程序的入口点是 main( ) 语句。映像初始入口点，即程序开始执行的位置，被载入程序计数器（program counter，PC）。尽管程序映像可以有多个入口点，但在链接时必须给出一个初始入口点，而且必须唯一。

（7）静态符号。

```
linkerMapMD

 Timestamp is 5a23691a (Sun Dec 03 11:01:46 2017)

 Preferred load address is 00400000

 Start         Length     Name                   Class
 0001:00000000 00000912H .text                   CODE
 0002:00000000 000000a8H .idata$5                DATA
 0002:000000a8 00000004H .CRT$XCA                DATA
 0002:000000ac 00000004H .CRT$XCAA               DATA
 0002:000000b0 00000004H .CRT$XCZ                DATA
 0002:000000b4 00000004H .CRT$XIA                DATA
 0002:000000b8 00000004H .CRT$XIAA               DATA
 0002:000000bc 00000004H .CRT$XIY                DATA
 0002:000000c0 00000004H .CRT$XIZ                DATA
 0002:000000d0 00000090H .rdata                  DATA
 0002:00000160 00000040H .rdata$debug            DATA
 0002:000001a0 00000004H .rdata$sxdata           DATA
 0002:000001a4 00000004H .rtc$IAA                DATA
 0002:000001a8 00000004H .rtc$IZZ                DATA
 0002:000001ac 00000004H .rtc$TAA                DATA
```

```
0002:000001b0 00000004H .rtc$TZZ                DATA
0002:000001b8 0000005cH .xdata$x                DATA
0002:00000214 00000028H .idata$2                DATA
0002:0000023c 00000014H .idata$3                DATA
0002:00000250 000000a8H .idata$4                DATA
0002:000002f8 000002ccH .idata$6                DATA
0002:000005c4 00000000H .edata                  DATA
0003:00000000 00000020H .data                   DATA
0003:00000020 0000036cH .bss                    DATA

 Address         Publics by Value              Rva+Base       Lib:Object

 0000:00000001       ___safe_se_handler_count       00000001     <absolute>
 0000:00000000       ___ImageBase                   00400000     <linker-defined>
 0001:00000000       _main                          00401000 f   HelloWorldMD.obj
 0001:00000020       _printf                        00401020 f   MSVCRT:MSVCR100.dll
 0001:00000026       _NtCurrentTeb                  00401026 f i MSVCRT:crtexe.obj
 0001:00000302       _mainCRTStartup                00401302 f   MSVCRT:crtexe.obj
 0001:0000030c       ?__CxxUnhandledExceptionFilter@@YGJPAU_EXCEPTION_POINTERS@@
@Z 0040130c f    MSVCRT:unhandld.obj
 0001:0000034e       ___CxxSetUnhandledExceptionFilter 0040134e f   MSVCRT:unhandld.obj
 0001:0000035c       __amsg_exit                    0040135c f   MSVCRT:MSVCR100.dll
 0001:00000362       ___getmainargs                 00401362 f   MSVCRT:MSVCR100.dll
 0001:00000368       __onexit                       00401368 f   MSVCRT:atonexit.obj
 0001:00000409       _atexit                        00401409 f   MSVCRT:atonexit.obj
 0001:00000420       __RTC_Initialize               00401420 f   MSVCRT:_initsect_.obj
 0001:00000446       __RTC_Terminate                00401446 f   MSVCRT:_initsect_.obj
 0001:0000046c       __cexit                        0040146c f   MSVCRT:MSVCR100.dll
 0001:00000472       __exit                         00401472 f   MSVCRT:MSVCR100.dll
 0001:00000478       __XcptFilter                   00401478 f   MSVCRT:MSVCR100.dll
 0001:0000047e       _exit                          0040147e f   MSVCRT:MSVCR100.dll
 0001:00000490       __ValidateImageBase            00401490 f   MSVCRT:pesect.obj
 0001:000004d0       __FindPESection                004014d0 f   MSVCRT:pesect.obj
 0001:00000520       __IsNonwritableInCurrentImage  00401520 f   MSVCRT:pesect.obj
 0001:000005dc       __initterm                     004015dc f   MSVCRT:MSVCR100.dll
 0001:000005e2       __initterm_e                   004015e2 f   MSVCRT:MSVCR100.dll
 0001:000005f0       __SEH_prolog4                  004015f0 f   MSVCRT:sehprolg4.obj
 0001:00000635       __SEH_epilog4                  00401635 f   MSVCRT:sehprolg4.obj
 0001:00000649       __except_handler4              00401649 f   MSVCRT:chandler4gs.obj
 0001:0000066e       __configthreadlocale           0040166e f   MSVCRT:MSVCR100.dll
 0001:00000674       __invoke_watson_if_error       00401674 f i MSVCRT:fp8.obj
 0001:00000695       __setdefaultprecision          00401695 f   MSVCRT:fp8.obj
 0001:000006be       ___setusermatherr              004016be f   MSVCRT:MSVCR100.dll
```

```
0001:000006c4    __matherr                        004016c4 f   MSVCRT:merr.obj
0001:000006c7    __setargv                        004016c7 f   MSVCRT:dllargv.obj
0001:000006ca    ___set_app_type                  004016ca f   MSVCRT:MSVCR100.dll
0001:000006d0    ___security_init_cookie          004016d0 f   MSVCRT:gs_support.obj
0001:0000076c    ?terminate@@YAXXZ                0040176c f   MSVCRT:MSVCR100.dll
0001:00000772    __unlock                         00401772 f   MSVCRT:MSVCR100.dll
0001:00000778    ___dllonexit                     00401778 f   MSVCRT:MSVCR100.dll
0001:0000077e    __lock                           0040177e f   MSVCRT:MSVCR100.dll
0001:00000784    @__security_check_cookie@4       00401784 f   MSVCRT:secchk.obj
0001:00000794    __except_handler4_common         00401794 f   MSVCRT:MSVCR100.dll
0001:0000079a    __invoke_watson                  0040179a f   MSVCRT:MSVCR100.dll
0001:000007a0    __controlfp_s                    004017a0 f   MSVCRT:MSVCR100.dll
0001:000007a6    ___report_gsfailure              004017a6 f   MSVCRT:gs_report.obj
0001:000008ac    __crt_debugger_hook              004018ac f   MSVCRT:MSVCR100.dll
0001:000008b2    _InterlockedExchange@8           004018b2 f   kernel32:KERNEL32.dll
0001:000008b8    _Sleep@4                         004018b8 f   kernel32:KERNEL32.dll
0001:000008be    _InterlockedCompareExchange@12 004018be f   kernel32:KERNEL32.dll
0001:000008c4    _HeapSetInformation@16           004018c4 f   kernel32:KERNEL32.dll
0001:000008ca    _EncodePointer@4                 004018ca f   kernel32:KERNEL32.dll
0001:000008d0    _SetUnhandledExceptionFilter@4 004018d0 f   kernel32:KERNEL32.dll
0001:000008d6    _DecodePointer@4                 004018d6 f   kernel32:KERNEL32.dll
0001:000008dc    _QueryPerformanceCounter@4       004018dc f   kernel32:KERNEL32.dll
0001:000008e2    _GetTickCount@0                  004018e2 f   kernel32:KERNEL32.dll
0001:000008e8    _GetCurrentThreadId@0            004018e8 f   kernel32:KERNEL32.dll
0001:000008ee    _GetCurrentProcessId@0           004018ee f   kernel32:KERNEL32.dll
0001:000008f4    _GetSystemTimeAsFileTime@4       004018f4 f   kernel32:KERNEL32.dll
0001:000008fa    _TerminateProcess@8              004018fa f   kernel32:KERNEL32.dll
0001:00000900    _GetCurrentProcess@0             00401900 f   kernel32:KERNEL32.dll
0001:00000906    _UnhandledExceptionFilter@4      00401906 f   kernel32:KERNEL32.dll
0001:0000090c    _IsDebuggerPresent@0             0040190c f   kernel32:KERNEL32.dll
0002:00000000    __imp__UnhandledExceptionFilter@4 00402000      kernel32:KERNEL32.dll
0002:00000004    __imp__GetCurrentProcess@0  00402004      kernel32:KERNEL32.dll
0002:00000008    __imp__TerminateProcess@8   00402008      kernel32:KERNEL32.dll
0002:0000000c    __imp__GetSystemTimeAsFileTime@4 0040200c      kernel32:KERNEL32.dll
0002:00000010    __imp__GetCurrentProcessId@0 00402010      kernel32:KERNEL32.dll
0002:00000014    __imp__GetCurrentThreadId@0 00402014      kernel32:KERNEL32.dll
0002:00000018    __imp__GetTickCount@0       00402018      kernel32:KERNEL32.dll
0002:0000001c    __imp__QueryPerformanceCounter@4 0040201c      kernel32:KERNEL32.dll
0002:00000020    __imp__DecodePointer@4      00402020      kernel32:KERNEL32.dll
0002:00000024    __imp__SetUnhandledExceptionFilter@4 00402024      kernel32:KERNEL
32.dll
0002:00000028    __imp__EncodePointer@4      00402028      kernel32:KERNEL32.dll
0002:0000002c    __imp__HeapSetInformation@16 0040202c      kernel32:KERNEL32.dll
```

```
0002:00000030       __imp__InterlockedCompareExchange@12 00402030       kernel32:KERNEL32.dll
0002:00000034       __imp__Sleep@4                00402034      kernel32:KERNEL32.dll
0002:00000038       __imp__InterlockedExchange@8  00402038      kernel32:KERNEL32.dll
0002:0000003c       __imp__IsDebuggerPresent@0    0040203c      kernel32:KERNEL32.dll
0002:00000040       \177KERNEL32_NULL_THUNK_DATA 00402040       kernel32:KERNEL32.dll
0002:00000044       __imp___unlock                00402044      MSVCRT:MSVCR100.dll
0002:00000048       __imp___dllonexit             00402048      MSVCRT:MSVCR100.dll
0002:0000004c       __imp___lock                  0040204c      MSVCRT:MSVCR100.dll
0002:00000050       __imp_?terminate@@YAXXZ       00402050      MSVCRT:MSVCR100.dll
0002:00000054       __imp___except_handler4_common 00402054     MSVCRT:MSVCR100.dll
0002:00000058       __imp___invoke_watson         00402058      MSVCRT:MSVCR100.dll
0002:0000005c       __imp___controlfp_s           0040205c      MSVCRT:MSVCR100.dll
0002:00000060       __imp___crt_debugger_hook     00402060      MSVCRT:MSVCR100.dll
0002:00000064       __imp____set_app_type         00402064      MSVCRT:MSVCR100.dll
0002:00000068       __imp___fmode                 00402068      MSVCRT:MSVCR100.dll
0002:0000006c       __imp___commode               0040206c      MSVCRT:MSVCR100.dll
0002:00000070       __imp____setusermatherr       00402070      MSVCRT:MSVCR100.dll
0002:00000074       __imp___configthreadlocale    00402074      MSVCRT:MSVCR100.dll
0002:00000078       __imp___initterm_e            00402078      MSVCRT:MSVCR100.dll
0002:0000007c       __imp___initterm              0040207c      MSVCRT:MSVCR100.dll
0002:00000080       __imp____initenv              00402080      MSVCRT:MSVCR100.dll
0002:00000084       __imp__exit                   00402084      MSVCRT:MSVCR100.dll
0002:00000088       __imp___XcptFilter            00402088      MSVCRT:MSVCR100.dll
0002:0000008c       __imp___exit                  0040208c      MSVCRT:MSVCR100.dll
0002:00000090       __imp___cexit                 00402090      MSVCRT:MSVCR100.dll
0002:00000094       __imp____getmainargs          00402094      MSVCRT:MSVCR100.dll
0002:00000098       __imp___amsg_exit             00402098      MSVCRT:MSVCR100.dll
0002:0000009c       __imp__onexit                 0040209c      MSVCRT:MSVCR100.dll
0002:000000a0       __imp__printf                 004020a0      MSVCRT:MSVCR100.dll
0002:000000a4       \177MSVCR100_NULL_THUNK_DATA 004020a4       MSVCRT:MSVCR100.dll
0002:000000a8       ___xc_a                       004020a8      MSVCRT:cinitexe.obj
0002:000000b0       ___xc_z                       004020b0      MSVCRT:cinitexe.obj
0002:000000b4       ___xi_a                       004020b4      MSVCRT:cinitexe.obj
0002:000000c0       ___xi_z                       004020c0      MSVCRT:cinitexe.obj
0002:000000ec       ??_C@_0O@NFOCKKMG@Hello?5World$CB?6?$AA@ 004020ec HelloWorldMD.obj
0002:000000fc       ?ProcessDetach@NativeDll@<CrtImplementationDetails>@@0IB 004020fc MSVCRT:unhandld.obj
0002:00000100       ?ProcessAttach@NativeDll@<CrtImplementationDetails>@@0IB 00402100 MSVCRT:unhandld.obj
```

```
 0002:00000104       ?ThreadAttach@NativeDll@<CrtImplementationDetails>@@0IB 00402104
MSVCRT:unhandld.obj
 0002:00000108       ?ThreadDetach@NativeDll@<CrtImplementationDetails>@@0IB 00402108
MSVCRT:unhandld.obj
 0002:0000010c       ?ProcessVerifier@NativeDll@<CrtImplementationDetails>@@0IB 0040210c
MSVCRT:unhandld.obj
 0002:00000118       __load_config_used              00402118     MSVCRT:loadcfg.obj
 0002:000001a0       ___safe_se_handler_table        004021a0     <linker-defined>
 0002:000001a4       ___rtc_iaa                      004021a4     MSVCRT:_initsect_.obj
 0002:000001a8       ___rtc_izz                      004021a8     MSVCRT:_initsect_.obj
 0002:000001ac       ___rtc_taa                      004021ac     MSVCRT:_initsect_.obj
 0002:000001b0       ___rtc_tzz                      004021b0     MSVCRT:_initsect_.obj
 0002:00000214        __IMPORT_DESCRIPTOR_MSVCR100 00402214        MSVCRT:MSVCR
100.dll
 0002:00000228        __IMPORT_DESCRIPTOR_KERNEL32 00402228        kernel32:KERNEL
32.dll
 0002:0000023c       __NULL_IMPORT_DESCRIPTOR    0040223c      MSVCRT:MSVCR100.dll
 0003:00000000       ___native_dllmain_reason        00403000     MSVCRT:natstart.obj
 0003:00000004       ___native_vcclrit_reason        00403004     MSVCRT:natstart.obj
 0003:00000010       ___globallocalestatus           00403010     MSVCRT:xthdloc.obj
 0003:00000014       ___defaultmatherr               00403014     MSVCRT:merr.obj
 0003:00000018       ___security_cookie              00403018     MSVCRT:gs_cookie.obj
 0003:0000001c       ___security_cookie_complement   0040301c     MSVCRT:gs_cookie.obj
 0003:00000040       __dowildcard                    00403040     MSVCRT:wildcard.obj
 0003:00000044       __newmode                       00403044     MSVCRT:_newmode.obj
 0003:00000048       __commode                       00403048     MSVCRT:xncommod.obj
 0003:0000004c       __fmode                         0040304c     MSVCRT:xtxtmode.obj
 0003:00000374       ___native_startup_state         00403374     <common>
 0003:00000378       ___native_startup_lock          00403378     <common>
 0003:0000037c       ___onexitend                    0040337c     <common>
 0003:00000380       ___onexitbegin                  00403380     <common>
 0003:00000384       __NoHeapEnableTerminationOnCorruption 00403384     <common>
 0003:00000388       ___dyn_tls_init_callback        00403388     <common>

 entry point at                                      0001:00000302

 Static symbols

 0001:0000002d       _pre_cpp_init                   0040102d f   MSVCRT:crtexe.obj
 0001:00000078       ___tmainCRTStartup              00401078 f   MSVCRT:crtexe.obj
 0001:00000201       _check_managed_app              00401201 f   MSVCRT:crtexe.obj
 0001:00000248       _pre_c_init                     00401248 f   MSVCRT:crtexe.obj
```

根据上述内容，指出 HelloWorld. c 程序所调用的 main 和 printf 函数，以及“HelloWorld!”信息的位置分布，进一步理解程序的存储布局。

4. 12 Intel CPU 和 Nvidia GPU 的结合构成了一种异构计算（heterogeneous computing）环境，即使用不同指令集体系结构（instruction set architecture，ISA）的计算环境。计算机指令集体系结构是计算机体系结构的一部分，它涉及程序可以使用的寄存器数量和表示、寻找指令操作数的方式、指令格式等，直接影响高级语言程序翻译之后的机器级代码表示。从程序结构的视角，Intel CPU 和 Nvidia GPU 联合构成的异构计算环境如图 4. 35 所示。

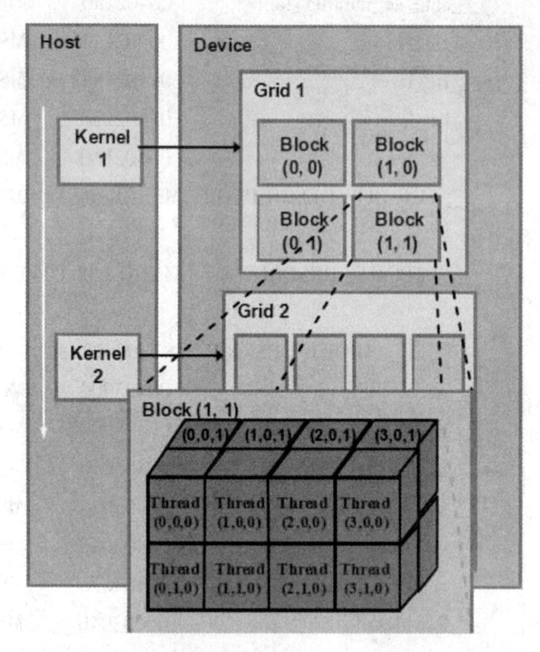

图 4. 35 CPU 和 GPU 联合构成的异构计算环境

CPU 及其可访问的存储器称为主机（host），GPU 及其可访问的存储器称为设备（device）。在 GPU 上执行的代码段称为核（kernel），每个 kernel 的执行需要使用 GPU 的线程资源。GPU 的线程资源呈现 Grid \ Block \ Thread 层次化方式组织，即一个 Grid 包含若干个 Block，而一个 Block 又包含多个 Thread。

在一个程序中出现的 kernel 数量取决于应用需求，每个 kernel 与一个 Grid 关联。不同计算能力的 GPU 支持的可同时执行的 kernel 数量或者说 Grid 数量不同，可以通过检查设备属性 concurrentKernels 获取此信息。每个 kernel 需要的 Block 数量取决于该问题的计算量；而每个 Block 内的 Thread 数量受限于 GPU 的核心（core）数量。

下面是 CPU+GPU 异构计算平台下基于 CUDA C/C++编程模型实现彩色照片到黑白照片转换的程序代码：

```
1    #include <iostream>
2    #include <cuda. h>
3    #include <cuda_runtime. h>
4    #include "device_launch_parameters. h"
5    #include <device_functions. h>
```

```
6  #include <opencv2/opencv.hpp>
7  #include "opencv2/highgui/highgui.hpp"
8  #include "opencv2/gpu/gpu.hpp"
9  using namespace cv;
10 using namespace std;
11 using namespace cv::gpu;
12 #define NUM_THREAD 32
13 #define NUM_BLOCK 1
14 __global__ void imconvert(uchar3 *rgb,int height, int width, int rgbwidthStep, int graywidthStep,
     unsigned char *gray){
15 long long i;
16 int idx = threadIdx.x+blockIdx.x*blockDim.x;
17 for(i=idx;i<=graywidthStep*height; i=i+ NUM_THREAD){
18 gray[idx]=(299*rgb[idx].x+587*rgb[idx].y+114*rgb[idx].z)/1000;
19 }
20 }
21 int main(int argc, char** argv){
22 IplImage* orgImg = cvLoadImage("person.jpg");
23 cvNamedWindow("Input");
24 cvShowImage("Input",orgImg);
25 cvWaitKey();
26 IplImage* outImg=cvCreateImage(cvSize(orgImg->width,orgImg->height),IPL_DEPTH_8U,1);
27 int colorSize = orgImg->widthStep * orgImg->height;
28 int graySize = outImg->widthStep * outImg->height;
29 int i,j;
30 unsigned char* blackImageData =(unsigned char*) malloc(graySize* sizeof(unsigned char));
31 uchar3 *rgb=(uchar3 *) malloc(graySize* sizeof(uchar3));
32 for (i=0;i<orgImg->height;i++){
33 for(j=0;j<orgImg->width;j++){
34 rgb[i*outImg->widthStep+j].x=orgImg->imageData[i*orgImg->widthStep+3*j];
35 rgb[i*outImg->widthStep+j].y=orgImg->imageData[i*orgImg->widthStep+3*j+1];
36 rgb[i*outImg->widthStep+j].z=orgImg->imageData[i*orgImg->widthStep+3*j+2];
37 }
38 }
39 uchar3 * colorCUDABuffer;
40 unsigned char* blackCUDABuffer;
41 cudaMalloc((void**)&colorCUDABuffer,graySize * sizeof(uchar3));
42 cudaMalloc((void**)&blackCUDABuffer,graySize * sizeof(unsigned char));
43 cudaMemcpy(colorCUDABuffer,rgb,graySize * sizeof(uchar3), cudaMemcpyHostToDevice);
44 dim3 threadsPerBlock(NUM_THREAD,1,1);
45  dim3 numBlocks ((outImg->widthStep * orgImg->height + threadsPerBlock.x - 1)/
     threadsPerBlock.x,1,1);
46 imconvert<<<numBlocks, threadsPerBlock>>>(colorCUDABuffer,orgImg->height, orgImg->
```

```
    width, orgImg->widthStep, outImg->widthStep, blackCUDABuffer);
47  cudaMemcpy(blackImageData,blackCUDABuffer,graySize * sizeof(unsigned char), cudaMemcpy-
    DeviceToHost);
48  outImg->imageData = (char*) blackImageData;
49  cvNamedWindow("Output");
50  cvShowImage("Output",outImg);
51  cvWaitKey();
52  cudaFree(blackCUDABuffer);
53  cudaFree(colorCUDABuffer);
54  cvReleaseImage(&orgImg);
55  cvReleaseImage(&outImg);
56  free(rgb);
57  free(blackImageData);
58  return 0;
59  }
```

代码行 14~20 是定义的核函数，名为 imconvert；核函数内采用 1 维坐标方式对线程进行编号，每个线程完成一个 RGB 图像像素到灰度图像像素的转换。

从 main()代码行 46 处调用 imconvert，启用的 GPU 执行配置表示为<<<所需 Block 数量，每个 Block 内的 Thread 数量>>>。Block 数量与图像大小有关，也与每个 Block 内同时执行的 Thread 数量有关。每个 Block 内部的 Thread 数量与 GPU 的核心数有关。代码 32~38 行将 RGB 像素转换为 uchar3 无符号向量表达，有助于 GPU 将其转换为灰度像素。代码 41 行和 42 行分别在 GPU 中开辟 RGB 图像和灰度图像存储区，代码 43 行将 RGB 图像从主机传送至 GPU 设备，代码 47 行将 GPU 转换完成的灰度图像传回至主机内存中。

本程序是在 Intel(R)Core(TM) i5-2410M CPU+Nvidia NVS 4200M GPU 下运行的。NVS 4200M GPU 有一个 Multiprocessor 内含 48 个 CUDA Cores，warp size 为 32，即这个多处理器一条指令派生的可同时执行的 Thread 数量为 32。

请尝试在你自己的机器上运行该程序，并分析此 GPU 的最佳执行配置。

第 5 章　存储层次与访问优化

程序保存在外存储器（如硬盘）中。当程序执行时，操作系统配合 CPU，将其从硬盘调入内存。CPU 在执行程序时，又将其所需要的指令、数据从内存调入 Cache。CPU 执行每条指令时，还要利用一些临时保存数据的寄存器资源。本章讨论由多种存储器件构成的计算机存储体系（memory hierarchy），程序运行使用的内存空间和交换空间，关于内存碎片、内存泄露、垃圾回收的内存维护管理思想，以及高级语言数据访问优化。

5.1　存储资源的层次结构

计算机系统的存储资源可以用图 5.1 所示的金字塔布局来描述。在金字塔顶端的是处理器内部的寄存器，其下依次为高速缓冲存储器（即 cache）、主存（main memory 或者 primary storage）、辅存（secondary storage 或者 secondary memory）和离线式海量存储器（off-line mass storage 或者 tertiary storage）。

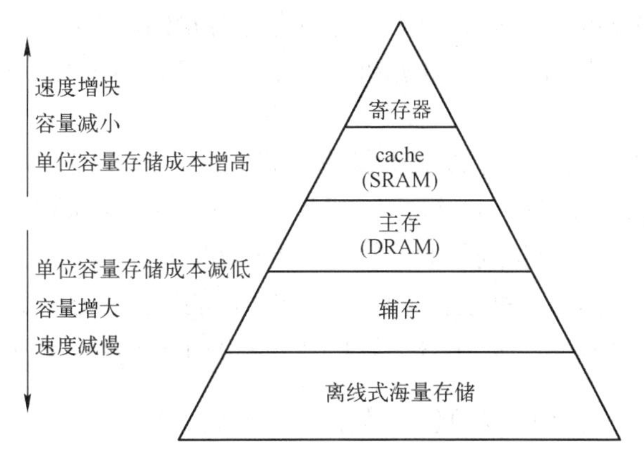

图 5.1　层次化的存储资源

高速缓冲存储器一般设置在处理器片内，又称为片上 cache（on-chip cache），也有设置在处理器片外的 cache（off-chip cache）。主存储器设置在主板上，处理器不直接访问主存。辅存包括硬盘（hard disk）和固态盘（solid state drive），不受处理器的直接控制。硬盘是联机（on-line）使用的大容量磁盘存储资源，通过主板上的硬盘接口连入计算机。硬盘通过磁介质盘片保存信息资源，而固态盘通过半导体介质保存信息。固态盘的访问速度高于硬盘，但是成本也高于硬盘，目前的固态盘一般要比硬盘的存储容量小。位于金字塔底层的海量存储器通常是离线式存储，磁带（tape）和光盘（optical disc）是可以脱机使用的海量存储资源。存储体系包括多种存储资源，它们在速度、容量以及成本/单位容量等方面呈现出明显的变化，如 5.1 图中箭头指向的变化趋势。

5.1.1 存储层次的平均访问时间

cache 是用高速的静态随机访问存储器（static random access memory，SRAM）实现的；主存是用相对低速的动态随机访问存储器（dynamic random access memory，DRAM）实现的；辅存目前主要还是使用的硬盘即磁盘。SRAM、DRAM 和磁盘是构造层次化存储的 3 种主要技术，近年来，固态盘也逐渐成为笔记本电脑的系统启动盘，在这里不讨论它们在制造工艺方面的差异，只关心它们的存取访问性能。下面量化地描述 CPU 主频/周期，以及 cache、主存和辅存的访问时间，如表 5.1 所示。

表 5.1 CPU 时钟与存储资源的典型访问时间

CPU 主频/周期	3 GHz /0.3 ns
寄存器（Register）	0.25~0.5 ns
SRAM（Cache）	0.5 ~20 ns
主存（DRAM）	40~100 ns
硬盘（Magnetic Disk）	5~10 ms
固态盘（Solid State Disk ）	60~100 μs

由表 5.1 可知，CPU 与主存之间的速度差距很大，因此，cache 对于弥补主存与 CPU 之间的速度差异是非常重要的。另外，由于软件对存储容量的需求越来越高，使得硬盘在存储空间上的优势更加突出。因此，对于计算机系统而言，“cache-主存-辅存”构成了一个多级存储层次结构。

数据在存储层次之间的移动是以数据簇方式进行的，而不是以单个数据方式进行。通常，cache 和主存之间数据簇称为 cache line 或称为 cache 块（block）；主存与硬盘之间的数据移动是以页面（page）为单位进行的。暂且将 line/block 和 page 理解为容量上的不同。

可以用平均访问时间 T_{average} 衡量存储层次的访问性能，其表达式为

$$T_{\text{average}} = h_1 t_1 + (1-h_1)h_2(t_2+t_1) + (1-h_1)(1-h_2)h_3(t_3+t_2+t_1) + \cdots + (1-h_1)(1-h_2)(1-h_3)\cdots(1-h_{N-1})h_N\sum_{i=1}^{N} t_i$$

式中，$h_1 \sim h_N$ 是 N 级存储层次中各级的命中率，$t_1 \sim t_N$ 是 N 级存储层次各级的访问时间。当只有两级存储时，上述公式可表示为

$$T_{\text{average}} = h_1 t_1 + (1-h_1)h_2(t_2+t_1) = t_1 + (1-h_1)t_2$$

此时 $h_2 = 1$，即访问最后一级存储器必然命中。

当有三级存储时，上述公式可表示为

$$T_{\text{average}} = h_1 t_1 + (1-h_1)h_2(t_2+t_1) + (1-h_1)(1-h_2)h_3(t_3+t_2+t_1) = t_1 + (1-h_1)t_2 + (1-h_1)(1-h_2)t_3$$

此时 $h_3 = 1$，即在最后一层命中。

5.1.2 存储体系的构建基础

存储体系的构建是基于程序局部性原则以及多级存储器达成的合理性能价格比。

程序中的局部性体现为时间局部性（temporal locality）和空间局部性（spatial locality）。所谓时间局部性是指一个刚被访问的内容在近期内将再次被访问。空间局部性是指对于一个

被访问的内容而言，与其存储地址邻近的内容也将在近期内被访问。通常情况下，多维数据（例如数组）在存储器中以线性方式排列并且被连续存放，这实际上就为访问局部性奠定了基础。一些编程语言或环境，例如 Fortran 或 Matlab 按列排序（column-major order）连续存放数组元素；C/C++按行排序（row-major order）连续存放数组元素。

在如下的 C 语言程序段中：

```
for(i=0; i<10000; i++)
    sum += a[i];
```

程序依次用到数组元素…a[i],a[i+1],a[i+2]…，对于数组元素 a[i]的访问即具有空间局部性的特征。受到 cache 容量的限制，这些数组元素不能全部放在 cache 中，但是这些数组元素是连续存放的。如果 a[i]在 cache 中，那么 a[i+1]在 cache 中的可能性就很大，这种空间局部性有利于提高 Cache 访问的命中率。sum += a[i]是循环体语句，需要被反复执行 10 000 次。对于语句 sum += a[i]的访问则具有时间局部性的特征。循环是程序经常使用的结构，对循环体语句的访问具有良好的时间局部性特征，有利于提高访问的命中率。

存储层次之间数据移动的局簇特征与程序局部性是相辅相成的。计算机系统的存储体系就是建立在程序局部性原则的基础之上，增加和挖掘程序局部性是优化性能的常用技术。

5.1.3　多级 cache

早期的 cache 位于处理器之外，如 Intel 386 处理器支持片外 cache。Intel 486 就将 cache 移入处理器内部，并称为 L1 cache。Intel Pentium 之后的处理器将 L2 cache 也集成到片内，并将 L1 cache 分别设置为 L1 指令 cache 和 L1 数据 cache，分别保存处理器在近期内要用到的指令和数据；而二级 cache（L2 cache）则是指令和数据混合存储。Intel Itanium 2 将三级 cache 全部引入处理器片内，如图 5.2 所示。

图 5.2 中，L1I（L1 instruction）和 L1D（L1 data）分别代表 L1 指令 cache 和 L1 数据 cache。如果处理器所需要的指令或者数据在 cache 中找到，就称为 cache 命中（cache hit），否则称为 cache 缺失（cache miss）。当 L1 cache 访问不命中时，就去访问 L2 cache；当 L2 cache 访问不命中时，访问请求就被转向 L3 cache。L3 cache 也是指令与数据混合存储。Intel Itanium 2 的三级 cache（L1I、L1D、L2 和 L3）的容量分别是 16 KB、16 KB、256 KB 和 1.5 MB（或 3 MB）。

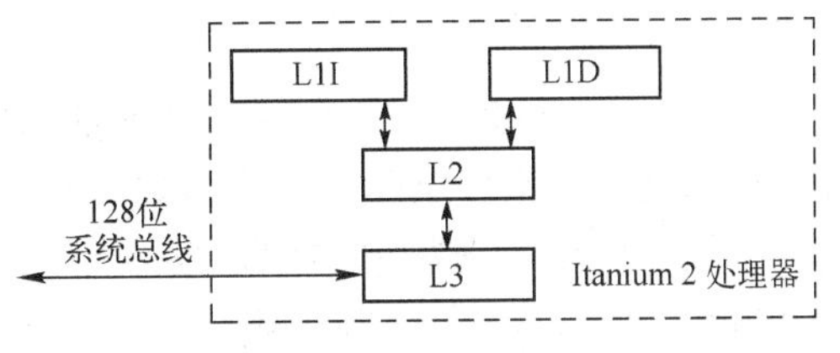

图 5.2　Itanium 2 处理器的 cache 层次

图 5.3 是 Intel Core i7-3960X 六核处理器中 cache 的布局。每个核内包含 32 KB L1 指令 cache 和 32 KB L1 数据 cache，以及 256 KB 指令与数据混存的 L2 cache。但是容量为 15 MB 的 L3 cache 位于核外，由六个核共享其中的指令和数据。

单一大容量 cache 存在处理器核空间的占用问题。cache 容量越大，访问 cache 的命中率越有增加的趋势。但是，大容量的 cache 会增加访问时间，这一点对于片上 L1 cache 尤为重要，因为 L1 cache 的访问时间要与 CPU 的时钟周期时间相当。多级 cache 设计可以兼顾速度和空间因素，减少平均访问延迟和弥补存储容量。

图 5.3 Intel Core i7-3960X 处理器 cache 布局

5.2 内存空间

内存虽然是临时存储区域，但是对计算机的速度和性能却有很大影响。当计算机执行程序时，可执行文件被加载到内存。许多用户都会同时执行若干应用，如网页浏览、邮件服务、文字处理等。不乏有些应用还需要将大量数据也装入内存，如果内存空间不足，就会导致计算机执行缓慢，甚至出现超出内存空间的错误，导致应用无法完成。内存主要由操作系统进行分配和管理，实际上操作系统本身也需要充足的运行空间。

5.2.1 内存与程序空间

对于一个 4 GB 的内存空间，其地址范围是 0x00000000 ~ 0xFFFFFFFF。内存空间总是和程序空间关联，程序空间又称为虚拟空间。内存空间通常划分为两个部分：操作系统驻留的内核空间和应用进程驻留的用户地址空间。32 位 Windows 系统默认将 2 GB 高端地址空间（0x80000000 ~ 0xFFFFFFFF）作为系统空间（即内核空间），2 GB 低端地址空间（0 ~ 0x7FFFFFFF）作为用户空间，如图 5.4 所示。

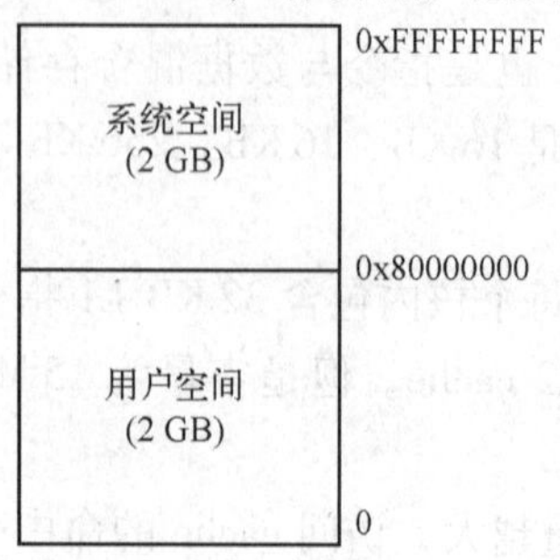

图 5.4 32 位 Windows 地址空间划分

图 5.4 中系统空间或者内核空间用来作为操作系统、驱动程序的运行空间，用户进程不能访问系统空间。用户进程只能被分配到用户空间。

对于 64 位 Windows 操作系统，它所管理的存储空间并没有达到理想的 16 EB，即 2^{64} B。其管理的内核空间可达 8 TB，即 2^{43} B，用户空间也可达 8 TB。但是 64 位 Windows 操作系统为每个用户进程分配的代码和静态数据（static data）的最大内存空间仍然是 2 GB，栈数据（stack data）最大内存空间仍然也是 1 GB，都与 32 位应用保持一致，只是将动态数据（dynamic data）的空间分配扩展到了 8 TB，远远超出 32 位应用 2 GB 堆空间的限制。这里以 C 或者 C++为例做进一步的说明：动态数据指程序运行期间在开辟的存储空间中保存的数据，亦即堆空间中的数据；栈数据是为子程序调用保存的局部变量等数据。

下面以 32 位 Linux 操作系统为例，示意其内核空间和用户空间的使用情况，如图 5.5 所示。

Linux 操作系统内核占用 1 GB 内存空间，3 GB 内存作为用户空间装载应用程序。内核是操作系统的核心，内核程序可以访问整个内存空间。应用程序只能访问用户空间，需要访问内核空间时，必须通过系统调用（system call）完成。内核代码随时准备服务于系统调用。图 5.5 中深色区域代表与物理内存映射的程序空间，白色区域代表尚未被映射的内存空间，也是未使用空间。图 5.5 显示了 Firefox 浏览器是一个很占用内存的应用程序。

从内存空间的视角，操作系统对应用代码的支撑如图 5.6 所示。

图 5.5　32 位 Linux 地址空间使用示意

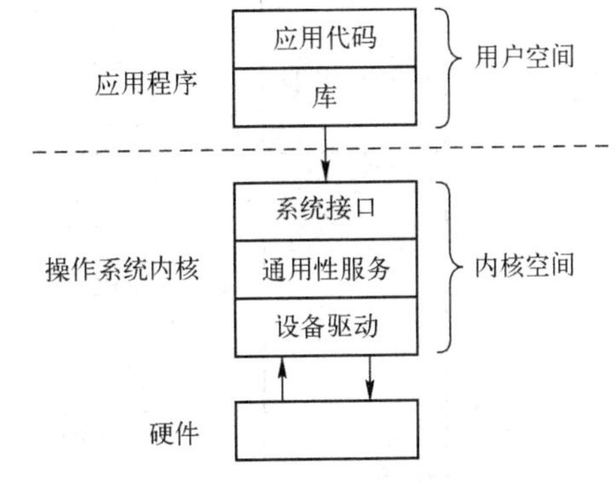

图 5.6　操作系统内核对应用程序的支持

图 5.6 中的系统接口亦即操作系统为应用程序提供的系统调用接口，而设备驱动是操作系统对所运行的具体硬件设备的访问驱动程序。

目前，Intel 服务器主板 S2600CO4 可支持的最大内存是 512 GB，桌面机主板 NUC5i5MYBE 可支持的最大内存是 16 GB。由此看来，64 位 Windows 操作系统管理的存储空间已经超出了目前计算机主板所容纳的实际内存空间。事实上，操作系统面对两个空间：虚拟空间（也称为程序空间）和物理空间（即内存空间）。尽管不同版本的操作系统管理虚拟空间和物理空间的大小不同，将虚拟地址转化为物理内存地址是所有操作系统的重要任务。

5.2.2　虚拟地址到内存地址的映射

处理器虽然不直接读写内存，但是以虚拟地址的形式给出内存访问地址。虚拟地址和内存地址是两个空间的地址。因此，将虚拟地址转化为物理地址，或者说将虚拟地址映射为物理地址，是读写内存之前的一个必需环节。使用虚拟地址有如下优点：

① 虽然程序运行时可能无法获得连续的内存空间，但是程序却可以使用连续的虚拟空间；

② 程序不受内存空间的限制，可以在有限的内存空间运行虚拟空间中任意大小的程序；

③ 虚拟地址到物理地址的映射使不同进程之间相互隔离，避免不同进程的代码之间误改对方信息。

一个程序可用的虚拟地址范围也称为该程序的虚拟地址空间。对一个 32 位应用程序而言，其虚拟地址空间是 2 GB，虚拟地址范围是 0x00000000 ~ 0x7FFFFFFF；对一个 64 位应用程序而言，其虚拟地址空间是 8 TB，虚拟地址范围是 0x00000000000 ~ 0x7FFFFFF FFFF；虚拟空间大小与操作系统版本有直接关系。

下面以两个 64 位应用程序 Notepad. exe 和 MyApp. exe 为例，说明虚拟地址到内存地址的映射，如图 5.7 所示。

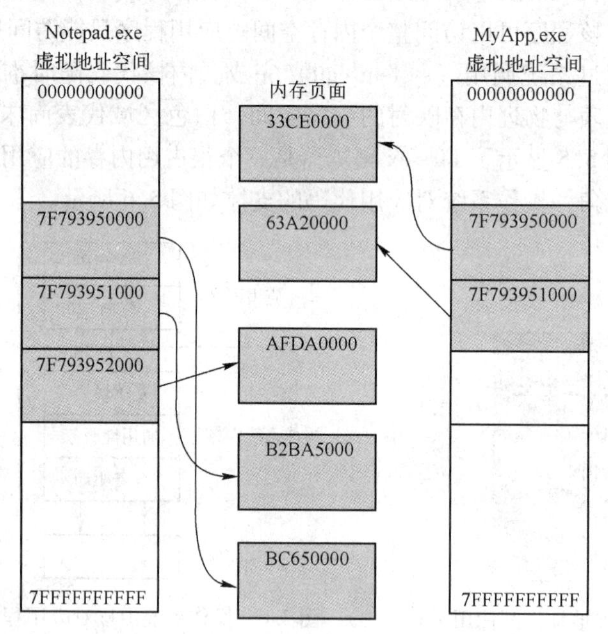

图 5.7 Notepad. exe 和 MyApp. exe 虚拟地址与内存地址映射

图 5.7 中每个颜色块都代表一个页面（page），这个页面是虚拟空间到物理空间映射的基本单位，由操作系统决定页面的大小（page size），本例页面为 4 KB。Notepad 进程从 7F793950000 虚拟地址开始有 3 个连续页面，但是这 3 个连续的虚拟页面分别被映射到了 3 个分离的内存页面上。MyApp. exe 进程从 7F793950000 虚拟地址开始有 2 个连续页面，这 2 个连续的虚拟页面分别被映射到了 2 个分离的内存页面上，这两个物理页面的起始地址分别为 33CE0000 和 63A20000。尽管两个程序页面有相同的虚拟地址，但是被映射到不同的内存页面，在程序执行时被完全地隔离开来。

虚拟空间页面和内存页面的大小相同，图 5.7 示例中的页面均为 4 KB。虚拟页面与其映射的内存页面之间，即虚拟地址和内存地址，是一一对应的关系。但是，随着程序的继续执行，同一个内存页面，可能会被不同的虚拟页面使用。

5.3 交换空间

在现代操作系统中，应用进程和很多系统进程都使用虚拟地址访问内存，虚拟地址借助硬件自动转换为内存地址；只有操作系统的内核（kernel）可以绕过地址转换，直接使用物理地址访问内存。内核负责进程管理、内存管理、设备管理、文件管理，以及为操作系统的其他部分和应用程序提供服务，这些服务也称为系统调用。对于 32 位 Windows 操作系统，无论计算机实际安装的内存有多大，进程使用的虚拟地址空间都是 $0\sim(2^{31}-1)$。32 位 Windows 操作系统默认将 2 GB 的虚拟空间分配给应用进程独享，而将另外 2 GB 的虚拟空间共享给所有进程和操作系统。

操作系统将内存页面只分配给正在运行中的程序使用。即使如此，内存资源依然有限。如果同时运行的用户程序较多，每个用户进程拥有各自的虚拟空间（例如 32 位 Windows 用户进程可达 2 GB 空间），那么这些进程同时使用的内存空间就会有超出实际内存大小的情况。此时，操作系统就会将一些页面从内存移至硬盘，并以一个或者多个文件的形式保存在硬盘指定分区中，Windows 将此类文件称为分页文件（paging file），Linux 操作系统将其定义为交换文件（swap file）。当然随着程序运行的推进，换出（swap out）到硬盘的页面可能被再次换入（swap in）内存。

交换空间（swap space）是内存的扩展空间，建立在辅存上，保存换出的内存页面。图 5.8 所示为页面交换去向。

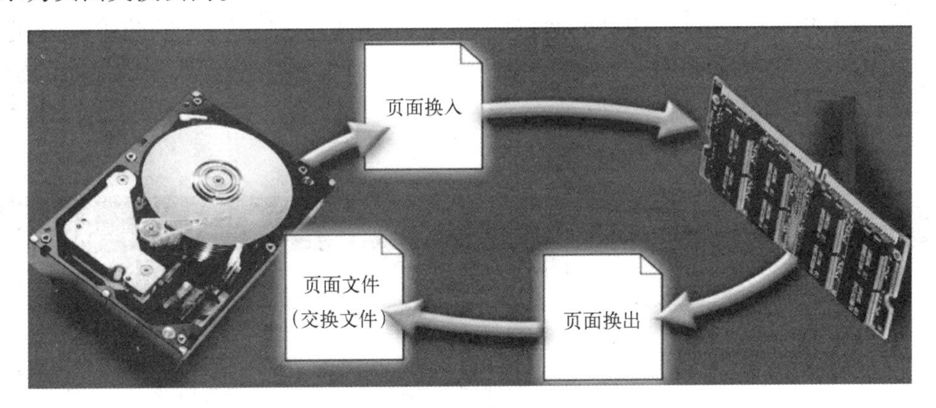

图 5.8　页面交换去向

交换空间是对物理内存的扩展。当系统的物理内存不够用的时候，就需要将物理内存中的一部分内容换出放至交换空间，以便释放内存空间供当前运行的程序使用。需要说明的是：并非所有从物理内存中换出的内容都会被放到交换空间中，有些内容可被直接交换到文件系统。例如，有的程序会打开文件，对文件进行读/写。当需要将这些程序占用的内存换出时，就可直接将其放回文件中去。如果是读文件操作，还可将其从内存直接释放，不需换出，下次再需要时直接从文件系统中恢复即可。但是，对于用 malloc 和 new 函数生成的对象在换出时必须写入交换空间，因为它们在文件系统中没有相应的“后备”文件，它们被称为“匿名”（anonymous）数据，这类数据还包括栈中的一些状态和变量数据等。

交换空间可在操作系统中进行配置。交换空间的配置会给系统的性能带来影响。如果系统的物理内存被全部占用，系统就会运行得很慢，但仍能运行；如果交换空间被用完，系统就会发生错误。例如，Web 服务器能根据不同的请求量衍生出多个服务进程（或线程），如果交换空间用完，则服务进程无法启动，通常会出现“application is out of memory”的错误，严重时会造成服务进程的死锁，因此交换空间的分配是很重要的。

下面分别介绍 Linux 和 Windows 操作系统对交换空间的管理。

5.3.1 Linux 对交换空间的管理

Linux 操作系统在安装过程中会有创建交换分区（swap partition）的问题，这里的分区是沿用硬盘分区的概念，即对硬盘空间进行分割，便于管理。交换空间与交换分区在概念上经常被混合使用，本书也不对其进行明确区分。交换空间通常设置为系统内存的 2 倍；当然，不同的应用可以有不同的配置。对于小的桌面系统，只需要较小的交换空间；对于数据库服务器和 Web 服务器，随着访问量的增加，对交换空间的需求也会增加。

另外，交换分区的个数对性能也有很大影响。交换分区的访问属于磁盘 I/O。如果有多个交换分区，以轮流的方式被交换操作所使用，就会均衡 I/O 负载，加快交换的速度。如果只有一个交换分区，所有的交换操作会使交换区变得很忙，使系统大多数时间处于等待状态，效率低。用性能监视工具就会发现，此时的 CPU 并不很忙，但系统却很慢。这说明瓶颈在 I/O，而不在 CPU 的速度。

作为一种常见的 Linux 操作系统，Ubuntu 通过 Gparted 磁盘分区工具可以很容易地创建交换分区。图 5.9 展示了一个 100 GB 容量的硬盘，该硬盘上建立了一个 4 GB 大小的交换分区，即/dev/vda3，其文件系统（File System）类型为 linux-swap。图 5.9 中显示的硬盘主分区容量为 96 GB，其文件系统类型为 ext4，即第 4 代扩展文件系统。ext4 支持文件系统容量高达 1 EB，单个文件容量高达 16 TB。

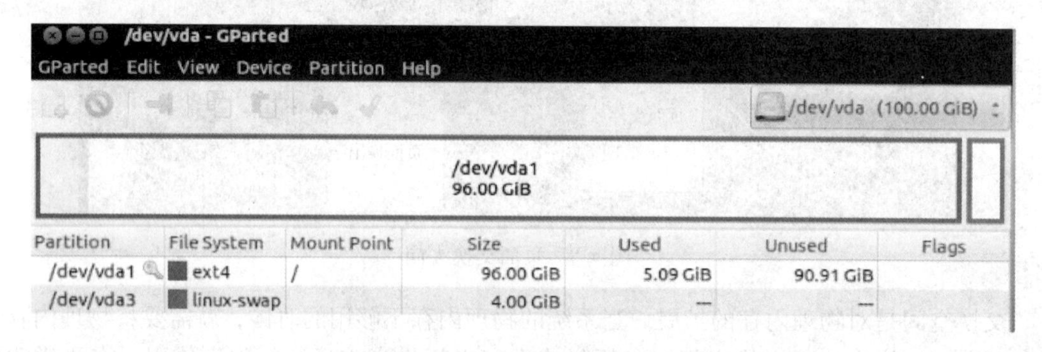

图 5.9 Gparted 工具显示的磁盘分区

Linux 操作系统启动内存页面换出频率由系统参数 swappiness 决定，swappiness 的取值范围是[0,100]。参数值 swappiness = 0 代表只要有空闲的内存空间，内核就避免换出页面；参数值 swappiness = 100 代表内核随时将内存页面换出。Ubuntu 默认设置参数值 swappiness = 60。可以通过 cat/proc/sys/vm/swappiness 命令查看系统的 swappiness 当前值，结果如下：

```
root@Master:~# cat /proc/sys/vm/swappiness
60
```

也可以通过向/etc/sysctl.conf 文件加入 vm.swappiness = 10 来修改 swappiness 参数值。当然要根据对内存使用程度的需求而定。

没有交换空间 Linux 系统也可以运行；如果内存容量很大，Linux 系统也会运行得很好。但是，一旦内存不够用了，系统就会崩溃。所以，还是建议设置交换空间。

5.3.2　Windows 对交换空间的管理

在 Windows 操作系统中，分页文件（pagefile. sys）也称为交换文件，分页文件放在硬盘上，并且是硬盘上的隐藏文件。Windows 用分页文件（Paging File）来承载从内存中被换出的程序和数据。Windows 按需将数据从分页文件移至内存，也将数据从内存移至分页文件内以便为新的数据腾出空间。Windows 使用分页文件就像该文件是随机存储器一样。默认情况下，Windows 将分页文件存储在引导分区（包含操作系统及其支持文件的分区）中。

对分页文件的位置、大小的设置就是对 Windows 交换空间的管理，Windows 也将交换空间称为虚拟内存。Windows 建议默认的分页文件大小等于内存总量的 1.5 倍，也可以根据日常实际运行的应用程序，因地制宜地精确设置虚拟内存空间的数值。

虚拟内存对任何版本的 Windows 而言都是非常重要的。如果设置合理，它将极大地提升计算机的性能和运行速度。下面以 Windows 7 为例，描述其对虚拟内存的配置，如图 5.10 所示。

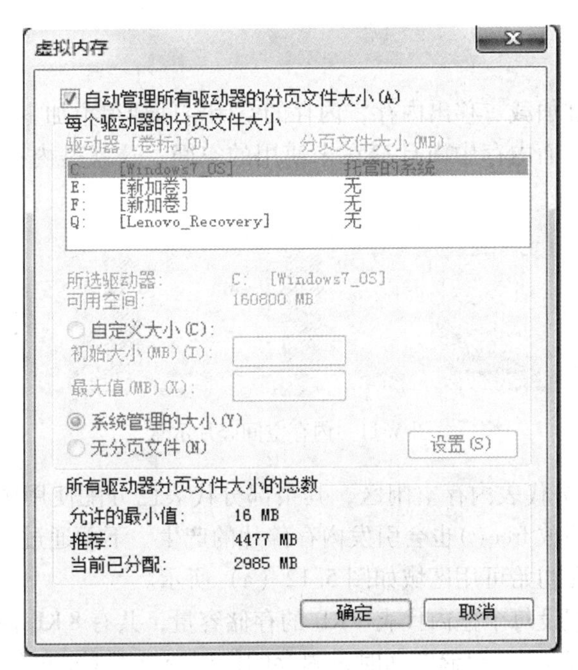

图 5.10　Windows 虚拟内存配置页面

Windows 对虚拟内存的配置步骤如下。

① 右键单击桌面上“计算机”图标，选择“属性”选项，打开“系统”窗口。

② 单击“高级系统设置”，在打开的“系统属性”对话框中单击“高级”选项卡，单击“性能”区域的“设置”按钮，在“性能选项”对话框中选择“高级”选项卡，单击“虚拟内存”区域的“更改”按钮，打开“虚拟内存”对话框。

③ 可以选择相应的驱动器［卷标］，从而将分页文件放置在该位置。

④ 勾选“自定义大小”复选框，将具体数值填入“初始大小”和“最大值”栏中。

⑤ 单击“设置”，再单击“确定”按钮即可。

最后重新启动计算机使虚拟内存设置生效。

通过在多个硬盘驱动器之间划分虚拟内存空间，并且从速度较慢或者访问量较大的驱动器上删除虚拟内存空间，可以优化虚拟内存的使用。要最佳化虚拟内存空间，应将其划分到尽可能多的物理硬盘上。在选择驱动器时，应遵循以下原则：

① 尽量避免将分页文件与系统文件放在同一个硬盘驱动器上。

② 不要在同一个硬盘的不同分区上放置多个分页文件。

③ 避免将一个分页文件放在容错盘（如镜像卷、RAID-5 卷）。分页文件不需要容错，由于容错计算机是将数据写入多个位置，因此这些计算机上的写数据操作会很慢。

5.4 内存维护管理

内存维护涉及内存碎片（memory fragment）、内存泄露（memory leak）及垃圾回收（garbage collection，GC）问题。

5.4.1 内存碎片

随着程序不断地被加载、移出内存，内存的空闲空间变得愈加零碎，甚至出现了进程无法得到需要的内存块，而内存中尚且存在未使用的空间。这就是内存碎片问题，如图 5.11 所示。

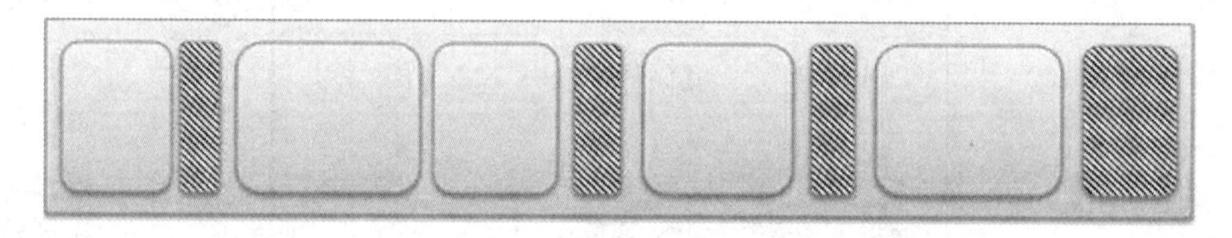

图 5.11 内存空间碎片示意

图 5.11 中阴影部分代表内存空闲区，其余部分代表已分配使用区域。C 程序中的动态空间分配 malloc()和释放 free()也会引发内存碎片的产生。下面通过一个示例说明内存碎片的产生过程。假设内存初始可用区域如图 5.12（a）所示。

为了量化说明，假设每个框内代表 1 KB 的存储容量，共有 8 KB 内存可用区。当应用程序需要 1 KB、4 KB 和 2 KB 的存储空间时，内存的使用变成了下面的情况，即只剩下 1 KB 的空闲区域，如图 5.12（b）所示。

如果应用程序不再使用已获得的内存，依次释放了 4 KB 和 1 KB 的存储空间，可用的内存区域就会增加为如图 5.12（c）所示。

如果应用程序继续需要 2 KB 和 4 KB 的内存空间，显然，系统已经无法再满足 2 KB 和 4 KB 的请求，尽管可用的内存空间总和满足 6 KB。不连续的可用存储空间是内存碎片的典型特征。从程序员角度，及时释放程序用完的内存，是减少内存碎片的一个方面。

内存碎片合并和避免是操作系统的一项任务，操作系统可为用户提供碎片整理工具。从 Windows Vista 开始，微软操作系统支持 LFH（the low-fragmentation heap）策略，该策略使得系统可以为应用分配满足请求容量的最小内存区域。

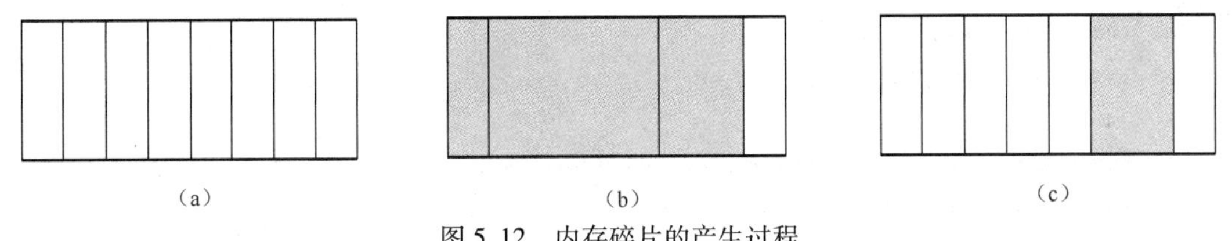

图 5.12　内存碎片的产生过程

5.4.2　内存泄露

程序在执行期间，可以向系统动态申请内存区域。然而，系统总的可用内存容量是固定的。当一个应用程序用光了所有的内存空闲区域之后，其他应用就无法获得所需要的内存空间，这将致使内存“饥饿”程序发生意外崩溃。即使应用程序没有终止，系统也会变得很慢。显然，这两种情况都不是我们所希望发生的。因此，每个程序都有责任在内存用完之后动态将其释放，亦即将这些内存归还给系统，以便系统将其再次分配给其他程序。我们将应用程序动态获得内存，但在用完之后没有释放内存的现象称为内存泄露。

下面列举两个引起内存泄露的案例。

(1) 指针的重新指向

下面的 3 行代码会致使 memoryArea 最初指向的内存位置为“孤儿”状态，无法被释放，进而导致 10 Bytes 的内存泄露。

```
char * memoryArea = malloc(10);
char * newArea = malloc(10);
memoryArea = newArea;
```

执行完第 1 和第 2 条语句之后，内存区域的指向如图 5.13 (a) 所示。

执行完第 3 条语句之后，内存区域的指向如图 5.13 (b) 所示，图中的???? 符号表达了该区域已成为“孤儿”状态，无法被释放。

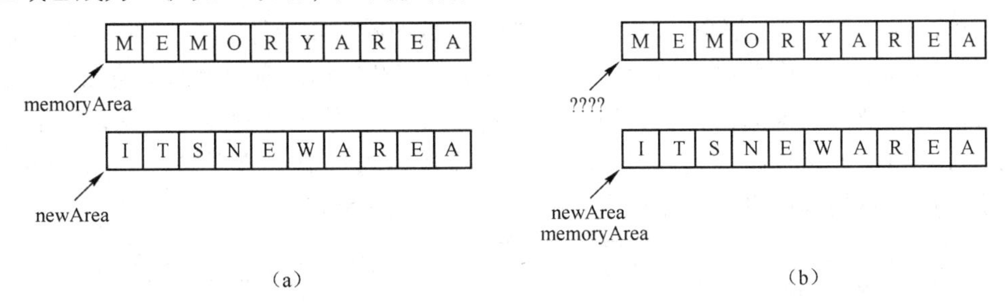

图 5.13　内存泄露

由此可知，这会导致 MEMORYAREA 内存区域泄露。对指针进行赋值时，要确保所分配的存储区没有成为“孤儿”；可以先行释放 memoryArea 指向的动态存储区，然后再进行指针赋值。

(2) 内存释放次序

假设结构体指针 name1 指向容量为 sizeof(struct name) 的内存区，而该区域内的 2 个成员分别指向了另外 2 个动态分配的内存区。反映此情形的代码片段如下：

```
struct name{
```

```
    char * firstname;
    char * lastname;
};
struct name * name1= (struct name * )malloc(sizeof(struct name));
name1->firstname = (char * )malloc(10);
name1->lastname = (char * )malloc(10);
```

结构体指针 name1 与结构体成员指针 name1→firstname 和 name1→lastname 指向的内存区域如图 5. 14 所示。

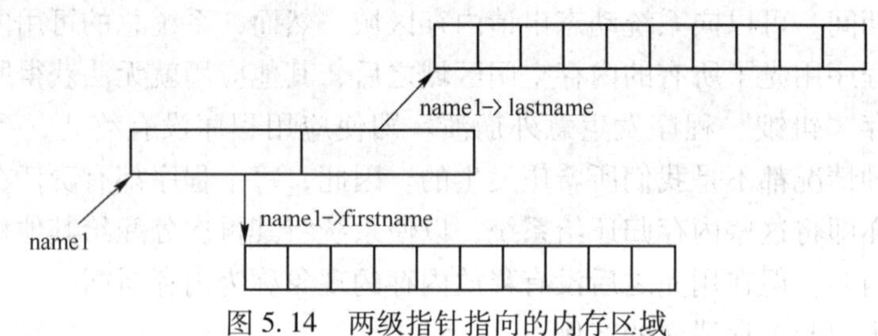

图 5. 14　两级指针指向的内存区域

此时，如果只释放 name1 所指向的存储区，就会导致指针 name1->firstname 和指针 name1->lastname 指向的内存位置为“孤儿”状态，无法被释放，进而产生 20 Bytes 的内存泄露。正确的做法为：

```
free(name1->firstname);
free(name1->lastname);
free(name1);
```

即先释放动态子区域、再释放父区域，避免指示存储区域的指针丢失而导致已分配的内存区域无法回收。

C 程序调用 malloc 动态申请内存空间，用完之后应及时释放，否则会产生内存泄露。随着时间的累积，内存泄露可能使系统消耗掉所有内存，此时唯有重启计算机才能解决此问题。

除了上面 2 个关于内存泄露的示例，一个系统中打开的每个应用也都在消耗着内存，并且有些应用还会消耗大量的内存，例如 Photoshop 等软件。从某种程度上，系统性能受限于可用的内存容量。如果你正在使用 Windows 操作系统，通过资源监视器（resource monitor）可以查看当前运行的程序对于内存资源的占用情况，如图 5. 15 所示。

资源监视器

文件(F)　监视器(M)　帮助(H)

概述　CPU　内存　磁盘　网络

进程　71% 已用物理内存

映像	PID	硬错误/秒	提交(KB)	工作集(KB)	可共享(KB)	专用(KB)
chrome.exe	10768	4	105,020	371,528	284,292	87,236
chrome.exe	9812	0	85,140	102,604	36,592	66,012
chrome.exe	7548	3	97,624	70,620	10,556	60,064
WINWORD.EXE	9416	0	76,976	158,820	102,124	56,696
chrome.exe	6068	0	62,100	79,944	34,620	45,324
svchost.exe (Loca...	1536	0	38,876	37,484	3,692	33,792
chrome.exe	9256	0	43,540	45,796	19,192	26,604
kphonetray.exe	7984	0	61,744	29,584	4,284	25,300

图 5. 15　Windows 资源监视器内存使用信息展示

图 5.15 中硬错误/秒（hard faults/s）是应用程序访问的内容不在内存中的缺失错误，与内存容量有关；提交（commit）指示应用程序需要的交换空间容量；工作集（working set）是应用程序当前使用的内存大小；可共享（shareable）指工作集中与其他进程共享的存储空间大小；专用（private）空间是应用程序独享的内存空间。通过资源监视器，可以发现内存使用的异常情况，以便合理维护内存的使用。

5.4.3　垃圾回收

垃圾回收也称为自动存储管理，是对程序不再使用的堆存储空间进行系统化的复原，也可以说是释放不再使用的内存资源。GC 是现代编程语言自动管理内存的特色，Java 和 .NET 框架中的编程语言都有 GC 机制。C 语言通过程序员手工进行内存的分配和释放。对于不能使用基本数据类型保存的数据，例如对象、串等复杂类型数据通常保留在堆中，人工控制的存储释放难免会被遗忘，进而引入错误。具有自动垃圾回收的程序运行环境能够避免此类软件错误。

Java 自动垃圾回收是不断查看堆存储（heap memory）的过程，并在此过程中标志哪些对象在使用，哪些对象不再使用，并且将不用对象删除。使用中的对象，或者被访问的对象，意味着仍然有程序指针指向它。未使用或者未访问的对象也不再会被程序的任何部分所访问，可以将其回收。删除不再使用对象以及在空间上紧凑在使用对象是 Java 垃圾回收的主要工作。Java 垃圾回收过程如下。

（1）标记

如图 5.16 所示，用方框代表内存空间，对于程序存活对象和不用对象的内存空间分别用不同的颜色。

（2）删除

将未使用对象删除，并将其占用空间归入内存空闲区域，如图 5.17 所示。

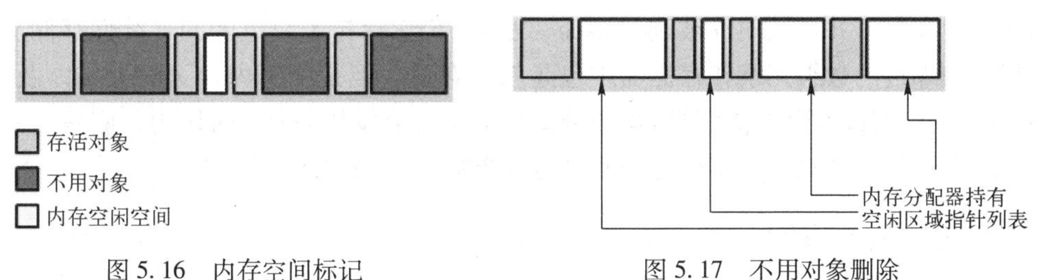

图 5.16　内存空间标记　　图 5.17　不用对象删除

（3）合并空闲内存区域

通过移动使用对象以及合并空闲区域，如图 5.18 所示，使得内存空间分配变得更加容易且快速。

图 5.18　合并空闲内存区域

上述过程只是示意了 Java GC 的基本思想，Java GC 也不断在改进更加有效的标记、清除和合并方式。

微软的 .NET 框架在 CLR 提供了 GC 服务。GC 服务发生在以下情况：系统的可用物理内存少，堆占用超出可接受的阈值，GC. Collect 方法被调用之后。大多数情况下，不需要程序员调用 GC. Collect 方法，因为垃圾回收一直在进行。当然测试或者特殊应用情况除外。CLR 不断地在两方面取得平衡：既不要让应用的工作集内存占用过大，也不要使得垃圾回收占用时间过长。图 5. 19 是 .NET 框架中的一个线程（thread1）触发 GC 之后，致使其他线程（thread2 和 thread3）都处于挂起状态（suspended）的垃圾回收过程。

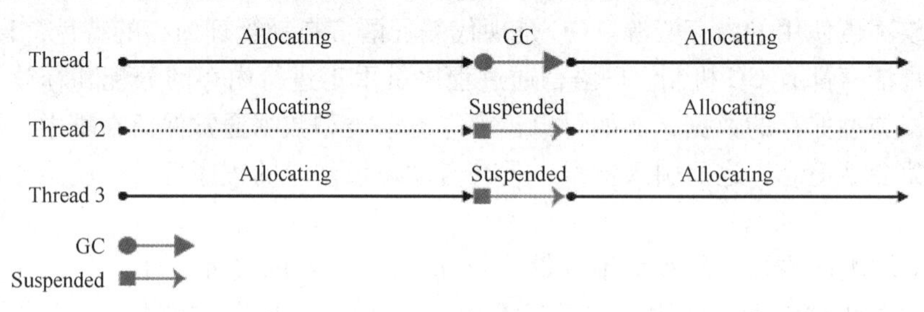

图 5. 19 .NET 框架线程触发的垃圾回收

由此看来，垃圾回收期间也致使内存停止对外服务。.NET 框架也在不断地改进垃圾回收方式，使软件运行系统有更好的性能。

5. 5 高级语言程序数据组织与访问的优化

程序性能除了受到算法优劣和硬件运算速度的影响，在很大程度上也受到 cache 访问性能的影响。高级语言程序为数据分配连续的虚拟地址，这些数据被调入内存中也保持了页面范围的连续性存储，并且从内存被调入 cache 之后，仍然保持了块范围的连续性存储。举例来说，程序中邻近的数组元素在存储器中也是依次存放，但是由于内存页面大小以及 cache 块大小的限制会致使程序中邻接的数据被分离。为了充分发挥 cache 的作用，应该以更有效的方式组织和访问程序数据。本节介绍 C 程序中数据的有效组织和访问方法。

5. 5. 1 数据结构的声明

数据结构声明（data structure declaration）的方式会对结构体中数据元素的访问时间产生影响。要尽可能将同时被访问的数据放在一起，或者尽可能将经常被访问的数据放在一起，以便增强访问的局部性。在组织数据时，应尽可能使连续访问的结构元素不超出 cache 块的范围，避免访问过程中出现颠簸（thrash），即访问刚刚被调出的数据。

如何声明较大规模的数组取决于程序代码如何访问数组。数组既可以被声明为分离数组（separate array），也可以被声明为复合数组（compound array）。如下所示。

分离数组：

```
int a[500];
int b[500];
```

复合数组:

```
Struct {
    int a;
    int b;
} s[500];
```

如果程序代码依次地访问数组 a 和 b 中的元素，就将其声明为分离形式的数组。分离数组在存储器的数据布局如图 5.20 所示。

a[0]	a[1]	…	a[500]	b[0]	b[1]	…	b[500]

图 5.20　分离数组存储布局

这样，a[i]被调入 cache 块时，其邻近的数组元素也被调入 cache 块中。可以最大程度地保证访问 a 数组的命中率。

如果程序代码同时访问数组 a 和 b 中的元素，就将其声明为复合数组。复合数组在存储器的数据布局如图 5.21 所示。

a[0]	b[0]	a[1]	b[1]	…	a[500]	b[500]

图 5.21　复合数组存储布局

于是，cache 块中既包含 a 也包含 b 数组中的部分元素。这样可以最大程度地保证同时访问 a 和 b 数组的命中率。

此外，热点数据与使用频率低的数据尽量分开保存，例如下面的客户信息结构体，

```
struct Customer{
    int ID;
    int AccountNumber;
    char Name[128];
    char Address[256];
};
Customer customers[1000];
```

如果访问结构体成员变量 ID 和 AccountNumber 的情况居多，而极少情况访问结构体成员变量 Name 和 Address，就应该将其分为如下两个结构体表示:

```
struct CustomerAccount{
    int ID;
    int AccountNumber;
    customerData *pData
};
struct CustomerData{
    char Name[128];
    char Address[256];
};
CustomerAccount customers[1000];
```

这样，当访问结构体数组 customers 时，一个结构体的全部成员只占 12 字节，可以在 cache 中装入更多的 customers 结构元素，减少 cache 访问开销。

总之，上述数据结构的声明方式考虑了最大程度地发挥访问局部性的特征，将连续使用的数据放在连续存储位置，尽可能地使数据在 cache 期间得到充分的访问，减少访问 cache 的失效次数。

5.5.2 针对访问性能的循环变换

除考虑优化数据的存储组织方式之外，改进程序代码访问数据的方式也可改善程序的执行性能。由于循环是一种经常性的程序行为，本节主要讲解四种优化循环的处理方式。

(1) 循环融合

循环融合（loop fusion）是一种将两个访问同一组数据的循环合并为一个循环的变换。

循环合并前：

```
for (i=0; i<n;i++){
    …a[i]…
}
for (i=0; i<n;i++){
    …a[i]…
}
```

循环合并后：

```
for (i=0; i<n;i++){
    …a[i]…
    …a[i]…
}
```

循环合并之后，数组元素 a[i]在调入 cache 期间被访问多次。这种优化的目的是通过改进时间局部性来减少访问 cache 的失效次数。

(2) 循环分裂

循环分裂（loop fission）是一种将一个循环分裂为两个循环的变换。

循环分裂前：

```
for (i=0; i<n;i++){
    …a[i]…
    …b[i]…
}
```

循环分裂后：

```
for (i=0; i<n; i++){
    …a[i]…
}
for (i=0; i<n; i++){
    …b[i]…
}
```

循环分裂将大的循环体分解为小的循环体，以便获得更好的访问局部性。显然，这里的数组 a 和 b 是分离数组；在一个循环体中同时处理 a 和 b 两个数组对于 cache 的容量要求高于只处理一个数组。

(3) 循环交换

循环交换（loop interchange）通过互换内、外循环的迭代变量来改变数据的访问次序。不同的数据遍历方式会带来不同的程序性能。下面是一段优化前后的 C 语言代码片段：

优化前：

```
for (j=0; j<n;j++){
    for (i=0; i<n;i++){
        …A[i,j]…
    }
}
```

优化后：

```
for (i=0; i<n;i++){
    for (j=0; j<n;j++){
        …A[i,j]…
    }
}
```

C 语言对于二维数组按照行次序（row-major）存储其数组元素，亦即每行数据是连续存放的。当行数据在 cache 的时候去访问它，就可以避免很多 cache 访问缺失，这也是上述代码内、外循环交换后改善程序运行性能的原因。

然而 Fortran 和 MatLab 都是按列次序（column-major）存储数据，因此使用这两者编程时对二维数组的访问应该考虑按照列数据连续访问，以达到最佳访问性能。

(4) 分块

分块（blocking）是重新组织程序循环的过程，即增大循环的步长，并且增加循环嵌套的层数，以便尽可能减少 cache 访问的缺失次数，改善最内层循环数据访问的时间局部性。这种分块优化措施适用于超大型矩阵乘法。考虑下面的 C 语言代码片段：

分块前：

```
for (i=0; i<n;i++){
    for (j=0; j<n;j++){
        …A[i,j] * B[j,i]…
    }
}
```

分块后：

```
for (ii=0; ii<n; ii += k ){
    for (jj=0; jj<n; jj += k ){
        for (i=ii; i<ii+k;i++ ){
            for (j=jj; j<jj+k;j++){
```

```
                    …A[i,j] * B[j,i]…
                }
            }
        }
    }
```

对于 A[i,j]和 B[j,i]同时使用的情况，需要同时满足 A[i,j]和 B[j,i]分别对按行和按列访问次序的要求。由于 cache 容量的限制，很难满足整行 A 和整列 B 同时放入 cache，因此采用将 A 和 B 分别分块放入 cache，尽可能使 cache 中保存同时使用的 A[i,j]和 B[j,i]。此处分块的大小与 cache 容量有关，如图 5.22 所示。

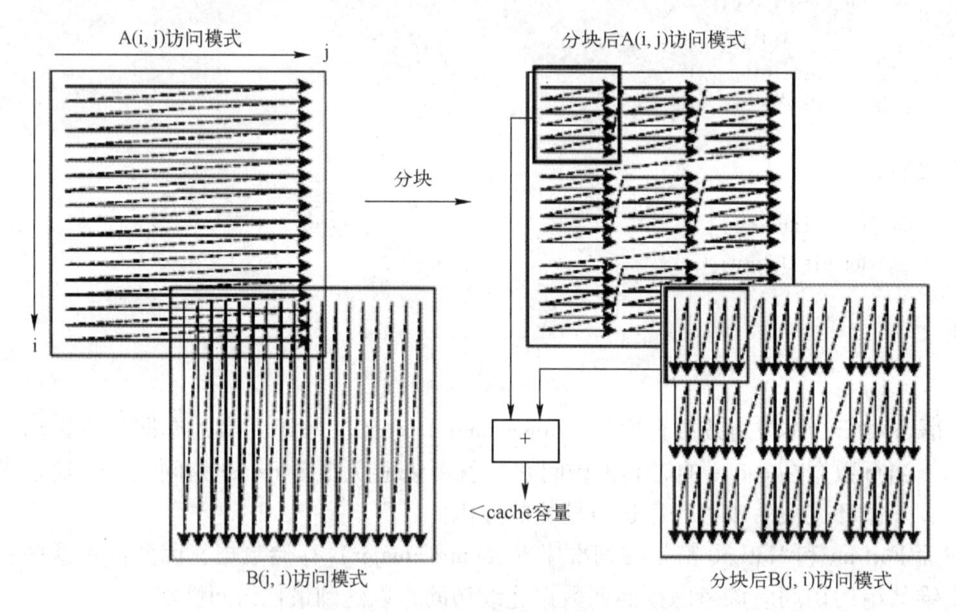

图 5.22　分块的大小与 cache 容量

这里块大小的选取是循环分块的一个重要问题，针对上述代码片段，A 和 B 的块大小之和应小于 cache 的容量，这样可以最大化数据在 cache 中的重用。

习题 5

5.1　假设一个计算机的存储层次由片上 L1 cache、L2 cache 和主存构成。处理器的主频是 200MHz，主存的访问时间是 70ns，L1 cache 的缺失率是 10%，L2 cache 的缺失率是 5%，并且 L2 cache 的访问时间是 20ns。在程序运行时，其所有数据都被装入了主存中，此时这个存储层次的平均访问时间是多少？如果系统没有 L2 cache，存储层次的性能又会怎样？

5.2　在一级缓存（L1 cache）的设计中，为什么要将指令和数据分开存储？

5.3　一个 cache 包括 2 个块，每个 cache 块的容量是 16 字节。对于下面的一个求两向量点积的程序段，假设浮点类型数据是 4 字节宽，并假设 sum 被保存在 CPU 内的寄存器中。请问访问 x 和 y 的命中情况如何？如果将 x 和 y 分别声明为 x[12]和 y[12]，结果又如何呢？

```
float dotprod(float x[8], float y[8])
{
    float sum = 0.0
    int i;

    for ( i= 0; i < 8; i++)
        sum += x[i] * y[i];
    return sum;
}
```

5.4　运行下面的程序代码，测试 fusion 与 fission 的用时，并分析其原因。

```
#define SIZE 67108864

unsigned gethash(int key){
    return key & (SIZE - 1);
}

int check_fusion(int * res, char * map, int n, int * keys){
    int ret = 0;
    for(int i = 0; i < n; ++i){
        res[ret] = i;
        ret += map[gethash(keys[i])];
    }
    return ret;
}
int check_fission(int * res, char * map, int n, int * keys, int *tmp){
    int ret = 0;
    for(int i = 0; i < n; ++i){
        tmp[i] = map[gethash(keys[i])];
    }
    for(int i = 0; i < n; ++i){
        res[ret] = i;
        ret += tmp[i];
    }
    return ret;
}

int main()
{
    char *map = (char*)calloc(SIZE,sizeof(char));
    int *keys = (int*)calloc(SIZE,sizeof(int));
    int *res = (int*)calloc(SIZE,sizeof(int));
    int *tmp = (int*)calloc(SIZE,sizeof(int));
```

```
    if (map == NULL || keys == NULL || res == NULL || tmp == NULL){
        printf("Memory allocation failed. \n");
        system("pause");
        return 1;
    }

    // Generate Random Data
    for (int i = 0; i < SIZE; i++){
        keys[i] = (rand() & 0xff) | ((rand() & 0xff) << 16);
    }
    printf("Start...\n");
    double start = omp_get_wtime();
    int ret;
    ret = check_fusion(res,map,SIZE,keys);
//    ret = check_fission(res,map,SIZE,keys,tmp);
    double end = omp_get_wtime();
    printf("ret = %d",ret);
    printf("\n\nseconds = %f\n",end - start);
    system("pause");
}
```

5.5 程序被完整地保存在辅存（硬盘）上，在执行时才被加载到主存。由于主存的容量限制和/或多任务同时执行的需求，只能将程序正在执行的部分（也称为活跃部分）调入主存。如果主存空间已满，则需要将主存中不活跃的部分换出（paging out 或 swapping out），这部分内容被存放在由操作系统管理的交换空间（swap space）中。交换空间是在硬盘上开辟的存储空间，是内存空间的扩展。交换空间是虚拟空间（virtual space）的载体，虚拟空间（或称虚拟存储空间）构成了虚拟存储器（virtual memory，VM）。CPU 在执行程序时给出的是关于指令或数据的虚拟地址（virtual address，VA）。虚拟地址可以被映像到主存物理地址或实地址（physical address，PA），也可以被映像到硬盘地址，甚至是 cache 的地址！虚拟存储器也称为虚拟内存。虚拟内存是一种计算机系统技术，它给应用程序一个理想化的、无限量的执行空间。而实际上，应用程序在主存中是被分割存储的，并且主存只保存了一个大型应用程序的一部分。当执行中的程序需要访问指令或数据时，通过地址变换将虚拟地址转化为实际的存储地址（页表保存这种映像关系），并且这种地址变换机制也为操作系统和用户程序之间，以及用户程序彼此之间提供了一种防止相互越界的保护。假设一个系统具有如下的参数：

① 虚拟地址宽 20 位；

② 物理地址宽 18 位；

③ 页面大小 1024 字节；

页表前 32 个表项的内容如图 5.23 所示（均为十六进制表示的数）。

问题组一：

（1）在图 5.24 中标出虚页号（virtual page number，VPN）和页内偏移的位段。

Page Table					
VPN	PPN	Valid	VPN	PPN	Valid
000	71	1	010	60	0
001	28	1	011	57	0
002	93	1	012	68	1
003	AB	0	013	30	1
004	D6	0	014	0D	0
005	53	1	015	2B	0
006	1F	1	016	9F	0
007	80	1	017	62	0
008	02	0	018	C3	1
009	35	1	019	04	0
00A	41	0	01A	F1	1
00B	86	1	01B	12	1
00C	A1	1	01C	30	0
00D	D5	1	01D	4E	1
00E	8E	0	01E	57	1
00F	D4	0	01F	38	1

图 5.23　页表前 32 个表项的内容

19	18	17	16	15	14	13	12	11	10	9	8	7	6	5	4	3	2	1	0

图 5.24　虚页号—页内偏移

（2）在图 5.25 中标出实页号（physical page number，PPN）和页内偏移的位段。

17	16	15	14	13	12	11	10	9	8	7	6	5	4	3	2	1	0

图 5.25　实页号—页内偏移

问题组二：

如果发生页面失效，将 PPN 用“-”表示，并将物理地址设置为空。

虚拟地址：078E6。

（1）将虚拟地址 078E6 按位填入图 5.26 中（每个空表示 1 位）。

19	18	17	16	15	14	13	12	11	10	9	8	7	6	5	4	3	2	1	0

图 5.26　虚拟地址（078E6）

（2）对虚拟地址 078E6 进行地址转换，并完成表 5.2 的填写。

表 5.2　078E6 虚拟地址转换

参　　数	值
VPN	0x
PPN	0x
Page Fault?（Y/N）	

（3）将虚拟地址 078E6 映像的物理地址按位填入图 5.27 中（每个空表示 1 位）。

17	16	15	14	13	12	11	10	9	8	7	6	5	4	3	2	1	0

图 5.27 虚拟地址 078E6 映像的物理地址

虚拟地址：04AA4。

（1）将虚拟地址 04AA4 按位填入图 5.28 中（每个空表示 1 位）。

19	18	17	16	15	14	13	12	11	10	9	8	7	6	5	4	3	2	1	0

图 5.28 虚拟地址（04AA4）

（2）对虚拟地址 04AA4 进行地址转换，并完成表 5.3 的填写。

表 5.3 04AA4 虚拟地址转换

参　数	值
VPN	0x
PPN	0x
Page Fault?（Y/N）	

（3）将虚拟地址 04AA4 映像的物理地址填入图 5.29 中（每个空表示 1 位）。

17	16	15	14	13	12	11	10	9	8	7	6	5	4	3	2	1	0

图 5.29 虚拟地址 04AA4 映像的物理地址

5.6 一个 32 位地址空间的系统使用单一页表进行地址转换，页面大小为 4 KB，每一页表项的信息量为 4 字节，驻留在主存中的页表占用的存储容量是多少？对于一个 64 位地址空间的系统呢？

5.7 在用户空间，所有物理存储页面都可以按需被换出存为磁盘文件。在系统空间，有些物理页面可以被换出，有些则不能。系统空间有两个区域用于动态分配内存：换页池和非换页池。在换页池（paged pool）中分配的内存页面根据需要可以被换出存为磁盘文件，在非换页池（nonpaged pool）中分配的内存页面不能被换出存为磁盘文件，如图 5.30 所示。

问题：换页池和非换页池各自适于存储什么类别的内容？

5.8 运行 Windows 计算机的处理器工作在两种模式之下，即用户模式（user mode）和内核模式（kernel mode）。取决于所执行的代码类别，处理器在两种模式之下切换。应用运行在用户模式下，而操作系统核心组件运行在内核模式。多数驱动程序运行在内核模式，也有一些驱动程序运行在用户模式。当开始一个用户模式应用时，Windows 为这个应用创建了一个进程。由于应用程序的虚拟地址空间是私有的，它不能改变属于其他应用的数据，所以每个应用各自独立运行。这也意味着一个应用崩溃不会影响操作系统和其他应用。图 5.31 示意了用户模式与内核模式之间的组件交互。运行在内核模式下的所有代码共享单一的虚拟地址空间，这意味着内核模式下的驱动程序之间以及与操作系统自身之间互不隔离。内核模式下的驱动程序一旦写错了地址，就会牵连操作系统或者其他的驱动程序。

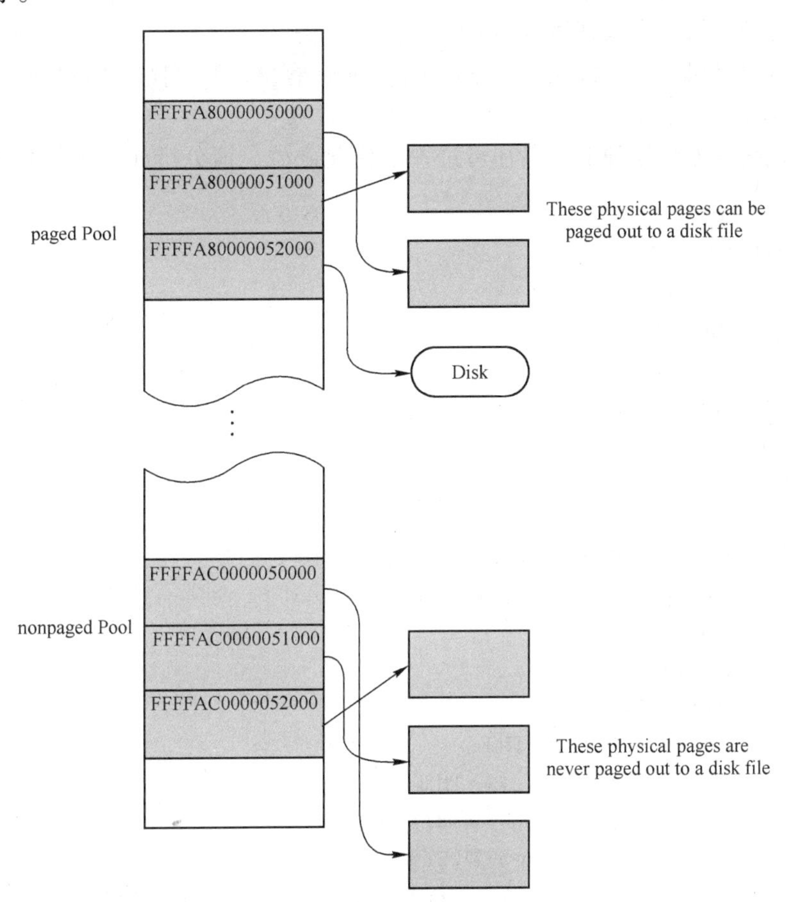

图 5.30　换页池和非换页池

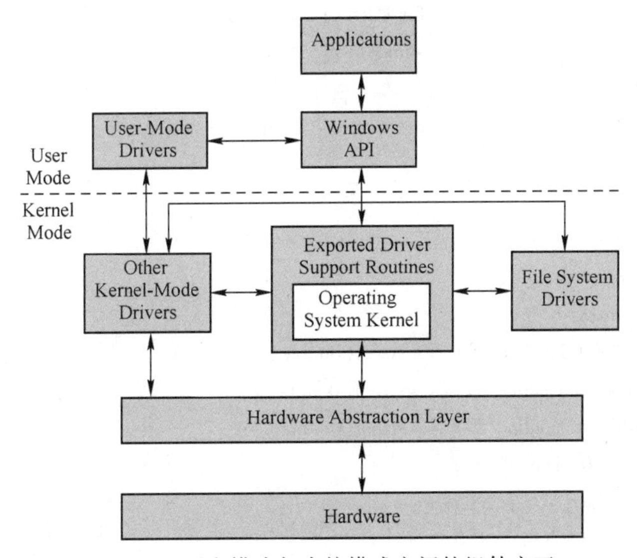

图 5.31　用户模式与内核模式之间的组件交互

问题：如何理解“运行在内核模式下的所有代码共享单一的虚拟地址空间”？

5.9 下面是矩阵乘法的普通实现和分块优化实现代码。

（1）运行该代码，观察其运行结果。

（2）结合自己机器的硬件配置，重点关注 cache 容量，调整代码中的关键参数，以便获得最佳运行时间。

（3）该代码在循环处理上还存在可进一步优化之处，请分析如何优化并尝试做出进一步的优化。

```
#include "stdio.h"
#include "stdlib.h"
#include "time.h"
/* Use 32x32 tiles */
/* NxN matrix */
#define TILE 32
#define N 1024

void multiply_tiled ( double *a, double *b, double *c){
    /* Loop over all the tiles, stride by tile size */
    int i,j,k,x,y,z;
    double sum;
    for ( i=0; i<N; i+=TILE )
        for ( j=0; j<N; j+=TILE )
            for ( k=0; k<N; k+=TILE )
            /* Regular multiply inside the tiles */
                for ( x=i; x<i+TILE; x++ )
                    for ( y=j; y<j+TILE; y++ ){
                        sum = c[x*N+y];
                            for ( z=k; z<k+TILE; z++ ){
                            sum += a[x*N+z]*b[z*N+y];
                            }
                            c[x*N+y]=sum;
                        }
}
int main(){
    double *a, *b, *c;
    double sum;
    a=(double *)malloc(N*N*sizeof(double));
    b=(double *)malloc(N*N*sizeof(double));
    c=(double *)malloc(N*N*sizeof(double));
    for ( int i=0; i<N; i++ )
        for ( int j=0; j<N; j++ )
            a[i*N+j]=1.0;
    for ( int i=0; i<N; i++ )
```

```
        for ( int j=0; j<N; j++ )
            b[i * N+j]=1.0;
    for ( int i=0; i<N; i++ )
        for ( int j=0; j<N; j++ )
            c[i * N+j]=0;
    time_t plainstart=time(NULL);
    /* Regular multiply */
    for ( int i=0; i<N; i++ )
      for ( int j=0; j<N; j++ ){
          sum= c[i * N+j];
        for ( int k=0; k<N; k++ )
              sum += a[i * N+k] * b[k * N+j];
          c[i * N+j]=sum;
      }
    time_t plainend=time(NULL);
      for ( int i=0; i<N; i++ )
        for ( int j=0; j<N; j++ )
        {
            // printf("c:%d",(int)c[i * N+j]);
            c[i * N+j]=0;

      }
    time_t optstart=time(NULL);
    multiply_tiled ( a, b, c);
    time_t optend=time(NULL);
    //      printf("\n");
    //printf("opt C:\n");
    //for ( int i=0; i<N; i++ )
    //      for ( int j=0; j<N; j++ )
    //      printf("c:%d ",(int)c[i * N+j]);
    printf("optimal multiply : %d\n", optend-optstart);
    printf("plain multiply : %d\n", plainend-plainstart);
    free(a);
    free(b);
    free(c);
    return 0;
}
```

5.10　下面是运行在 Linux 环境的 mountain. c 程序。该程序利用循环结构发出一系列读请求，从存储系统中读出数据，从而测量读吞吐率（read throughput），有时也称为读带宽（read bandwidth）。运行结果生成依赖目标机的存储器层次。

（1）在 Linux 下运行 mountain. c 程序。解释运行结果中各参数的含义。

（2）根据（1）中的运行结果，选择相应的工具软件，画出存储层次图。

（3）对 mountain. c 程序代码进行分析，画出程序流程图。

（4）结合运行该程序的计算机具体配置，从时间局部性和空间局部性角度解释（2）中的存储器层次图。

（5）适当修改下面的程序代码，使其运行在 Windows 环境。说明该代码移植过程的关键环节。

```
/* mountain.c - Generate the memory mountain. */
/* $begin mountainmain */
#include <stdlib.h>
#include <stdio.h>
#include "fcyc2.h" /* K-best measurement timing routines */
#include "clock.h" /* routines to access the cycle counter */
#define MINBYTES (1 << 10)                /* Working set size ranges from 1 KB */
#define MAXBYTES (1 << 23)                /* ... up to 8 MB */
#define MAXSTRIDE 16                      /* Strides range from 1 to 16 */
#define MAXELEMS MAXBYTES/sizeof(int)
int data[MAXELEMS];                       /* The array we'll be traversing */
/* $end mountainmain */

void init_data(int *data, int n);
void test(int elems, int stride);
double run(int size, int stride, double Mhz);

/* $begin mountainmain */
int main()
{
    int size;                             /* Working set size (in bytes) */
    int stride;                           /* Stride (in array elements) */
    double Mhz;                           /* Clock frequency */

    init_data(data, MAXELEMS);            /* Initialize each element in data to 1 */
    Mhz = mhz(0);                         /* Estimate the clock frequency */
/* $end mountainmain */
    /* Not shown in the text */
    printf("Clock frequency is approx. %.1f MHz\n", Mhz);
    printf("Memory mountain (MB/sec)\n");

    printf("\t");
    for (stride = 1; stride <= MAXSTRIDE; stride++)
    printf("s%d\t", stride);
    printf("\n");

/* $begin mountainmain */
```

```
    for (size = MAXBYTES; size >= MINBYTES; size >>= 1) {
/* $end mountainmain */
    /* Not shown in the text */
    if (size > (1 << 20))
        printf("%dm\t", size / (1 << 20));
    else
        printf("%dk\t", size / 1024);

/* $begin mountainmain */
    for (stride = 1; stride <= MAXSTRIDE; stride++) {
        printf("%.1f\t", run(size, stride, Mhz));
    }
    printf("\n");
    }
    exit(0);
}
/* $end mountainmain */

/* init_data - initializes the array */
void init_data(int *data, int n)
{
    int i;
    for (i = 0; i < n; i++)
    data[i] = 1;
}

/* $begin mountainfuns */
void test(int elems, int stride)              /* The test function */
{
    int i, result = 0;
    volatile int sink;
    for (i = 0; i < elems; i += stride)
    result += data[i];
    sink = result;                            /* So compiler doesn't optimize away the loop */
}

/* Run test(elems, stride) and return read throughput (MB/s) */
double run(int size, int stride, double Mhz)
{
    double cycles;
    int elems = size / sizeof(int);
    test(elems, stride);                      /* warm up the Cache */
    cycles = fcyc2(test, elems, stride, 0);   /* call test(elems,stride) */
```

```
    return (size / stride) / (cycles / Mhz);    /* convert cycles to MB/s */
}
/* $end mountainfuns */

/* clock.c */
#include <stdio.h>
#include <stdlib.h>
#include <unistd.h>
#include <sys/times.h>
#include "clock.h"

/* Routines for using cycle counter */

/* Detect whether running on Alpha */
#ifdef __alpha
#define IS_ALPHA 1
#else
#define IS_ALPHA 0
#endif

/* Detect whether running on x86 */
#ifdef __i386__
#define IS_x86 1
#else
#define IS_x86 0
#endif


/* Keep track of most recent reading of cycle counter */
static unsigned cyc_hi = 0;
static unsigned cyc_lo = 0;

#if IS_ALPHA
/* Use Alpha cycle timer to compute cycles. Then use measured clock speed to compute seconds */

/* counterRoutine is an array of Alpha instructions to access the Alpha's processor cycle counter. * It
   uses the rpcc instruction to access the counter. This 64 bit register is divided into two parts. * The
   lower 32 bits are the cycles used by the current process. The upper 32 bits are wall clock * cycles.
   These instructions read the counter, and convert the lower 32 bits into an unsigned int - * this is the
   user space counter value.
 * NOTE: The counter has a very limited time span. With a 450MhZ clock the counter can time * things
   for about 9 seconds.
 */
```

```
static unsigned int counterRoutine[] =
{
 0x601fc000u,
 0x401f0000u,
 0x6bfa8001u
};

/* Cast the above instructions into a function. */
static unsigned int (*counter)(void)= (void *)counterRoutine;

void start_counter()
{
  /* Get cycle counter */
  cyc_hi = 0;
  cyc_lo = counter();
}

double get_counter()
{
  unsigned ncyc_hi, ncyc_lo;
  unsigned hi, lo, borrow;
  double result;
  ncyc_lo = counter();
  ncyc_hi = 0;
  lo = ncyc_lo - cyc_lo;
  borrow = lo > ncyc_lo;
  hi = ncyc_hi - cyc_hi - borrow;
  result = (double) hi * (1 << 30) * 4 + lo;
  if (result < 0) {
    fprintf(stderr, "Error: Cycle counter returning negative value: %.0f\n", result);
  }
  return result;
}
#endif /* Alpha */

#if IS_x86
void access_counter(unsigned *hi, unsigned *lo)
{
  /* Get cycle counter */
  asm("rdtsc; movl %%edx,%0; movl %%eax,%1"
      :"=r" (*hi), "=r" (*lo)
      :/* No input */
      :"%edx", "%eax");
```

```
}

void start_counter()
{
  access_counter(&cyc_hi, &cyc_lo);
}

double get_counter()
{
  unsigned ncyc_hi, ncyc_lo;
  unsigned hi, lo, borrow;
  double result;
  /* Get cycle counter */
  access_counter(&ncyc_hi, &ncyc_lo);
  /* Do double precision subtraction */
  lo = ncyc_lo - cyc_lo;
  borrow = lo > ncyc_lo;
  hi = ncyc_hi - cyc_hi - borrow;
  result = (double) hi * (1 << 30) * 4 + lo;
  if (result < 0) {
    fprintf(stderr, "Error: Cycle counter returning negative value: %.0f\n", result);
  }
  return result;
}
#endif /* x86 */

double ovhd()
{
  /* Do it twice to eliminate Cache effects */
  int i;
  double result;
  for (i = 0; i < 2; i++) {
    start_counter();
    result = get_counter();
  }
  return result;
}

/* Determine clock rate by measuring cycles elapsed while sleeping for sleeptime seconds */
double mhz_full(int verbose, int sleeptime)
{
  double rate;
  start_counter();
```

```
    sleep(sleeptime);
    rate = get_counter()/(1e6 * sleeptime);
    if (verbose)
        printf("Processor Clock Rate ~= %.1f MHz\n", rate);
    return rate;
}

/* Version using a default sleeptime */
double mhz(int verbose)
{
    return mhz_full(verbose, 2);
}

/** Special counters that compensate for timer interrupt overhead */

static double cyc_per_tick = 0.0;

#define NEVENT 100
#define THRESHOLD 1000
#define RECORDTHRESH 3000

/* Attempt to see how much time is used by timer interrupt */
static void callibrate(int verbose)
{
    double oldt;
    struct tms t;
    clock_t oldc;
    int e = 0;
    times(&t);
    oldc = t.tms_utime;
    start_counter();
    oldt = get_counter();
    while (e <NEVENT) {
        double newt = get_counter();
        if (newt-oldt >= THRESHOLD) {
            clock_t newc;
            times(&t);
            newc = t.tms_utime;
            if (newc > oldc) {
        double cpt = (newt-oldt)/(newc-oldc);
        if ((cyc_per_tick == 0.0 || cyc_per_tick > cpt) && cpt > RECORDTHRESH)
            cyc_per_tick = cpt;
        /*
```

```
      if (verbose)
        printf("Saw event lasting %.0f cycles and %d ticks.   Ratio = %f\n",
              newt-oldt, (int) (newc-oldc), cpt);
      */
      e++;
      oldc = newc;
        }
        oldt = newt;
      }
    }
    if (verbose)
      printf("Setting cyc_per_tick to %f\n", cyc_per_tick);
}

static clock_t start_tick = 0;

void start_comp_counter() {
  struct tms t;
  if (cyc_per_tick == 0.0)
    callibrate(0);
  times(&t);
  start_tick = t.tms_utime;
  start_counter();
}

double get_comp_counter() {
  double time = get_counter();
  double ctime;
  struct tms t;
  clock_t ticks;
  times(&t);
  ticks = t.tms_utime - start_tick;
  ctime = time - ticks*cyc_per_tick;
  /*
  printf("Measured %.0f cycles.   Ticks = %d.   Corrected %.0f cycles\n",
    time, (int) ticks, ctime);
   */
  return ctime;
}
/* end clock.c */
/* clock.h */
/* Routines for using cycle counter */
```

```
/* Start the counter */
void start_counter();

/* Get # cycles since counter started */
double get_counter();


/* Measure overhead for counter */
double ovhd();

/* Determine clock rate of processor */
double mhz(int verbose);

/* Determine clock rate of processor, having more control over accuracy */
double mhz_full(int verbose, int sleeptime);

/** Special counters that compensate for timer interrupt overhead */

void start_comp_counter();

double get_comp_counter();
/* end clock.h */

/* fcyc2.c */
/* Compute time used by a function f that takes two integer args */
#include <stdlib.h>
#include <sys/times.h>
#include <stdio.h>

#include "clock.h"
#include "fcyc2.h"

static double *values = NULL;
int samplecount = 0;

#define KEEP_VALS 1
#define KEEP_SAMPLES 1

#if KEEP_SAMPLES
double *samples = NULL;
#endif
```

```
/* Start new sampling process */
static void init_sampler(int k, int maxsamples)
{
  if (values)
    free(values);
  values = calloc(k, sizeof(double));
#if KEEP_SAMPLES
  if (samples)
    free(samples);
  /* Allocate extra for wraparound analysis */
  samples = calloc(maxsamples+k, sizeof(double));
#endif
  samplecount = 0;
}

/* Add new sample.  */
void add_sample(double val, int k)
{
  int pos = 0;
  if (samplecount < k) {
    pos = samplecount;
    values[pos] = val;
  } else if (val < values[k-1]) {
    pos = k-1;
    values[pos] = val;
  }
#if KEEP_SAMPLES
  samples[samplecount] = val;
#endif
  samplecount++;
  /* Insertion sort */
  while (pos > 0 && values[pos-1] > values[pos]) {
    double temp = values[pos-1];
    values[pos-1] = values[pos];
    values[pos] = temp;
    pos--;
  }
}

/* Get current minimum */
double get_min()
{
  return values[0];
```

```
}

/* What is relative error for kth smallest sample */
double err(int k)
{
  if (samplecount < k)
    return 1000.0;
  return (values[k-1] - values[0])/values[0];
}

/* Have k minimum measurements converged within epsilon? */
int has_converged(int k_arg, double epsilon_arg, int maxsamples)
{
  if ((samplecount >= k_arg) &&
    ((1 + epsilon_arg) * values[0] >= values[k_arg-1]))
    return samplecount;
  if ((samplecount >= maxsamples))
    return -1;
  return 0;
}

/* Code to clear Cache */
/* Pentium III has 512K L2 Cache, which is 128K ints */
#define ASIZE (1 << 17)
/* Cache block size is 32 bytes */
#define STRIDE 8
static int stuff[ASIZE];
static int sink;

static void clear()
{
  int x = sink;
  int i;
  for (i = 0; i < ASIZE; i += STRIDE)
    x += stuff[i];
  sink = x;
}

double fcyc2_full(test_funct f, int param1, int param2, int clear_Cache,
              int k, double epsilon, int maxsamples, int compensate)
{
  double result;
  init_sampler(k, maxsamples);
```

```
    if (compensate) {
      do {
        double cyc;
        if (clear_Cache)
          clear();
        f(param1, param2);          /* warm Cache */
        start_comp_counter();
        f(param1, param2);
        cyc = get_comp_counter();
        add_sample(cyc, k);
      } while (!has_converged(k, epsilon, maxsamples) && samplecount < maxsamples);
    } else {
      do {
        double cyc;
        if (clear_Cache)
          clear();
        f(param1, param2); /* warm Cache */
        start_counter();
        f(param1, param2);
        cyc = get_counter();
        add_sample(cyc, k);
      } while (!has_converged(k, epsilon, maxsamples) && samplecount < maxsamples);
    }
#ifdef DEBUG
    {
      int i;
      printf(" %d smallest values: [", k);
      for (i = 0; i < k; i++)
        printf("%.0f%s", values[i], i==k-1 ? "]\n" : ", ");
    }
#endif
    result = values[0];
#if !KEEP_VALS
    free(values);
    values = NULL;
#endif
    return result;
}

double fcyc2(test_funct f, int param1, int param2, int clear_Cache)
{
    return fcyc2_full(f, param1, param2, clear_Cache, 3, 0.01, 300, 0);
}
```

```
/******************* Version that uses gettimeofday *************/

static double Mhz = 0.0;

#include <sys/time.h>

static struct timeval tstart;

/* Record current time */
void start_counter_tod()
{
  if (Mhz == 0)
    Mhz = mhz_full(0, 10);
  gettimeofday(&tstart, NULL);
}

/* Get number of seconds since last call to start_timer */
double get_counter_tod()
{
  struct timeval tfinish;
  long sec, usec;
  gettimeofday(&tfinish, NULL);
  sec = tfinish.tv_sec - tstart.tv_sec;
  usec = tfinish.tv_usec - tstart.tv_usec;
  return (1e6 * sec + usec) * Mhz;
}

/** Special counters that compensate for timer interrupt overhead */

static double cyc_per_tick = 0.0;

#define NEVENT 100
#define THRESHOLD 1000
#define RECORDTHRESH 3000

/* Attempt to see how much time is used by timer interrupt */
static void callibrate(int verbose)
{
  double oldt;
  struct tms t;
  clock_t oldc;
```

```
    int e = 0;
    times(&t);
    oldc = t.tms_utime;
    start_counter_tod();
    oldt = get_counter_tod();
    while (e <NEVENT) {
      double newt = get_counter_tod();
      if (newt-oldt >= THRESHOLD) {
        clock_t newc;
        times(&t);
        newc = t.tms_utime;
        if (newc > oldc) {
      double cpt = (newt-oldt)/(newc-oldc);
      if ((cyc_per_tick == 0.0 || cyc_per_tick > cpt) && cpt > RECORDTHRESH)
        cyc_per_tick = cpt;
      /*
      if (verbose)
        printf("Saw event lasting %.0f cycles and %d ticks.   Ratio = %f\n",
            newt-oldt, (int) (newc-oldc), cpt);
      */
      e++;
      oldc = newc;
      }
      oldt = newt;
      }
    }
    if (verbose)
      printf("Setting cyc_per_tick to %f\n", cyc_per_tick);
  }

  static clock_t start_tick = 0;

  void start_comp_counter_tod() {
    struct tms t;
    if (cyc_per_tick == 0.0)
      callibrate(0);
    times(&t);
    start_tick = t.tms_utime;
    start_counter_tod();
  }

  double get_comp_counter_tod() {
    double time = get_counter_tod();
```

```
    double ctime;
    struct tms t;
    clock_t ticks;
    times(&t);
    ticks = t.tms_utime - start_tick;
    ctime = time - ticks * cyc_per_tick;
    /*
    printf("Measured %.0f cycles.   Ticks = %d.   Corrected %.0f cycles\n",
        time, (int) ticks, ctime);
     */
    return ctime;
}


double fcyc2_full_tod(test_funct f, int param1, int param2, int clear_Cache,
          int k, double epsilon, int maxsamples, int compensate)
{
    double result;
    init_sampler(k, maxsamples);
    if (compensate) {
        do {
            double cyc;
            if (clear_Cache)
                clear();
            start_comp_counter_tod();
            f(param1, param2);
            cyc = get_comp_counter_tod();
            add_sample(cyc, k);
        } while (!has_converged(k, epsilon, maxsamples) && samplecount < maxsamples);
    } else {
        do {
            double cyc;
            if (clear_Cache)
                clear();
            start_counter_tod();
            f(param1, param2);
            cyc = get_counter_tod();
            add_sample(cyc, k);
        } while (!has_converged(k, epsilon, maxsamples) && samplecount < maxsamples);
    }
#ifdef DEBUG
    {
        int i;
```

```
    printf(" %d smallest values: [", k);
    for (i = 0; i < k; i++)
      printf("%.0f%s", values[i], i==k-1 ? "]\n" : ", ");
  }
#endif
  result = values[0];
#if !KEEP_VALS
  free(values);
  values = NULL;
#endif
  return result;
}

double fcyc2_tod(test_funct f, int param1, int param2, int clear_Cache)
{
  return fcyc2_full_tod(f, param1, param2, clear_Cache, 3, 0.01, 20, 0);
}
/* end  fcyc2.c */

/* fcyc2.h */
/* Find number of cycles used by function that takes 2 arguments */

/* Function to be tested takes two integer arguments */
typedef void (*test_funct)(int, int);

/* Compute time used by function f  */
double fcyc2(test_funct f, int param1, int param2, int clear_Cache);

/********* These routines are used to help with the analysis *********/

/*
Parameters:
  k:  How many samples must be within epsilon for convergence
  epsilon: What is tolerance
  maxsamples: How many samples until give up?
 */

/* Full version of fcyc with control over parameters */
double fcyc2_full(test_funct f, int param1, int param2, int clear_Cache,
int k, double epsilon, int maxsamples, int compensate);

/* Get current minimum */
double get_min();
```

```
/* What is convergence status for k minimum measurements within epsilon
   Returns 0 if not converged, #samples if converged, and -1 if can't
   reach convergence
 */

int has_converged(int k, double epsilon, int maxsamples);

/* What is error of current measurement */
double err(int k);

/************* Try other clocking methods *****************/

/* Full version that uses the time of day clock */
double fcyc2_full_tod(test_funct f, int param1, int param2, int clear_Cache,
                      int k, double epsilon, int maxsamples, int compensate);

double fcyc2_tod(test_funct f, int param1, int param2, int clear_Cache);

/* end  fcyc2.h */
```

参 考 文 献

[1] Stanford Encyclopedia of Philosophy. The modern history of computing [EB/OL] (2006-6-9) [2017-11-1]. http://plato.stanford.edu/entries/computing-history/.

[2] Intel Cooperation. Intel Desktop Board DB85FL Technical Product Specification. Part Number: G89973-003, October 2013.

[3] The Unicode Consortium. Unicode 10.0.0. [EB/OL] (2017-8-26) [2017-11-18]. http://www.unicode.org/versions/unicode10.0.0.

[4] Standard Performance Evaluation Corporation. SPEC CPU2017 Results [EB/OL] (2018-1-9) [2018-1-18]. http://www.spec.org.

[5] TPC. Active TPC Benchmarks [EB/OL] (2018-1-1) [2018-1-18]. http://www.tpc.org.

[6] TOP500. JUNE 2017 [EB/OL] (2017-6-21) [2017-11-18]. https://www.top500.org/lists/2017/06/.

[7] Intel Cooperation. Intel 64 and IA-32 Architectures Software Developer's Manual Combined Volumes: 1, 2 and 3. Order Number 325462-065US, December 2017.

[8] Nvidia. Nvidia TESLA V100 GPU Architecture, WP-08608-001_v1.1, August 2017.

[9] Nvidia. CUDA C Programming Guide. PG-02829-001_v6.5, August 2014.

[10] HENNESSY J L, PATTERSON D A. Computer architecture: a guantitaline approach. 5th ed. 北京：机械工业出版社，2012.

[11] JOHNSON S C. The i486 CPU: Excuting Instructions in one Clock Cycle [J]. IEEE Micro, 1990, 10 (1): 27-36.

[12] Intel Cooperation. Intel Core i7-900 Desktop Processor Extreme Edition Series and Intel Core i7-900 Destop Processor Series Data Sheet Vol. 1, Document #320834-004. February 2010.

[13] MCNAIRY C, SOLTIS D. Itanium 2 Processor Microarchitecture [J]. IEEE Micro, 2003, 23 (2): 44-55.

[14] EXTREMETECH. Intel's new high-end Sandy Bridge-E 3960X review [EB/OL] (2011-11-14) [2017-11-18].

[15] MARR D T, BINNSF, HILL D L, et al. Hyper-Threading Technology Architecture and Microarchitecture. [J]. Intel Technology Journal. Q1, 2002.

[16] Microsoft. Decorated Names [EB/OL] (2018-1-1) [2018-1-18]. https://msdn.microsoft.com/en-us/library/56h2zst2.aspx.

[17] JOUPPI N P, YOUNG G, PATIL N, et al. In-Datacenter Performance Analysis of a Tensor Processing Unit [C]. Proceedings of the 44th Annual International Symposium on Computer Architecture, Toronto, Canada: ACM, 2017: 1-12.

[18] IBM. JIT Compiler Overview [EB/OL] (2017-1-1) [2018-1-18]. https://www.ibm.com/support/knowledgecenter/en/SSYKE2_8.0.0/com.ibm.java.lnx.80.doc/diag/understanding/jit_overview.html.

[19] Oracle. Java Garbage Collection Basics: Describing Garbage Collection [EB/OL] (2018-1-1) [2018-1-18]. http://www.oracle.com/webfolder/technetwork/tutorials/obe/java/gc01/index.html.

[20] Microsoft. Fundamentals of Garbage Collection [EB/OL] (2017-3-30) [2018-1-18]. https://docs.microsoft.com/en-us/dotnet/standard/garbage-collection/fundamentals.

[21] Microsoft. Virtual address spaces. [EB/OL] (2017-4-20) [2018-1-18] https://docs.microsoft.com/en-us/windows-hardware/drivers/gettingstarted/virtual-address-spaces.